Wine Lover's
DEVOTIONAL

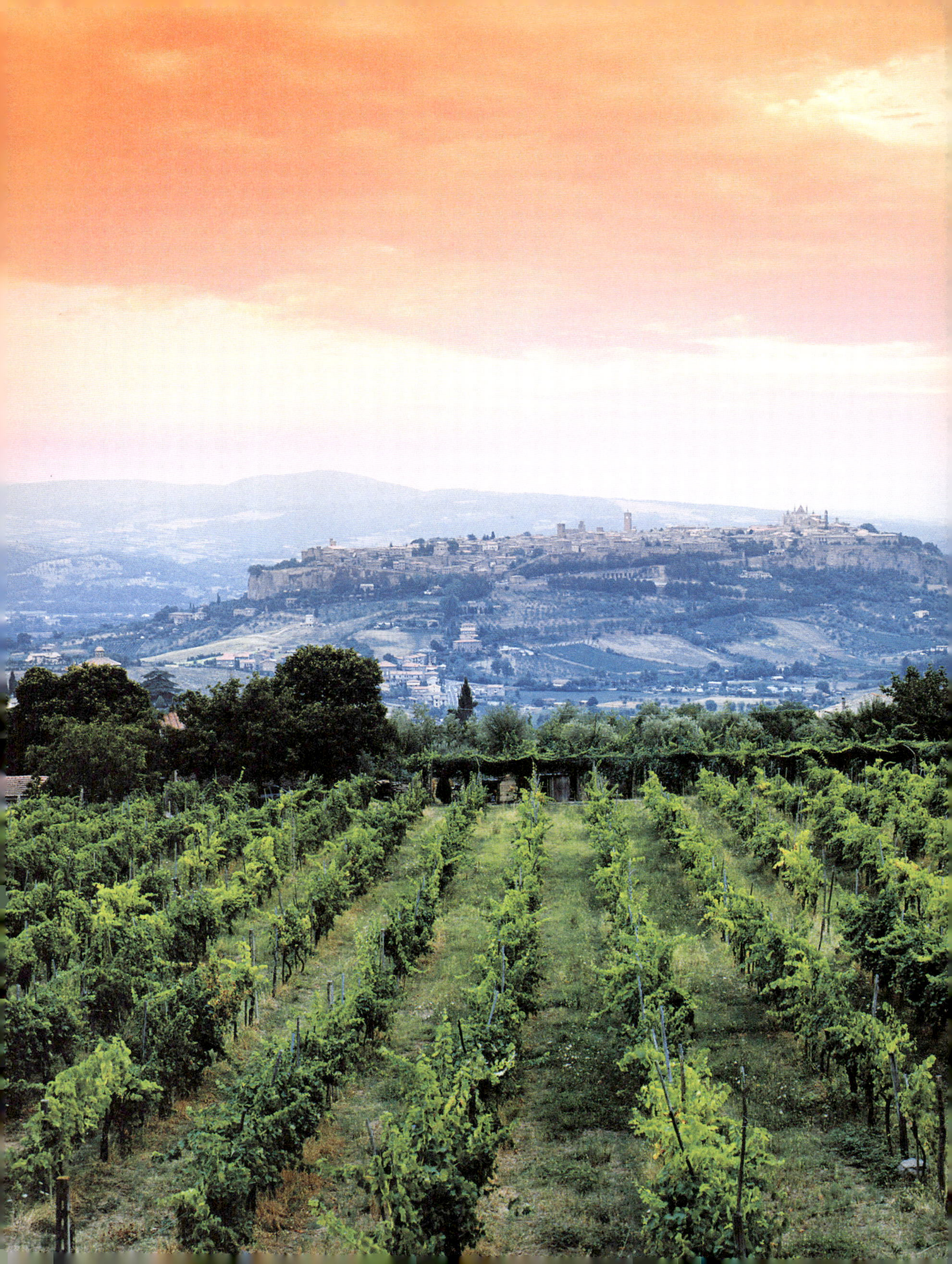

ワインの雑学

365日

ワイン愛好家のための1日1コラム
話題と知識を最高に楽しめる本

辰巳 琢郎 監修

ジョナソン・アルソップ 著

玉嵜 敦子 訳

監修者序文

芳醇なワインライフの為に

「ワインは本を読んで勉強するものじゃない。百聞は一見に如かず。一飲に如かず。つべこべ言わずに、とにかく数多く飲むことがワインを知る近道だ」と、日頃公言している私が、このような本の監修を引き受けたことは、未だに自分でも信じられない気持です。おまけに、この著者の表現や主張には、組みしたくないところがたくさんありますし、明らかに間違っている記述も（あえて訂正しませんが）少なくありません。それなのに、ぐいぐい読まされてしまいました。何故か。理由は明らか、著者のワインに対する溢れんばかりの愛情です。それがこの書を、まるでデカンタージュされたグランヴァンのように、香り高いものにしているのでしょう。

　これまで幾多のワイン好きにお会いしましたが、大きく二通りに分かれるようです。どんな素晴らしいワインでも欠点を見つけ出そうとする人と、どんなひどいワインでも必ず褒めるところを探し出す人。幸い、ジョナソン・アルソップ氏は後者に近い方でした。ブルーベリーワインまできちんと評価する姿勢には、脱帽する他ありません。唯一の不満は、日本ワインに関する言及が皆無だということ。早々の来日を、そして幾つかのワイナリーをご訪問いただき、その上での温かみのある皮肉なコメントを、心から期待しています。

　「あなたの飲んでいるワインを言いなさい。あなたがどんな人か言い当てましょう」とは、かのブリア・サヴァランの言葉です。同じように、普段その人が食べている食事が判れば、好きなワインがよく判ります。この本の中で、水曜日は料理の日となっていますが、実のところ作ってみたいと思うレシピは、残念ながら見つかりませんでした。それは、私が「かなり基礎代謝が落ちてきた日本人だ」ということが大きな理由でしょう。それなのに、読んでいて大変面白い。アメリカ人の食生活、ワインの嗜好、知っているようで知らなかった新しい世界が、圧倒的な現実感を伴って迫ってきます。ワインの魅力が知的冒険だとすると、この書は正に、ワインそのものかもしれません。

　インターネットで情報を得ようとする場合の大きなマイナス点は、自分の興味のあることしか読まなくてすむこと。新聞との大きな違いです。拾い読みしても構わないように編集されたこの一冊、出来れば、新聞だと思って隅から隅まで読んでいただきたい。好き嫌いに関係なく、ワインに対する一つのスタイルを身につけることが出来ると思います。そして願わくば、皆さんのワインライフが、さらに芳醇なものになりますよう。

辰巳　琢郎

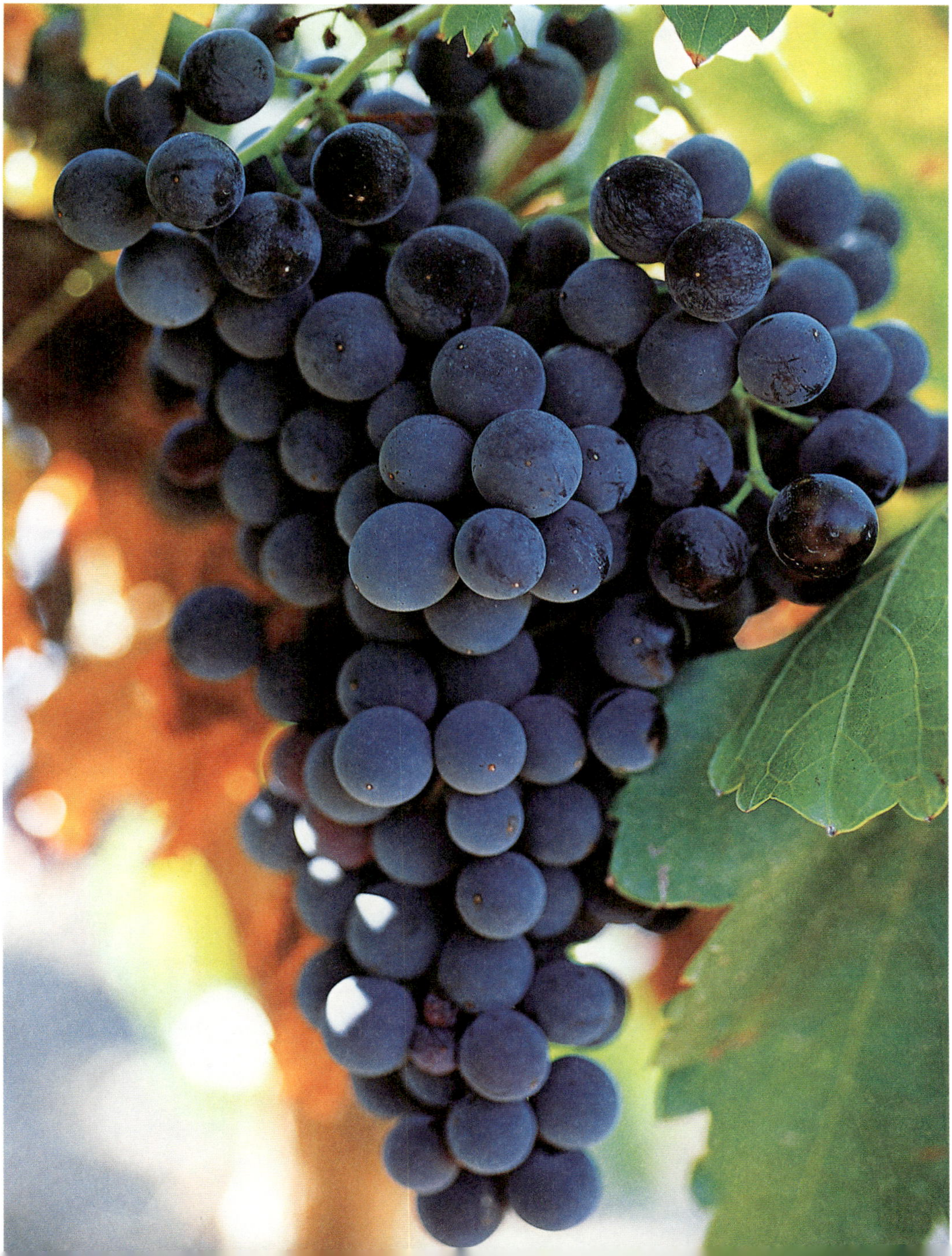

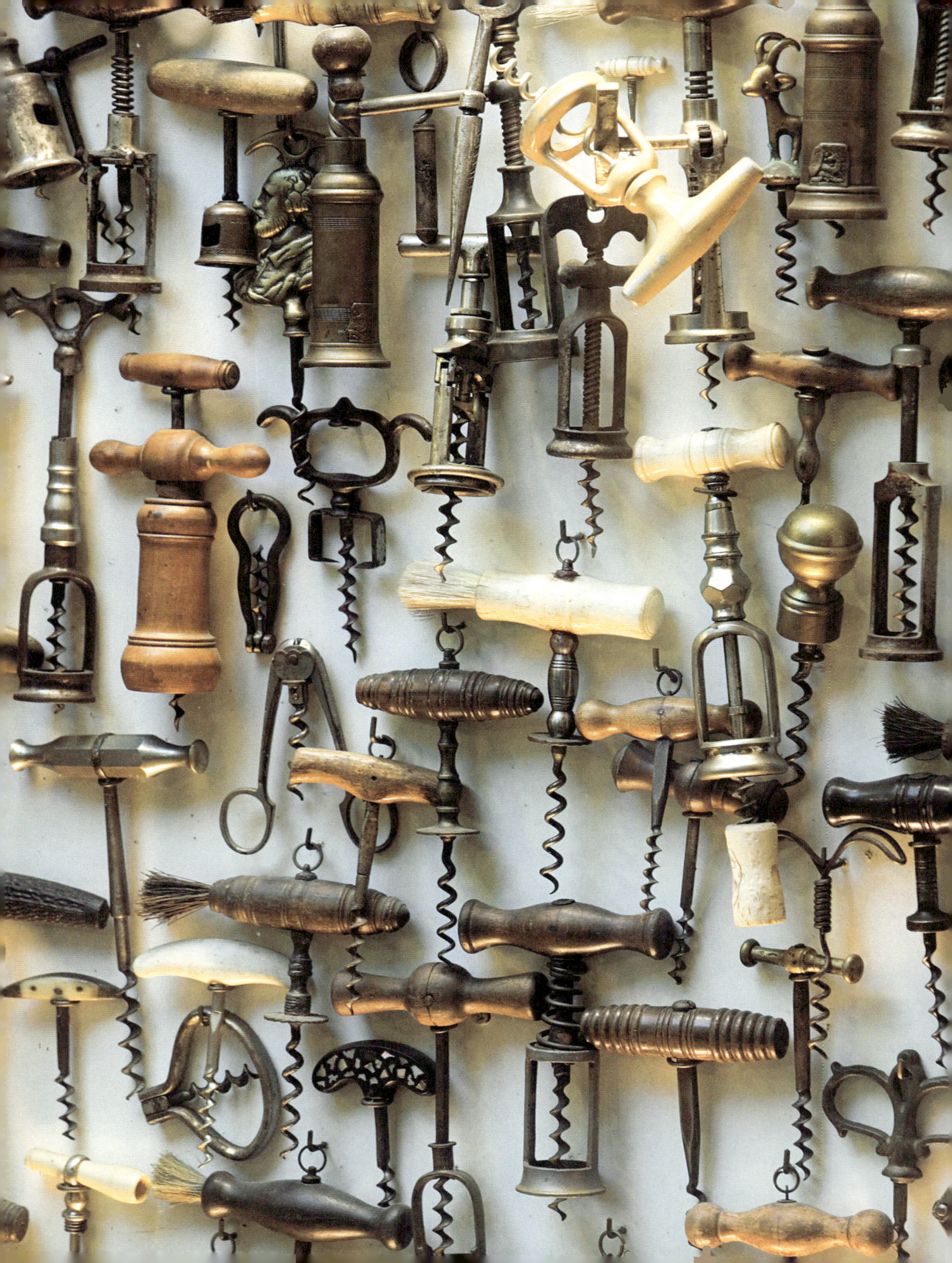

目次

監修者序文：芳醇なワインライフの為に......4
はじめに：ワインのある生活..................8
この本の使い方.....................................9

ワインを愛する人の1年
　1日1コラムの話題と知識

- 月曜日／ワインの言葉
- 火曜日／ワインとブドウ
- 水曜日／ワインと料理
- 木曜日／ワインと土地
- 金曜日／ワインの造り手たち
- 土曜日と日曜日／週末のワインアドベンチャー

索引..318

ホイリゲ（ワイン酒場）の栓抜きコレクション
（オーストリア、ウィーン、グリンツィング）

はじめに：ワインのある生活

　ワインについて書き始めた20年前、私は他の人たちと変わりなかった。つまり、ワインのことで頭がいっぱいで、週末のすべてをワイン・テイスティングに費やすことはなかった。そして四六時中、ワインを見て回り、買い求め、注文し、ワインを使った料理をすることもなかった…その頃はまだ。

　私の頭のなかを占めていたのは、書くことだった。しかし最初にワインについて書いたとき、目が覚めたような気がした。世界すべてをワインのプリズムを通して見つめ、それを文字にし始めた。私は昼間は色気のない企業の広告物、たとえば「今注文すればお得です！」というような事を書いて、夜はワインを味わい、ワインライターになった。

　ワインが私の生活を支配すると、当時はまだ気づいていなかったが、多くの人がたどった真のワイン愛好家になる道を歩み始めた。シャルドネがブドウの品種名であると同時に、かつてそのブドウを栽培していたフランスの村の名前でもあることを発見すると、同じ例が他にもたくさんあることも知った。赤ワインをより好きになるにつれて、他の無数のワインを好きになっていった。

　本書を読む、立ち読みする、あるいは丹念に読むにつれて、あなたがワイン初心者であろうと、よく知っている人であろうと、あるいはその中間であろうと、私たち誰もが通る同じ「発見の弧 (arc of discovery)」を見つけることを期待している。ワインそのものは単なる物である。素晴らしい賜物ではあるが、毎日の生活で、ワインを味わい、誰かと分け合い、ワインについて考える時、つまりワインのある生活を送る時にこそ、ワインに意味が生まれる。

　あなたと本書の関係が1日、1年、あるいは永遠であっても、ワインの大切なことは、ワインそのものではなく、人、場所、物語、その他、ワインの背景にあるすべての事にあると覚えていてほしい。

ジョナソン・アルソップ

この本の使い方

本書は日めくりのような構成で、1年分の情報が掲載されている。1週間に6つずつ、1年で52週間分の項目がある。曜日によって以下のようなテーマ分けをしているのが特徴だ。

最初から順番に、項目を1つずつ、カレンダーをめくるように読んで1週間を過ごすのもよい。途中から、最後から、あるいは直感に合わせて、週単位で読み進めてもよいだろう。また好きなテーマに絞って拾い読みするのも楽しい。忘れてほしくないいちばん大切なことは、本書が自由に使える本だということだ。ワインを好きな人にとって、毎日が新しいヴィンテージに出会うチャンス。どのページでもめくって、飲んでみたいワインを見つける。実際に飲んでみて本当に美味しいと感じるワインが見つかるだろうか？　気に入ったページにはしおりを挟んで、また読み返すとよい。

時間を作り、1人になれる静かな場所を見つけよう。この本をあなたのペースで味わい、ワインの美味しい世界へと旅をしてほしい。

ワインを愛する人の1年

月曜日／ワインの言葉：
ワインについて語り、学ぶさまざまなこと

火曜日／ワインとブドウ：
世界各国のブドウ品種とそれらが美味しいワインになるまで

水曜日／ワインと料理：
好相性の料理とワインをさらに美味しくするレシピ＆提案

木曜日／ワインと土地：
世界のワイナリーやワイン名産地、伝説の場所へのバーチャルツアー

金曜日／ワインの造り手たち：
時代を超えて受け継がれるワインの世界を支える人々のプロフィール

土曜日＋日曜日／週末のワインアドベンチャー：
ワイン畑めぐりから自分だけのワインセラーづくりまで

月曜日　1日目

ワインを味わう、ワインを語る

　ラテン語の「IN VINO VERITAS」(ワインに真実あり)は、ワインの独特の性質を表す言葉として、数千年にもわたって伝えられている。これは、ワインに永遠に続くロマンティックで芸術的な真実があるという意味ではなく、人々がワインを飲むと話がはずみ、時には言うはずでなかった、いや正確に言えば、大勢の人の前では言うつもりはなかった真実まで、話してしまうという意味だ。ワインの中の有効成分アルコールが、この余計なおしゃべりの原因である。ワインの量と、話す真実の量は、バランスを取るのが賢明である。

　ワインを愛する人のワインの話を注意深く聞くと、ブドウジュースがワインに、糖分がアルコールに変化する瞬間について語ろうとすることが多いのに気がつく。人類の歴史のほとんどにおいて、この変化は魔法か、ディオニュソス(ローマの人々はバッカスと呼ぶ)と、彼の相棒シーレーノスの介入によって起きると考えられていた。私は頭をかたむけて、ワイングラスの香りをかぐときにいつも、かつてワインが文字通り神とみなされていたこと(ゼウスやポセイドンのように)、その期間が人類の歴史の大半を占めていることに思いをはせる。現在、私たちはワインの神を信じていない。

　ワインを愛する人の多くは、ワインの精霊が真実の井戸を開くのを感じ、五感をとぎすませてワインを読み解き、そのエキゾチックな風味を描写する。生化学的に言えば、ワインはアルコールだ。分子では、アルコールが1つと、酸1つが合わさると、エステルが1つできる。エステルはマニキュアのリムーバーから黒砂糖にいたるまで、芳香性のあるものに含まれる分子である。

　ワインに魅惑的な香りと、予想外の風味を感じるのは、それとすぐ分かるはっきりとした特徴を持つ、メープルシロップのエステルと化学構造上とても似た分子が含まれているからだ。しかしそれらの分子は正確には同じではないため、ワインの味わいやその感想を言葉にするとき、常に努力が必要になる。

自分のワイン用語集をつくるとよい。ポケットやハンドバッグに入るくらい小さい、バンドがついたノートを買う。新たにワインを飲んだときに、最初に心に浮かんだ言葉や考えを書きとめる。次にそのワインを飲むときに、本当は何が言いたかったのか自分に問いかけ、また書きとめよう。

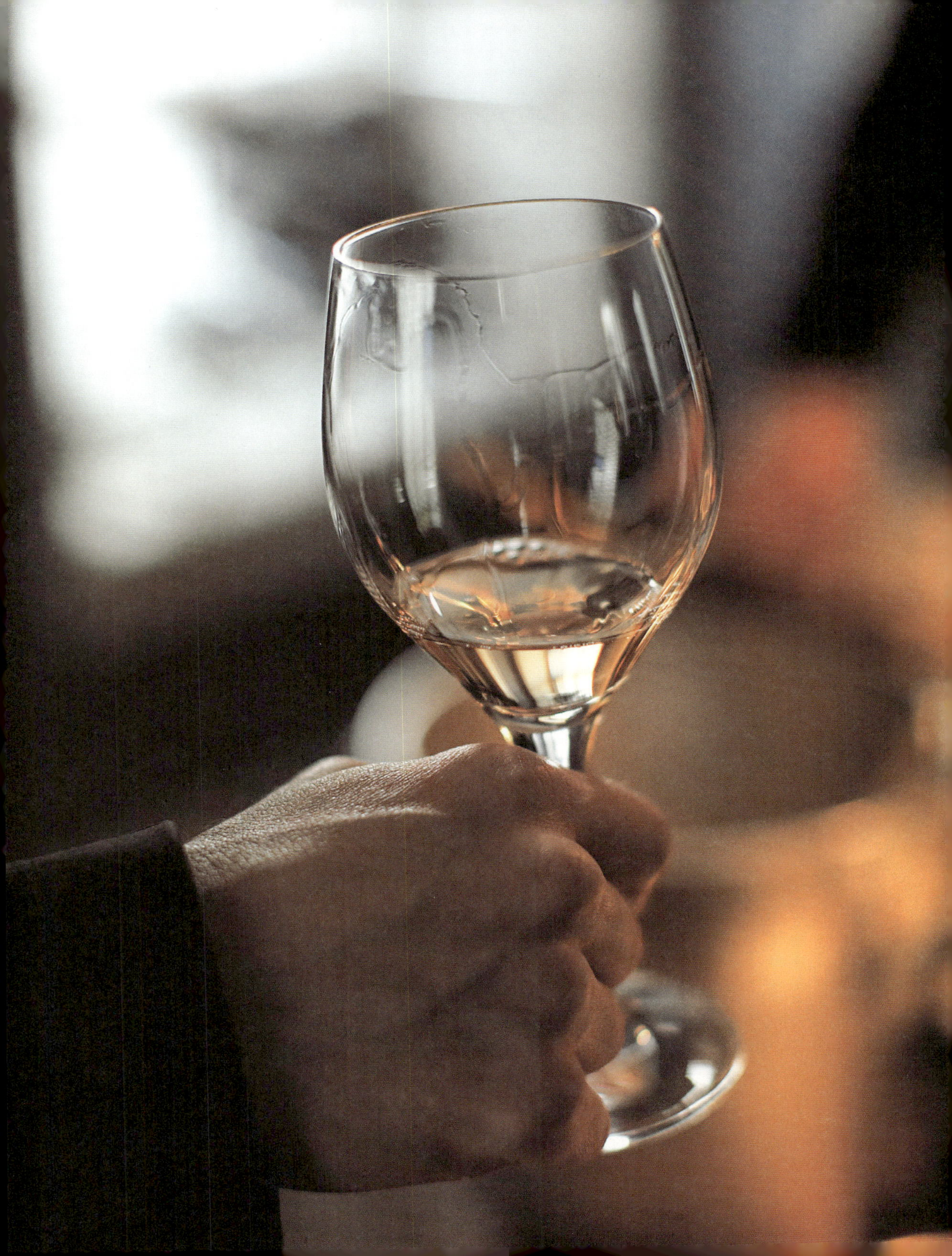

火曜日　2日目

ピノのパワー

ピノのすべてが、遺伝子的にヨーロッパのワイン用ブドウ品種 *vitis vinifera* の系統となる。ピノには、白ワイン用のブドウのピノ・ブラン、黒ブドウのピノ・ノワール、そして筋あるいは斑点があり、白でも黒でもない中間で、灰色ブドウとでも言うべき、ピノ・グリージョなどがある。グリージョ（grigio）はイタリア語で灰色を意味する。グリ（gris）はフランス語で灰色を意味する。

ピノ・ブラン（イタリアやスペインではピノ・ビアンコ）は、色や香りがもっとも軽いピノである。ブドウの皮は透けるほど薄く、実際に白い果肉が見える。ワインは総じてジューシーでシンプルな味わいだが、カリフォルニアのピノ・ブランは、力強く熟成した味わいと、樫の木の香りを持ち、カリフォルニア・シャルドネといっても通用する。

イタリアの白ワインの代名詞と言ってもよいピノ・グリージョは、ブーツの形をしたイタリアの北から南まで、どこでも栽培されている。そのスタイルは山岳地帯の北部から、気温が高く晴れた日の多い南部まで、土地によって大きく異なるが、ピノ・グリージョの根幹であるフルボディな果実味は同じである。さわやかですっきりした辛口の美味しい白ワインを飲みたいときには、代表的なピノ・グリージョを選べばまず間違いはない。

その名前にかかわらず、ピノ・ノワールの色は黒くはなく、バーガンディ色である。バーガンディ（ブルゴーニュ）は、ピノ・ノワールの生産地としてもっとも有名でまた評価の高いフランスの地名にちなんだ表現である。このブドウから作られるワインは通常、薄い赤色で風味も軽く、必ずしもガツンと印象に残る力強い味ではない。ブドウの状態では、皮が薄いためにつぶれやすい。ワインになると、その多くが繊細で、優しい。じわじわと好きなるタイプのワインである。

お買い得なワインが欲しいとき。ピノノワールは有名で、ピノグリージョはどこにでもあるが、ピノブランは忘れられている。そこにピノの価値を見出すチャンスがある。アルザスと呼ばれるライン川をはさんだフランス側の地域では、ヒューゲル（Hugel）、ウィルム（Willm）、トリンバック（Trimbach）といった歴史あるワイナリーが、美味しくてリーズナブルなピノブランを作っている。北イタリアのティフェンブルンテー（Tiefenbrunner）や、カリフォルニアのカストロ・セラーズ（Castoro Cellars）やヴァリー・オブ・ザ・ムーン（Vally of the Moon）も同じ理由でおすすめである。

白ワインは白い食事と、赤ワインは赤い食事と

ワインにスペクトルがあるように、食事にもスペクトルがある。この2つの分布を理解すると、どう組み合わせればよいかも分かるだろう。

ワインの世界をひと続きの色合いだと考えてみよう。左端は水、つまり色や風味や香りが無い。右端は黒。インクのような黒である。このスペクトルの4つの指標として、ソーヴィニヨン・ブラン、シャルドネ、ピノノワール、カベルネ・ソーヴィニヨンを配置する。

ソーヴィニヨン・ブランは軽くて、爽やかで、きりりとした味わいの白ワインだ。そこからピノグリージョ、ソアヴェ、辛口のリースリングが続く。シャルドネは熟した丸みのある味わいで、とがった風味が少ない、味わい深い白ワインである。ヴィオニエやや甘めのリースリングもこのあたりにおさまる。

薄い色から濃い色に移ると、明るい赤で、時には透明感があるピノノワールが最初に登場する。その次が色の濃い、黒っぽいカベルネ・ソーヴィニヨンで、その次により色の濃いシラーやジンファンデルが続く。これを心に描くと、ほぼすべてのワインをスペクトルに配置できるはずだ。

メルロは、ピノとカベルネの間の、カベルネ寄りに。キャンティは、ピノとカベルネの間の、ピノ寄りに。クレージーなオーストラリア産のシラーズは、あまりに濃厚で、独自のものさしでしか計れないので、このチャートからは外れる。

さて、同じことを食品でもやってみよう。食品にも透明性があるかのように、ワインのスペクトルに並べてみる。エビ、貝、さっぱりとした白身の魚はソーヴィニヨン・ブランと同じ位置に。家禽、豚肉、サメやメカジキなど力強い魚の切り身は、シャルドネなどずっしりとした白ワインに自然にマッチする。ピノノワールは鶏肉のほか、子牛、青魚、コクのあるきのこ料理に合う。カベルネ・ソーヴィニヨンなどの力強い赤ワインは、ラム、牛肉、羊肉など力強い赤肉が合う。生乳から作ったブルーチーズや、香りの強いマンステールなど、スペクトルから外れる食品は、アルコール度数のポルトや遅摘みのジンファンデルなど、スペクトルから外れるワインにぴったりと合う。

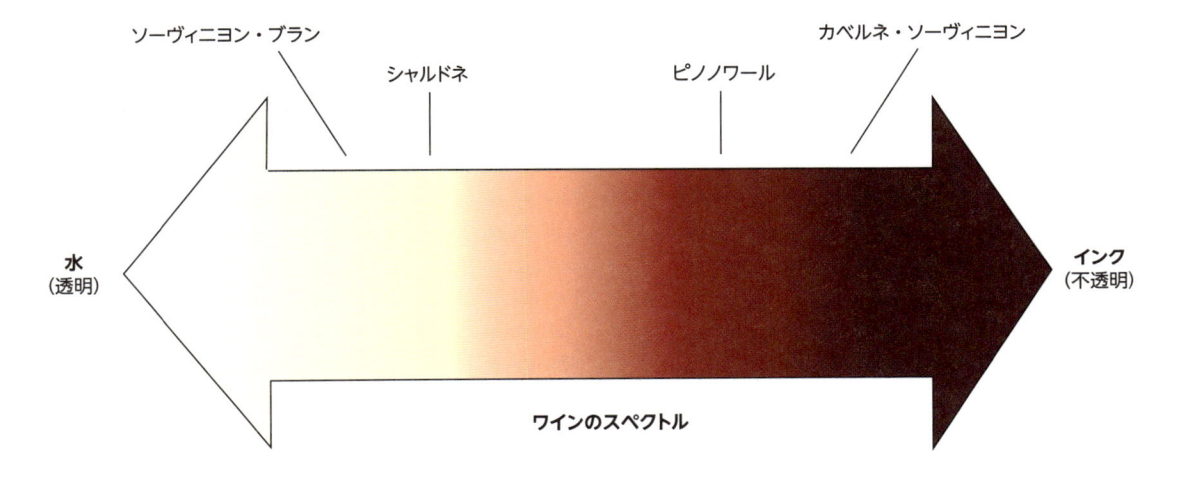

ソーヴィニヨン・ブラン　シャルドネ　ピノノワール　カベルネ・ソーヴィニヨン

水（透明）　　インク（不透明）

ワインのスペクトル

木曜日　4日目

根をおろす

　ワインがその土地を感じとる力はとても強い。そのため、同じ品種のブドウでも、違う場所で栽培すると、まったく違う味のワインができる。生まれてすぐ離れ離れになった双子のように、予想もしない類似点と相違点があるだろうと期待する。しかし同じブドウから作った同じような評価の、ただし違う環境で育てたブドウのワイン、たとえばフランスのブルゴーニュ産のシャルドネと、地球の反対側のオーストラリアのシャルドネを飲み比べてみると、相違点しか感じられない。

　土壌や気候の違いがどのようにブドウの風味の違いに影響を与えるのか、正確なところは分かっていないが、違いがあることは驚くべきことではないだろう。

　ブドウのつるが生き残るために必要なものは、窒素、二酸化炭素、水などで、しかも必要量は少ない。

　その一方、根は土の中に伸び、囲まれて、比較的大量の栄養分、ミネラル、その他の物質にどっぷりとつかっている。6ヵ月たってブドウの実が収穫されてワインになる頃、土壌の成分と質は、濃縮されてまったく違ったものになっている。

　場所は重要だ。ニューオリンズという場所がほかに無いように、この丘で作ったワインも、あの谷で作ったワインも、それぞれ独自の味がする。

土壌の種類	鉱物成分	風　味
石　灰	カルシウム	チョークのような、濡れた歩道のような
花崗岩	石　英	鋼、エッジのきいた、強い
燧　石	堆積石英	スモーキー
火山性土地	炭酸ナトリウム	辛い、スパイシー、スモーキー
頁岩と粘板岩	圧力がかかったさまざまな粘土堆積物	さっぱりとした、透明感のある、さわやかな

金曜日　5日目

手をかけすぎない造り手

　世界で最高のワインの造り手ならこう言うだろう。ワインはワイン畑で作られる。収穫したら、何よりもまず、ブドウを潰さないようにするのだ、と。ブドウがワインになるまでに、人がすべきことが十余りとすれば、すべきでないことは何千もあるという。数学的に言って、何もしなければしないほど、安全だということになる。手をかけすぎない造り手の多くが、良いワインを作っている。

　ニュージーランド最大のワイナリーである「ブランコット=モンタナ・ワイン」のワイン生産者、マーク・イングリスは、20年余り前にコンペでその仕事を手に入れた。このワイナリーは、少数の意欲的なワイン生産者候補を雇い、それぞれに少量のブドウジュースを渡した。「"さあ、これでワインを作るんだ"と、言われたよ」と、イングリスは語る。「必要ならどんな手助けも得られたが、それを求めるかどうかは自分次第だったんだ」

　イングリスはジュースをひと口飲んだ。「そのままで、とても美味しかった。それで、手をかけすぎたくないと思った」こうして、彼は仕事を手に入れ、ワイナリーのスタートを手伝い、ワイン生産者の存在感ではなく、ブドウの特徴をはっきりと前面に映し出す、透明度のとても高いワインという、他にはないスタイルを打ち出したのだ。

ワインの保管場所

ワインの保管場所が整頓されている人は、よく整頓された、おそらく的をしぼった、ワイン生活を送っていることだろう。ワインを学ぶためにも、楽しむためにも、それは良いことである。また、ワインを冷暗所に短期間保管すると良い効果がある。数日でもシンクの下にワインを保管すると、ワインが落ち着いて、結びつき、よりまとまりのある、満足のある味になる。ワインを休ませると、休息し、リフレッシュして、最高の状態に近づくのだ。

たいていの場合、ワインを買ってから飲むまでの保管期間は短い。ワインの向きはどちらにしても、変わりは無いだろう。ただしラジエーターから離れたところに置くことや、冷蔵庫に入れないことだけ頭に入れておこう。

そうは言っても、ワインをどうやって、どこに保管するかは、しっくりとくるまで迷うものだ。保管場所の温度の目安は13℃（あくまでも目安）。暗くて静かに置いておけるなら、台所のカウンターの下でも、涼しい外壁の角でも、13℃でも18℃でも、申し分ない。もっと真面目にやりたいなら、小さなデジタルサーモメーターを買って、保管場所の温度を確認すると良い。ここで、あなたがワイン用の地下室を掘るまで利用できる、ワインの保管のアイディアをいくつか紹介しよう。

階段の下

家もしくはマンションの階段の下に、よくある、やや使いづらい収納スペースがあれば、ワインの保管場所にすることを考えてみると良いだろう。

地下（母なる大地）

環境に配慮する人にぴったりな、もっとも費用がかからないワインの保管方法は、地球の冷たい表皮を利用してワインコレクションを冷やすことだ。もし地下室か床下があるなら、なるべく土壁に囲まれた場所を探すとよい。

涼しい壁に近い床に、ワインがお互いに触れるようにして積む。そうすると地面に熱を逃がし、外気温にほぼ影響されることなく、ワインの温度を床や壁と同じ温度に保つことができる。

ワイン用冷蔵庫

ワイン用冷蔵庫は、物置きやキッチンカウンターの下に収まるものが多い。スペースを最大限に活用でき、家庭での保管方法として優れている。

木　箱

多くのブドウ園やワイナリーでは、ワインを豪華な棚に保管したりしない。ワインが6本入る、側面があいた木箱を、ちょうど正方形になるまで小さく積み上げるだけだ。

ワイン棚

前面があいた小さな中古の棚を買い、背面の板を外す。これを涼しい地下室の壁に接するように置いてワインを並べる。こうすると、ワインを涼しい環境で安定して保管できる。棚のサイズは何でもよいが（その場所に入れば）、1m×1.2mの棚で約50本のワインが保管できる。ワインは壁にふれるかふれない程度まで、できるだけ奥に置くとよい。

月曜日　8日目

ワインとスパイス

　ワインを愛する人が、「このワインはスパイシーだ」と言うとき、「白コショウのような」という意味の場合もあれば、「何といえばよいか分からない」という意味の場合もある。質問調で「スパイシー？」と言うときは、「こりゃいったい何だ？」という意味になる。

　ワインの香りや味わいを理解するためには、自分が食品から感じられる成分や風味に分類するとよい。これは唐辛子のスパイス？　甘いパンプキンパイに使われているスパイス？　生のスパイス？　それともドライのスパイス？　どんな料理にこのスパイスが使われていただろう？　タイ料理、ギリシャ料理、インド料理、それ以外？

　フランス南部の、シラーで有名な小さなワイン生産地「コートロティ（ローストされた丘、という意味）」では、急斜面でブドウが太陽に向かって急角度で育っており、ちょうどビーチチェアで日焼けをするのと同じ効果が生まれている。この地のシラーは、コショウをきかせてグリルした肉と、ほのかなスモークベーコンの香りがする。

　カリフォルニア、南米、オーストラリアなど、暖かい気候で育ったメルローは、シナモン、ナツメグ、クローブ、ナツメヤシのような香りがするまで熟していることが多い。カリフォルニア・ジンファンデルは、ほのかに黒コショウと白コショウの香りがする。

スパイスラックを探ろう

キッチンにしまいこんだままの料理用のスパイスがあれば、カウンターにワイングラスを6脚並べ、種類の違うスパイスをスプーン1杯ずつ入れてみる。グラスを回し、匂いを嗅ぐ。それぞれのスパイスの香りや、そこから頭に浮かんだ料理を覚えておく。それを自分のワイン帳にメモし、増え続けるワインのボキャブラリーに、このスパイスの表現を加える。他の人の前でスパイスのグラスを回して匂いを嗅ぐと、不気味に思われるかもしれないので、比較的プライバシーのある自宅のキッチンから、香りの世界を始めるとよいかもしれない。

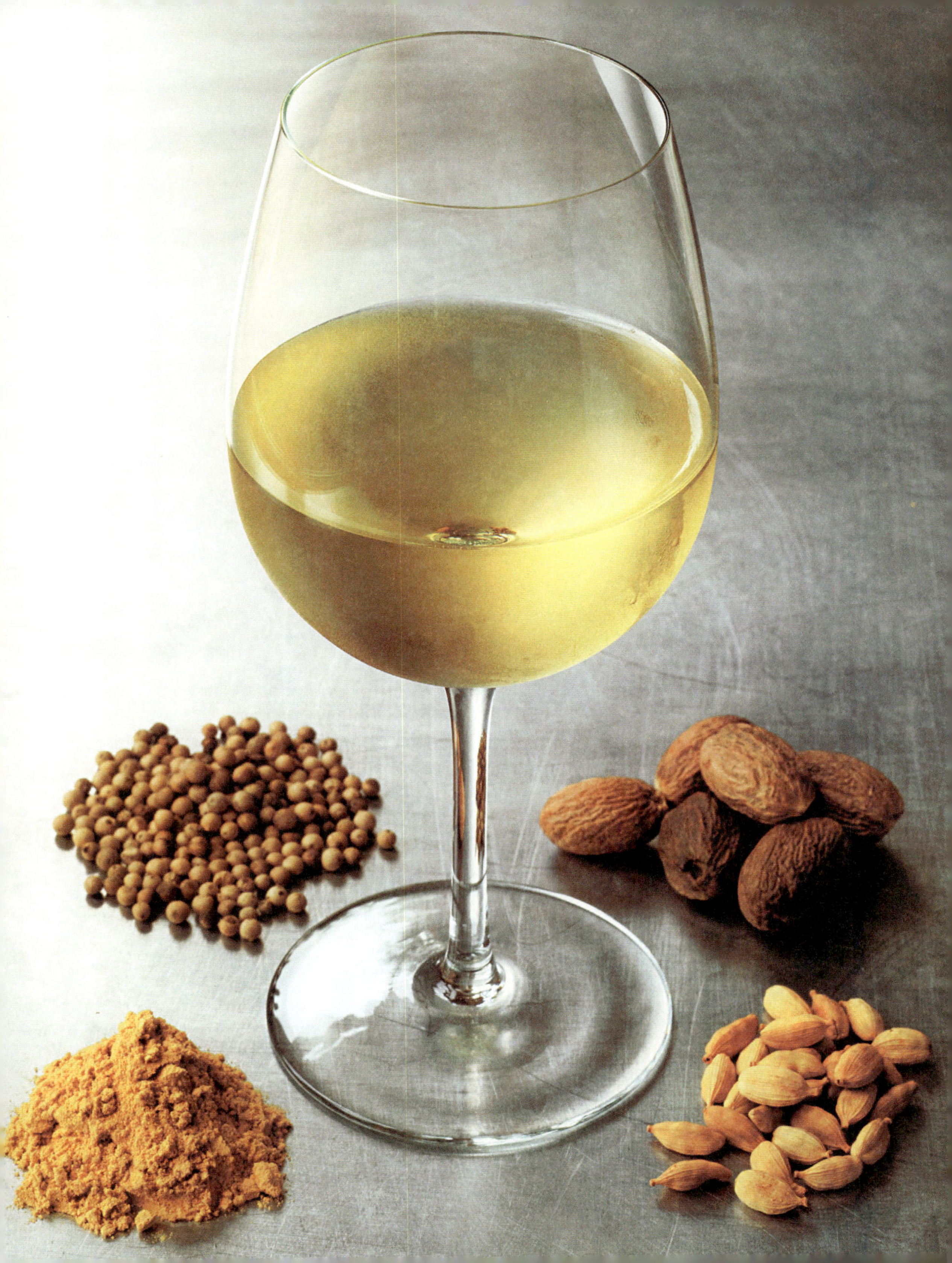

火曜日　9日目

シャルドネ礼讃

シャルドネの唯一の問題は、人気が出過ぎたことだ。あまりに誰もが好むので、ワインスノッブは大衆におもねるくだらない代物と決めつけ、アート界の不朽の名作「Dogs Playing Poker（1903年に葉巻会社の広告用に描かれたポーカーをする4匹の犬のポスター）」と、ワインの世界では同じようなものだとみなしている。アメリカのワイン初心者は、まずホワイト・ジンファンデルを卒業しようとすることは知られているが、シャルドネも同じような存在だと考える人がいるのだ。

数字は違う話を聞かせてくれる。もしワイン好きがシャルドネを飲むのをやめたら、途端にそれ以外の人が大量のシャルドネを飲むに違いない。カリフォルニアだけをとっても、栽培量、収穫量、生みだす富、できあがるワインの量、とにかくすべてにおいて、これまでずっと、そしてこれからも、シャルドネはナンバーワンの白ワイン用のブドウなのである。

あまりに有名になったシャルドネだが、その高貴なルーツはヨーロッパにある。シャルドネは、フランスの伝統的なワイン産地で作られる4大ブドウの1つなのだ（他にはソーヴィニヨン・ブラン〈メルローの場合もあり〉、ピノ・ノワール、カベルネ・ソーヴィニヨンがある）。シャルドネはフランスではブルゴーニュの白ワインに使われているが、単一の畑で栽培されたブドウを使用する高価なワインとして有名で、カリフォルニアの現代的で、低価格で、日常的に飲まれているシャルドネとはまったく違う。

他のブドウは、有名で、人気があり、万人に愛されて、どこでも手に入る、というシャルドネと同じ悩みをぜひ抱えたいと思っている。人々はシャルドネを飲む時期と飲まない時期を経た後、常備するかを決める。それを知っても多くのワイン用ブドウは、1度でもいいからお気に入りになろうとしのぎを削っているのだ。

ロドニー・ストロング・ヴィンヤーズに向かう道の途中にある、シャルドネが覆う丘（米国カリフォルニア州ソノマ）

水曜日　10日目

Recipe: ラム・シャンク、ポロネギとオリーブ添え

　何世紀も前から、ラムと辛口の赤ワインという伝統的な組み合わせが好まれてきたのには理由がある。濃厚でバターのような食感のラムが、赤ワインの荒けずりで粗野なスパイシーさと最高に合うからだ。正反対の異性に魅かれるというが、この場合は「魅かれる」だけでなく、「素敵なディナーの相手」となる。

材料（4人分）

辛口の赤ワイン	120㎖
バルサミコ酢	60㎖
オリーブオイル	大さじ2
ラムのすね肉	4本
ローズマリー	生は1.7g、ドライは3.3g
ベーコンの角切り	大さじ1杯分
ポロネギ	中サイズ3本
（白ネギなどで代用可）	
種なしオリーブ（できればミックス）	50g
トマトの水煮缶	820g

作り方

1. ワイン、酢、オリーブオイル（半量の大さじ1）を混ぜ、ラムのすね肉を入れて1-4時間マリネする。マリネ液120㎖はとっておく。オーブンを200℃に予熱する。

2. 残りのオリーブオイルとローズマリーを、ダッチオーブン（またはフタつきの厚みのある重い鍋）に入れてコンロの火にかけ、オイルが熱くなって煙が出るまで熱する。

3. ラムのすね肉を加え、両面にこんがりと焼き色がつくまでよく焼き、取り出して火を中火に弱める。

4. ベーコン、ポロネギ、オリーブを加えて、ポロネギがキツネ色になるまでよく炒め、その上にラムを並べ、トマトの水煮缶、とっておいたマリネ液を加えて10分、ぐつぐつと煮立たせる。

5. 鍋にフタをしてオーブンに入れ、200℃で1時間煮たら火を110℃に弱め、さらに4-6時間煮る。

6. リゾットかパスタを添えてもりつける。

ドメーヌ・デュ・ヴィーユ・ラザレ
（Domaine du Vieux Lazaret）
シャトーヌフ・デュ・パープ
（Châteauneuf-du-Pape）

フランス

シャトーヌフ・デュ・パープは、中世の法王たちが好んだ南フランスの小さな町で（Châteauneufは新しい城、papeは法王のこと）、豊かな土壌と素晴らしい気候に恵まれている。ローヌ南部では、ヴィーユ・ラザレをはじめ、グルナッシュをベースとするブレンドのワインがもっとも優れている。それでも価格はボルドーやシャンパーニュにようやく届くかどうかというところだ。平日の夕食にはやや高価かもしれないが、特別な食事の時のための贅沢なワインとしては手が届きやすい。

木曜日　11日目

新世界と旧世界

　新世界と旧世界という言葉は、ワイン界でも本書でもよく使われる。この2つの世界の地理や歴史の違いは何となく分かるとしても、ワイン産業に与えた影響は知っているだろうか？

　旧世界とは、メソポタミアから大西洋岸諸国(北アフリカとヨーロッパ全体を含む)の周辺地域をさす。新世界とは、南アフリカ、オセアニア、南米、北米、つまりたった200年から300年前にワイン作りを始めたばかりの地域をさす。

　この2つの世界の違いを、言葉、時間、地理、形式の中に見つけることができる。下の表にその概要を示そう(注：ただし厳密なルールはない)。

	旧世界	新世界
時　間	何世紀、何千年ものワイン作りの伝統がある。ワイン作りは文化に深く根ざしている。	ワイン産業の歴史は数十年である。ワインは文化的象徴というより生活必需品に近い。
ブドウ	ブレンドする(カベルネ、メルローその他)。昔と変わらないワインの味を作るための比率がある。	単一品種で作る。個々のブドウが特定のスタイルのワイン作りのためにまとめて栽培される。
名称の由来	生産地(ボルドー、ブルゴーニュなど)	ワインメーカーやブドウの品種(イエローテイル、カルメネール)
風　味	土の匂い	果実味
マーケティング	不　要	至るところで行う
印　象	伝統的、クラシック、信頼できる	独創的、奇抜、新鮮

モンド・モンダヴィ

ロバート・モンダヴィ（1913年-2008年）はワインの神だった。

第二次世界大戦後、カリフォルニアの誰もが「さあ、簡単に作れる大瓶入りの安ワインを作ろう」と言っている頃、ロバート・モンダヴィはカリフォルニアワインがヨーロッパで最高のワインと同じくらい、あるいはそれ以上に、素晴らしいワインになるはずだと信じていた。この信条が彼を預言者にした。彼を神にならしめたのは何だったのか？　それを解き明かしてみよう。

モンダヴィは、ナパ・ヴァレーを手中におさめる前に、彼の新しい考え方を誰よりも断固として受け入れようとしないワイン生産者グループである、自分の家族を手中におさめる必要があった。ワイン作りの方針や、モンダヴィ家が運営するチャールズ・クルッグ・ワイナリーでの販売について、弟のペーターと対立していたのだ。（ロバートの妻マッジに関する真偽の怪しいゴシップや騒動がこのゲームの行く末を暗示していた）1965年、ロバートは解雇されるか退職して、すぐに自分のワイナリーをオークヴィルに設立した。

モンダヴィが1968年に考案したフュメ・ブランは、ソーヴィニヨン・ブランを原料とし、スチール製の容器で発酵させ、オークの樽で熟成させて作った、それまでのカリフォルニアの白ワインとはまったく違うものだった。当時、ソーヴィニヨン・ブランはあまり知られていなかった。そのうえ辛口のこのワインは「アメリカ人は甘口の白ワインしか好まない」という従来の常識に挑戦するものだった。また明らかに、辛口のソーヴィニヨン・ブランをオークで熟成した人はそれまでにいなかった。そしてこのワインは、爆発的な人気を得た。

1976年に行われた有名な「Judgment of Paris（パリスの審判、パリテイスティングなどと呼ばれる）」のテイスティングでは、ナパのカベルネとフランスのボルドーが対決し、モンダヴィのワインは含まれなかったが、わずか2年後に、彼はバロン・フィリップ・デ・ロスチャイルドと提携し、オーパスワン（Opus One）を作った。モンダヴィの1979年産カベルネ・ソーヴィニヨンとオーパスワンの1979年プレミアムヴィンテージは、いまだに伝説的なカリフォルニアワインである。

多くの天才がそうであるように、モンダヴィはそのひらめきに自己矛盾があった。彼はワインに原料のブドウの名称を示すラベルを付けることを主張した（ヨーロッパではワインの生産地名が名称になることが多く、このようなことはめったに行われなかった）。しかし大きな成功をおさめたのは、彼が考案した登録商標のフュメ（Fumé）とオーパスワン（Opus One）の2つだった。モンダヴィは、最初に言い出したわけではなかったとしても、アメリカ合衆国のワイン生産の可能性を探る拠点としてナパ・ヴァレーを提唱した最大の功労者だったことは間違いない。しかし彼は、おそらく権威を利用するために、ロスチャイルド家を議論に引き入れた（1978年当時でも、彼は権威を特に必要としていなかったが）。

そして最後に、「品質、品質、品質」をモットーにしていた男は、ワイナリーがおもな生産ラインを高価なワインから安価なワインに移行した後、多国籍企業に売却され、ブランドの輝きを失うのを目にした。カリフォルニアワインの歴史において、この種の話はよくある（26日目のイングルヌックの話を参照）。それにしても、モンダヴィでさえ自分のワイナリーに同じことが起きるのを止められなかったのである。

2007年、彼はアンドレ・チェリチェフ、グスタフ・ニーバム、アゴストン・ハラジー、ブラザー・ティモシーなど、ワイン界の伝説的な人物らとともに、ワインの殿堂入りを果たした。

土曜日+日曜日　13日目+14日目

ワインの味わい方、その理由

ワインの味わい方は基本的に2通りである。快楽主義的な味わい方と技術的な味わい方だ。

ワインを飲む人の99パーセントは、快楽主義的にワインを味わっているといえるだろう。「美味しい」「美味しくない」「もう1杯欲しい」「別のを欲しい」——これは日常的で、必然的で、しごくまっとうな味わい方である。友人や家族との夕食におけるワインライフとはすなわち、ワインを楽しむことであり、ワインを解説したり自説を通そうとすることではない。第一の目標は、料理とぴったり合うワインを選んで、最上の満足を得ることなのだ。これが快楽主義的ワインの味わい方である。

これに対して技術的な味わい方は、ワイン愛好家が正式なワインテイスティングに出席する時などに実践される。この場合、ワインそれぞれの香りや風味を強め、徹底的な感覚的分析を行う。それは筆づかいが分かるほど絵画に接近して鑑賞するのに似ている。

技術的なワインの味わい方は、次のように7つのステップに分かれる。

- **見る**：初めて口にする食べ物かのようによく見る。フレッシュで、生き生きとしており、飲みたいと思わせるものが良い。

- **軽く嗅ぐ**：腐った卵、焼けたゴム、カビ臭い新聞といった、不快な匂いがしないか確認する。

- **回す**：グラスを回して、ワインがグラスの内側の上の方を通るようにする。これを10秒から15秒行う。こうすることで香りを強め、次のステップにつなげる。

- **しっかりと嗅ぐ**：グラスの中に鼻をつけて深く、ゆっくりと嗅ぐ。どんな香りがするかイメージを頭にとどめる。

- **すする**：味わうことにおける「軽く嗅ぐ」動作に等しい。唇にワインをつけて舌の全体に広がるようにすする。

- **音をたてる**：軽くすすり、マウスウォッシュのように口の中で軽く転がす。風味が強すぎると感じるときは、ゆっくりと転がす。

- **吐き出す**：私の弁護士は、常に責任を持って最後までワインを味わうように、と助言する。しかし私は、ワインを吐き出せばより多くのワインを味わうことができると言っておきたい。

おまけの8つ目のステップ：スローダウン

急ぎがちな人は、スピードをゆるめよう。ゆっくりとテイスティングを行えば、ワイン作りにたずさわる人々に敬意を表すと同時に、ワインをより味わうことができる。食事の途中なら、ワインを飲んで食事の進み具合を遅くすることで、人生の楽しみを思い出す機会が得られるかもしれない。

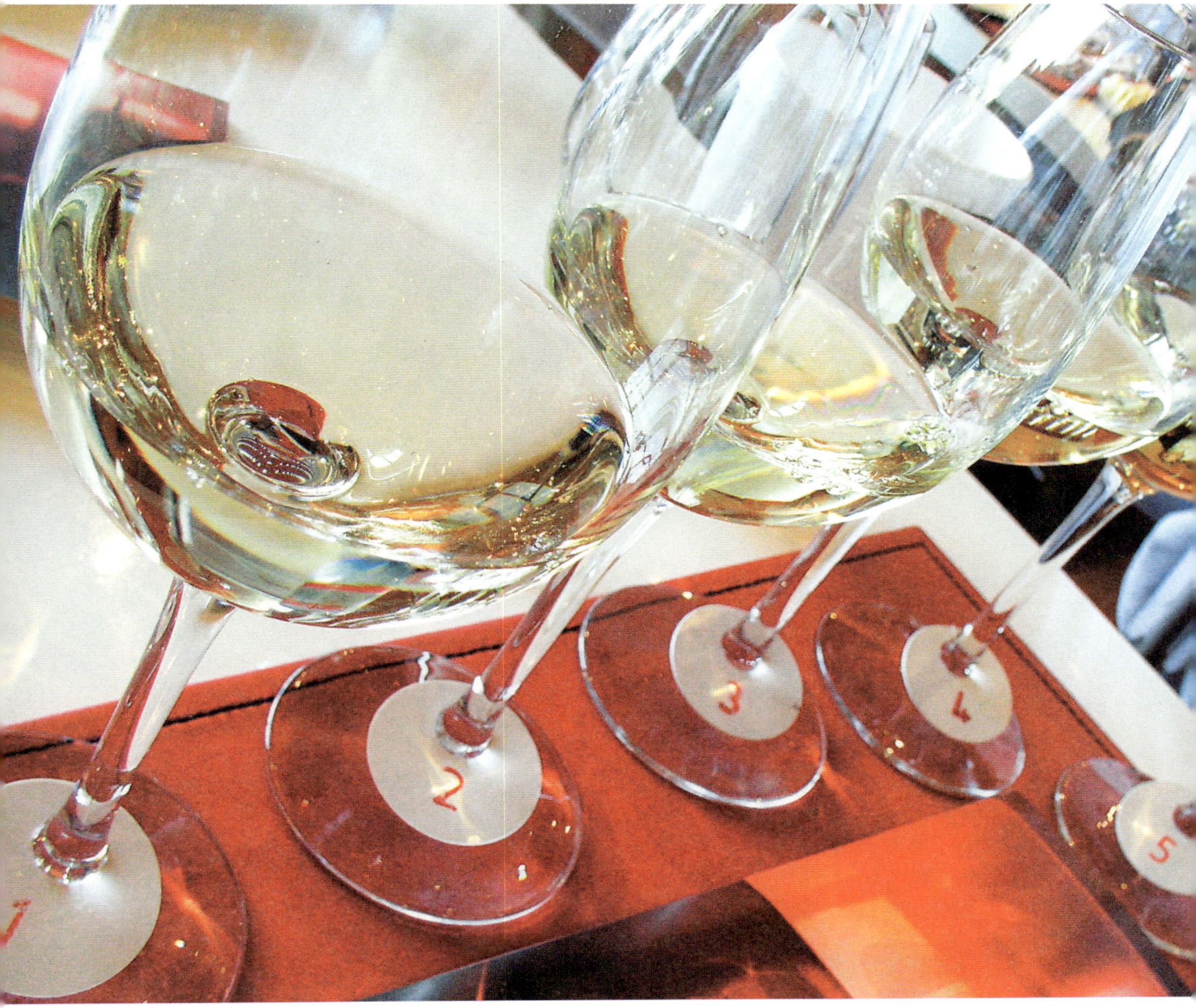
2
3
4
5

月曜日　15日目

ワインの味わい

　ワインは、最初の一口を飲むときほど素晴らしい瞬間はない。ワインは味わうためにある。優れたワイン通は、ワインを回す、嗅ぐ、すする、吐き出す、という動作をショーのように行う。ブドウの栽培、ワイン作り、等級テスト、それらはすべて、味わうことに帰着する。このワインの味はどうだろう？ どんな味がするだろう？

　ワインを飲むことは、味わって記憶するプロセスである。記憶と味の感覚は、機会を得るとともに成長する。多くの人にとって、ワインがだんだんと好きになる嗜好品なのはそれが理由だ。飲みやすい1種類のワインから始まり、より複雑なワインへと枝分かれしていく。それは自然な進化である。

　この自然な進化は必ずしも知性の問題ではない。私が今まで聞いたもっとも的を射たワイン評は、8才の子どもによるものだった。彼女は20数名のワイン専門家の前で、最高級のブルゴーニュの白ワインを評して、「このワインは猫の匂いがするわ！」と言った。その純粋さに専門家らは言葉を失い、だれも反論できなかった。ソーヴィニヨン・ブランやブルゴーニュの白ワインによく感じられる、ややアンモニアに似た匂いは、自然発酵の副産物である尿素とよばれる化合物に由来する。それは粗野で野生的な匂いがする。

　ワインを味わう感覚は進化しても、味や好みに関する直感は、子どものそれと同じくらいシンプルなのだろう。

火曜日　16日目

プティット・シラー：別名を持つブドウ

　カリフォルニア産プティット・シラー（Petite Sirah）は、ミステリアスな米国のブドウの品種の1つで（261日目「ジンファンデル」にとても似ている）、由来や系統については無数の説がある。そのいくつかは合致するが、いくかは系統樹上の行き止まりにぶつかる。

　DNA地図は未解決で、誰もプティット・シラーの本当の歴史を知らない。ヒュー・ジョンソンは著書『Vintage: The Story of Wine』で、Grosse Syrah、Petite Syrah、Petit Sirah、Petite Sirahを古代種と呼んでいる。また『ポケットワインブック (Pocket Encyclopedia of Wine)』では、Petite Sirahを「フランスの無名の品種、Durif（デュリフ）の別名」と特定している。デュリフは、ヨーロッパのブドウの品種で、ほとんど利用されず、基本的に関心を引くことなく放置されていた。

　ミステリアスな雰囲気にもかかわらず、カリフォルニア産のプティット・シラーは、個性的でスパイシーな品種として独自の存在感を手に入れた。圧倒的な力を持ち絶大な人気のカベルネ・ソーヴィニヨンと好対照である。多くのプティット・シラーはジンファンデルのスパイシーさとカベルネの力強いタンニンを兼ね備えている。風味のスペクトラムにおいてはまちがいなく中央に位置する（最近のプティット・シラーに関する詳細は100日目を参照のこと）。

水曜日　17日目

Recipe: オーブンで作るトマトソース

　果汁を発酵させるワインと同じように、時間をかけて作る料理には、コクと深みとよりまとまりのある風味がある。発酵は自然に熱を発するため、1万ℓのタンクの中では発酵中の果汁の温度が上がり、熱すぎる風呂のようになる。ワイン生産者がタンクを冷やして発酵を遅らせると、時間をかけて作る料理と同じ成果が得られる。

材料(6-8人分)

オリーブオイル	大さじ1
小さめのタマネギ	1個(粗みじん切り)
ニンニク	7片(みじん切り)
アーティチョークの芯の水煮缶(340g)	1個(水をきっておく)
種なしオリーブ(黒または緑)	33g
トマトの水煮缶	820g
塩	3g
砂糖	13g
バジル	ドライは5g、生は7枚
辛口の白ワイン	120㎖
*パセリ	15g(みじん切り)
*アジアーゴ	25g(おろす)
(その他の良質なイタリアのハードチーズでも良い)	

*：なくてもよい

作り方

1. オーブンを200℃に予熱する。
2. 大きめのスキレットまたはその他のオーブン対応の器をコンロの中火にかけ、オリーブオイルを熱し、タマネギとニンニクを加え、タマネギがしんなりするまでゆっくり炒める。
3. 火を中火から強火に強め、アーティチョークとオリーブを加え、アーティチョークがキツネ色になり始めるまで2-4分炒める。
4. トマト、塩、砂糖、バジルを加えて煮たて、そのまま5分煮る。トマトは大きめのフォークかマッシャーで1、2度つぶす。
5. 鍋にワインを加えてひとまぜし、オーブンに入れて20-30分加熱する。パン、パスタ、リゾットなどにかけ、パセリとチーズをちらす。

作り方のコツ

　オーブンに入れたら放置せず、ソースが煮詰まり過ぎたら白ワインか水を少量加えること。アーティチョークとオリーブを、ナスとケーパー、あるいはカネローニビーン(白いんげん豆)とローストしたピーマンに変えるなど、自由にアレンジしてみてほしい。

この料理に合うワイン：
タウリーノ・ノタルパナーロ
(Taurino Notarpanaro)

イタリア

イタリアではオーブン料理にパスタを使うのは一般的だが、トマトソースをオーブンで作るのは、イタリアのブーツのかかとあたりにあるプーリア州のイタリア人だけだ。タウリーノ・ノタルパナーロはこのトマトソースによく合う。プーリア州で作られるノタルパナーロは、Negroamaro(ネグロアマロ)とMalvasia Nera(マルヴァジア・ネーラ)という、2種類の素朴なブドウから作られる。このワインは煙や木のようなユニークな風味が満ち、熟したイチジクやプラムの濃厚なエッセンスが感じられる。生産者はこのワインを36ヵ月間熟成させてから市場に出す。

木曜日　18日目

ニュージーランド：
ニュー・ダウン・アンダー（地球の反対側）

　ニュージーランドの北島と南島は広大で、北島の極北は熱帯地域である一方、南島は文字通り氷河の宿主である。2つの島の間には荒れ狂う海が広がり、付近の土地には冷たい風と流れの早い雲がもたらされる。南半球の暑い夏の太陽が照りつけるにも関わらず、周辺の南太平洋の温度は低いままで、ひとたび太陽が沈むと、冷たい海からの風が陸地に吹きつけて気温を下げ、丘陵地のブドウ畑で育てられているワイン用のブドウを冷やし、代謝を遅らせて変化を与える。

　ブドウは放っておくと昼間も夜も働いて、酸を排出して糖を作り出す（これが成熟である）。暑い昼間と寒い夜の組み合わせは、ニュージーランドだけでなくナパ・ヴァレー、ソノマ・ヴァレー、ローヌその他、有名なワイン生産地の多くにみられる。そこではブドウのつるは夜になると活動を停止して、酸を保つ。ブドウは昼間に糖を作り出し、夜は酸を維持する。ワインになった時、これが味のバランスとなる。

　ニュージーランドの南島の北部にあるモールバラには、ソーヴィニヨン・ブランがもともと持つ酸味と強い香りを発する特性を最大限に引き出し、他にはない風味を作りだすワイナリーがある。

　クラウディベイ（Cloudy Bay）などのワイナリーがこのスタイルのワインのプロモーションを行い、多くの人に愛されるようになった。また、同じようにソーヴィニヨン・ブランからフュメ・ブランやボルドータイプの白ワインを作るカリフォルニアと、ニュージランドのワインは一線を画すようになった。

　ニュージーランドで栽培されるソーヴィニヨン・ブランは、快活で野生的で力強くなる。ニュージーランドのワインは、エッジが非常に効いてキリリとしている。この国は、パイナップルやグアバなどトロピカルフルーツのはじけるような風味がバランスよく感じられ、レモンライムのように突き抜ける柑橘系のピリッとした風味をもつワインを、とても手頃な価格で提供し続けている。

> **ワインリスト**
>
> ニュージーランドはソーヴィニヨン・ブランで知られているが、この地の最高のワインは赤ワインである。オイスター・ベイ・ピノ・ノワール（Oyster Bay Pinot Noir）、フーヤ・ピノ・ノワール（Huia Pinot Noir）、ギンブレット・グラベルズ・シラー（Gimblett Gravels Syrah）などを見つけてほしい。

ニュージーランド南島ワナカ湖のブドウ畑

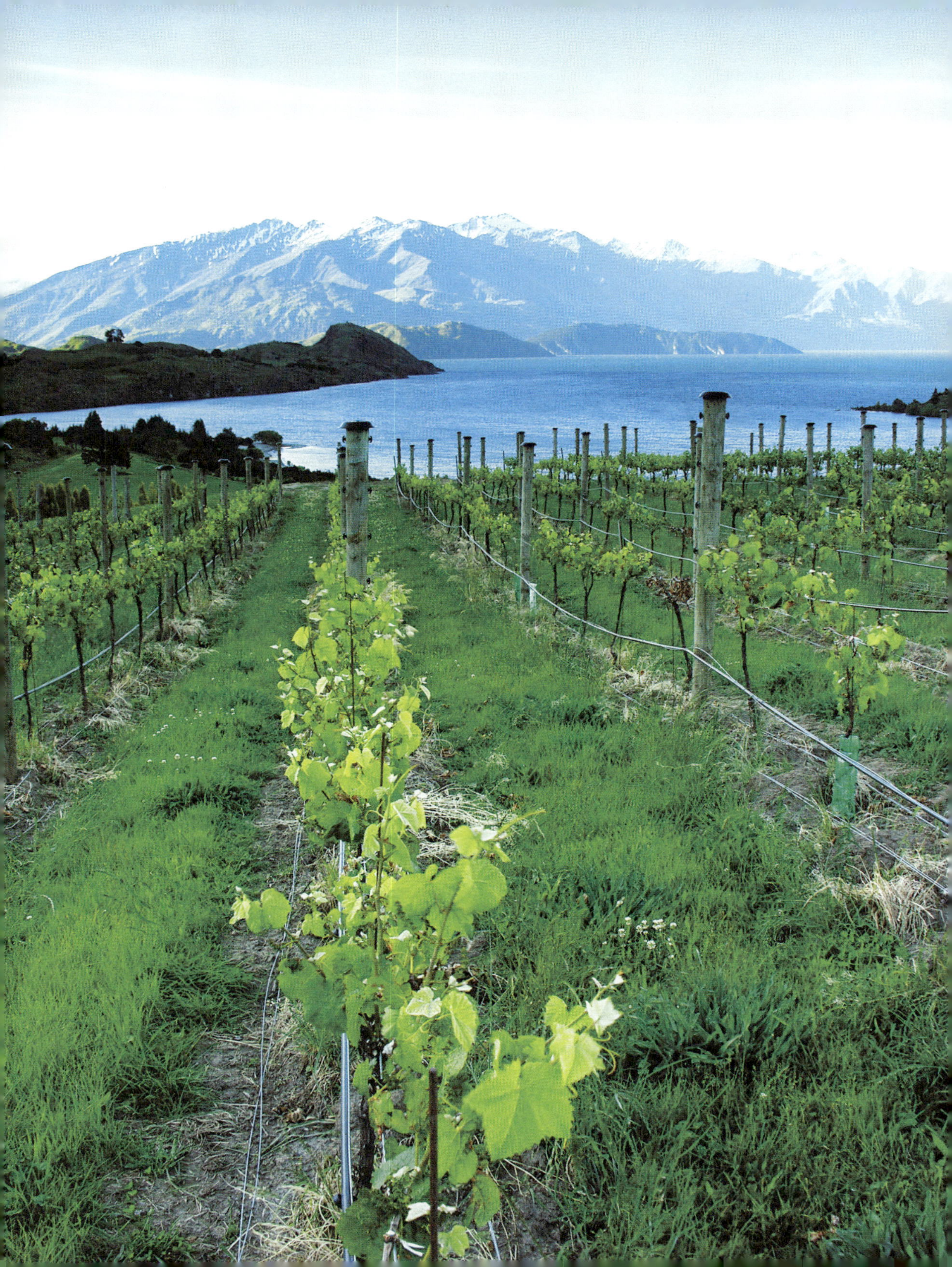

金曜日　19日目

現代ワイン愛好家のエチケット

フランスでのワイン旅行の初日、最初の食事の席で、私は注文した最初のワインを返さなくてはならなかった。テーブルに運ばれたワインは年代が違っていただけでなく、すでに開栓されており、おかしな味がした。知り合ったばかりの仲間との夕食の席で、文化の衝突が繰り広げられるのは、最悪のエチケットだ。

テーブルでは何かおかしなことが起こったことに気がついて、気まずい空気が流れ始めた。担当のウェイトレスは私のグラスを取り上げ、乱暴に持ち去った。そのダイニングルームの責任者のギヨームがその後を引き継いだ。私は先程の状況が個人的にあまり気持ちのよいものではなかったことを告白した。そして最後に、丁寧にしかし毅然と、このワインを頼んでいないこと、私たちの中には何千キロも旅をしてここに来た者がいること、私たちは素晴らしいワインを飲みにきたのだということを話した。

その瞬間から、ギヨームと私は打ち解けた。彼はにこやかにジョークを言い、特別なワインとおすすめの料理を運んだ。ちょっとしたいさかいと、私たちが真剣に良いワインを求めていることを明らかにした後、その食事は素晴らしいものに変わったのだ。その夜は大満足と感謝で終わった。

この話の教訓は、たとえ相手が世界に名だたるワインの権威であろうと自分の立場を一歩も譲らず、礼儀正しく、素晴らしいワインを味わう経験を求めるべきだということだ。レストランで悪臭を放つワインが運ばれたものの、とにかく飲んだという経験は誰にでもある。ワインのボトルを返却したり、苦情を言わなければならないのは、とても不愉快だ。

最善の対応とはなんだろう?まず最初の段階で、まちがいを見逃してはならない。ワインを開ける前に、確認に確認を重ねること。ウェイターに自分の好みと、よく飲むワインを伝え、考え通りのワインを確かに注文できるようにする。質問をすること。そしてもう一度、確かめること。

何かまちがいが起こり、注文したワインが気に入らなかったら、それがどんな理由であれ、食べ物を注文したときと同じように考えること。自分のミスで起きたまちがいでも同じだ。レストランでサービスを受けるときの秘訣は、なにかまちがいが起きたときに自分の非を認めれば、レストラン側はあなたのまちがいではないことを証明するために、できることすべてをしてくれるということだ。たとえば、あなたがステーキ・タルタルを、それが生の牛肉を刻んで卵、ケーパー、タマネギを添えたものだと知らずに注文したとしよう。あなたは厨房に料理を返して、質問しなかったのは自分でまちがいで申し訳なく思っているが、この料理は食べられない、と伝えるだろう。同じ判断を、ワインでもしてほしい。

あなたの料理、あなたの体、である。無理に食べたり飲んだりする必要は一切ない。

土曜日と日曜日　20日目と21日目

ワインパーティのテーマ　その1

　ワインテイスティング・パーティは、変化する自分の好みや習慣を探究するのに良い方法だ。ここにあげるテーマを試していくと、気がついた時には、自分のワインクラブができているだろう。

ワイン・ナイト・シェ・ヌー

　ホストのあなたは、ワインのタイプを決め、ゲストにそのタイプに合うワインを1本か2本持ってきてもらう。それによってあなたの友人はワインの世界に足を踏み入れることになる。どこでワインを買ったとしても、店員はテーマを聞けば張りきって積極的に良いアドバイスをくれるだろう。初心者に適したテーマは、リーズナブルなボルドー、知られていないローヌ渓谷、アルゼンチン・マルベック、シシリア産、オーストラリアのシラーズなど。どんなテーマでも良い。

フード・ペアリング・スカベンジャー・ハント

　ワインに合う料理を準備し、ゲストに料理に合う白と赤のワインを持ってきてもらう。メインにぴったりな料理はラム・オッソ・ブーコ（子牛を時間をかけて煮込む伝統的なイタリア料理）、ハーブロースト・チキン、ブイヤベース（古典的なフランス風魚のシチュー）。美味しい料理はいつでもワイン選びの意欲をかきたてる。

私のお気に入りのワイン

　友人の好みを知るのに、これ以上のテーマはない。ゲストに自分の好きな白ワインと赤ワインを持ってきてもらう。自分のお気に入りのワインが無いと言うゲストなら、あなたのお気に入りのワインを持ってきてもらおう。

ワインパーティを主催するコツ

ワインパーティを開くことは難しくないが、さらに主催しやすくなるコツをあげてみよう。

- ワイングラスをレンタルする。上質なワイングラスが3脚くらい割れてしまうことはよくある。レンタル費用はその値段と変わらない。
- 前菜用の皿もレンタルする。
- ワインをディスプレーする。暖炉の上の棚や長いテーブルを使う。
- ワインを順番に並べる。いちばん新しいものからいちばん古いもの、もっとも安いものからもっとも高価なもの、色の薄いものから濃いもの、白から赤、なんでも簡単に分かる順番で。

月曜日　22日目

QPR：品質(Quality)と価格(Price)の比率(Ratio)

本当に心を動かされる、忘れられないワインを作りだす要素は、少なくても千はある。もちろん土壌、日照、雨も含まれるが、その他にも太陽に対する地面の角度、天然の酵母と市販の酵母、ワインメーカーの技術、重厚なオークの樽など、枚挙にいとまがない。

時折、あまりに色々な要素があるために、そのワインを素晴らしくしている要素を1つだけ挙げるのが難しいことがある。「このワインがなぜそれほど良いのか？」という疑問を投げかけられたときに、ワイン愛好家が明確に答えられないことが少なくないのはそれが理由だ。ちょうどあなたが誰か素敵な人と恋に落ちたときに、その理由を明確に答えられないのと似ている。

優れたワインは、ワイン生産の最後のプロセスで、2つの関門を通過しなければならない。それは品質と価格である。品質はワインがどれくらいの価格であるべきかを示し、価格は実際の価値を示す。これらの変数を数式にしたのが、品質(Quality)／価格(Price)比率(Ratio)、つまりQPRである。

もし10ドルのワインがあなたにとって25ドルのワインのような味だったら、QPRは2.5である。10ドルのワインが7ドルにすべきだと思うのなら、QPRは0.7である。二度と買うまいと思うワインは、価格に関わらず、0である。買おうとするワインの価格が1ケタ、2ケタ、3ケタのいずれでも、なるべく高いQPRを求めるべきだ。この比率の驚くべき点は、まったく主観的であること。ある人にとって0.3でも別の人にとって4.5になる。

火曜日　23日目

きらめく飲み物

寒く、透き通るような冬の夜が来たら、雲ひとつない夜空の下を歩いて、星の光が作る発泡ワインを楽しもう。

現在は真偽が確かではないが、伝説によると最初にシャンパーニュを考案した盲目の修道士ドン・ペリニヨンは、初めてシャンパーニュを飲んだ時、「私は今、星を味わっている！」と叫んだという（ドン・ペリニヨン本人については85ページを参照のこと）。きらきら輝く生きているかのような味わいを生む、シャンパーニュの炭酸は、この伝説を長い間信じさせてきた。さらに何杯かシャンパーニュを飲むと、小さな泡が光を反射して、ある1つの星に届くという。さて、以下に美味しい発泡ワインをあげてみよう。

サンティレール・ブリュット(Saint-Hilaire Brut)（フランス）

この発泡酒はフランス南西部のリムーで作られる。リムーはフランス、スペイン、地中海が出会う場所だ。サンティレールは、シャンパーニュの考案者とされているドン・ペリニヨンより1世紀早く、同じ手法で発泡酒を作り始めたと主張している。サンティレールの炭酸は軽く、柔らかで飲みやすい。

ジェイ・アンド・ジー・ミュッソ・クレマン・ド・ブルゴーニュ・ブリュット(J&G Musso Crémant de Bourgogne Brut)（フランス）

フランスのシャンパーニュ以外の発泡ワインの1つで、シャルドネを使ってブルゴーニュで作られている。炭酸は軽く、酸味が鮮やかにきいていて、泡の向こうに良いワインの風味が感じられる。ローストチキンや、スタッフドポークローストとよく合う。

ハーディーズ・スパークリング・シラーズ(Hardys Sparkling Shiraz)（オーストラリア）

伝統的ではないが味が良い発泡性のシラーズ。発泡性ワインの概念を変えてくれる。

ドン・ペリニヨンの彫像（フランス、シャンパーニュ）

水曜日　24日目

Recipe:3種の肉の煮込み、ガーリックソース

材料(6-8人分)

煮込み用の牛肉 約450g

骨なしの豚バラ肉 .... 約450g（5㎝角に切り分ける）

ラムの肩肉 .... 約450g（5㎝角に切り分ける）

辛口の赤ワイン .... 240㎖（2等分しておく）

バルサミコ酢 .... 60㎖

オリーブオイル 大さじ3

ハーブドプロバンス 11g
　（数種類のドライハーブを混ぜたもので南フランスで
　よく使われる。スーパーのスパイス売り場で手に入る）

ニンニク .... 4-6片（皮をむいておく）

ブーケガルニ 1つ
　（ローリエ、タイム、パセリなどのハーブをヒモで結ぶか
　　　　　　　　　ガーゼの袋に入れたもの）

子牛または鶏のスープ 1カップ

水 ....1カップ（必要に応じて増やす）

粗塩 .... ふたつまみ強

作り方

1. ワイン（120㎖）、酢、オリーブオイル（大さじ2）を合わせ、牛肉、豚肉、ラム肉を1-4時間マリネする。

2. オーブンを220℃に予熱する。肉をマリネ液から取り出して、水分をペーパータオルで拭き取る。マリネ液のうち120㎖をとっておく。肉をハーブドプロバンスの上で転がし、厚めの深鍋でキツネ色に焼き、鍋から取り出しておく。肉は2、3度返してキツネ色にすること

3. 鍋に残りのオリーブオイル（大さじ1）とニンニクを全部入れて軽く色づくまで炒める。ブーケガルニを加える。肉を鍋に戻し、その上にニンニクを均等に並べる。残りのワイン1/2カップ、スープ、とっておいたマリネ液を加え、ひたひたになるまで水を加える。塩を入れて15分煮る。混ぜないこと。

4. フタをしてオーブンで45分煮る。温度を110℃に下げてさらに4-6時間煮る。時々様子をみて、中身が常にスープの中に浸っているように、必要に応じて水を加える。混ぜないこと。

5. 食べる15分前に、穴あきスプーンなどで丁寧に肉を取り出して皿に並べる。フォイルで覆ってオーブンに入れ、保温する。鍋の中のニンニクをマッシャーでつぶし、ミキサーに入れてなめらかになるまで混ぜる。ソースをソースパンに戻し、なめらかになるまで10分加熱する。煮詰まらないように。ソースを肉にかけ、アルボリオライス（イタリアのリゾット用の米）かオルゾ（米の形の小さなパスタ）を添える。

この料理に合うワイン：
ルネ・バルビエ（René Barbier）
メディテラニアン・レッド
（Mediterranean Red）
スペイン

南ヨーロッパ海岸沿いのワインの生産は、イタリアから始まり、フランス全土を通り、西の地中海岸沿いのスペインに続く。1世紀前、バルビエ家はローヌ渓谷からスペインに来てそのまま腰を落ちつけた。ブドウはスペイン産のテンプラニーリョ、ガルナッチャその他を使用するが、安価なワインに赤ワインを混ぜるという手法は残っている。

ヴェネトへの旅

木曜日　25日目

北イタリアのヴェネトとその中心都市ヴェニスは、東ヨーロッパから西ヨーロッパへの旅の入り口だ（veniという言葉は「来る」という意味のラテン語に由来する）。ここで海はなだらかな平原にたどりつく。平原はまもなく緩やかに起伏する丘陵地に変化する。ヴェニスからさらに北と西に向かうと、高山地帯に入る。

ヴェニスはよく知られているが、ヴェネトの最上のワインのことはほとんど知られていない。ソアーヴェのことは知っているが（ソアーヴェの意味は、心地よい、なめらか、魅力的、人当たりが良いなど、このワインにぴったりだ）、「ガルガーネガ（Garganega）」というソアーヴェの原料の白ブドウの名前はラベルにまったく表記されていないし、より上質の等級のレゼルヴァやクラシコは、この地方以外でめったに登場しない。

ヴェニスはそれ自体に観光地としての魅力があるため、観光客はこの町を取り囲むように素晴らしいワイン産地やワイナリーがあるとはほとんど考えつかない。思いきって水の都の向こうに足をのばし、北西にある内陸都市ヴィチェンツァの外側のコッリ・ベリーチ（Colli Berici、ベリーチの丘という意味）をめざそう。天候によっては、渓谷に満ちた霧が、丘陵の斜面にはりつき、やがて太陽にとってかわるのが見られるだろう。

まず最初に立ち寄りたいワイナリーは、モンテベッロ（Montebello）という小さな丘の町にあるカヴァッツァ（Cavazza）である。試飲室には今も、18世紀初頭に手作りされたワイン圧搾器の実物が飾られている。傾斜する屋根の下の2階には、天井からブドウのつるを吊して、ほぼレーズンの状態になるまで乾燥させている。これから美味しいデザートワインのヴィン・サントやレチョートが作られるのだ。

床にヴェネチア産の大理石が使われた試飲室では、まずガルガーネガが100％使われているカヴァッツァ・ラ・ボカラ・ガンベッラーラ・クラシカ（Cavazza La Bocara Gambellara Classica）を飲む。色は銀色に近く、新鮮な青リンゴと梨の香りがする。おそらくあなたが今まで飲んだソアーヴェの中で最高だと感じるだろう。

参考：カヴァッツァのブドウ園とワイナリーの所在地
Azienda Agricola Cavazza
22 Via Selva, Montebello
（ヴェニスの北西、ヴィチェンツァの近く）
電話：011-399-0444-649166
Fax：011-39-0444-440038
ウェブサイト：www.cavazzawine.com

金曜日　26日目

フランシス・フォード・コッポラと イングルヌック

『ゴッドファーザー』や『地獄の黙示録』など、優れた映画作品を生みだしたことで有名な映画監督フランシス・コッポラは、カリフォルニアのワイナリー、イングルヌックの元の地所を買い取って再建し、優れたワインを作りだした。ニーボーム・コッポラ（Niebaum Coppola）がそのワイナリーの現在の名称で、いくつかの理由でとても重要な存在である。

その理由はまず、イングルヌックは現在も醸造を続けているもっとも古い醸造所の施設の1つで、今また元の姿に戻ったこと、そしてワイン生産の見地からみると、この土地は卓越した世界レベルの品質のワインを生産できること、1939年から1964年まで、イングルヌックの樽の番号が入ったカベルネは、カリフォルニア産カベルネとフランス産ボルドーが同等であることを示すのに、中心的役割を果たしたことである。

イングルヌックは、成功の絶頂期にワイナリーのことを何も知らない大規模な多国籍酒造企業グループの手に渡り、10年以上にわたりこの地は文字通り最悪の状態に陥った。この企業グループが姿を消す頃、イングルヌックという名前は安い白ワインというイメージを思い起こさせるまでになった。

見方を変えれば、ニーボーム・コッポラはイングルヌックの再建により、どうすれば劣悪な企業管理の中を生き残り、まちがったマーケティングを退け、適切なやり方をずっと続けることができるかを示したといえる。イングルヌックを救い、21世紀に無事に送り届けたコッポラは今、イングルヌックの歴史に名を残した。

ケース買いの心理

ワインをケースで買うのは究極の決断だ。最初はそのワインに恋をしており、大事にしまいこんで愛しく思い、愛するものをこれほどたくさん持つ喜びにほれぼれする。しかもとても便利だと感じる。すぐに3、4本は飲んでしまう。しかし2、3週間飲まないでいた後に、5本目をあけて、がっかりするのだ。

あなたは、自分がなぜこれほどたくさん買ってしまったのか信じられない、とひそかに思うだろう。まだ7本も残っている。自分とワインをのろい、落ち込み、もっといろいろなワインや新しい味を楽しみたいと強く思う。密月は終わったのだ。6番目から8番目のワインは、引っ越し祝い用の贈り物と急に誕生日祝いが必要になった時のために置いておくことにして、一歩前進したと感じる。

長い時間がたつ。最後の4本は棚の底を這い、大陸移動をワインで再現している。数ヵ月後、ついにあなたは9番目のワインをあける。コルクを抜き、そして──あった！ ケースの中で最高のボトルだ。そして実際に、あなたの新しいお気に入りのワインとなる。

「やあ」あなたは愛おしげにグラスをなでながら言うだろう。「このワインを覚えているよ。前に1ケースあったんだ。僕はどうしたんだろう？ 2ケース買うべきだったのに」

そして懐かしさと後悔の入り混じった気持ちで、最後の4本を飲むのだ。

このようなことはいつでも起こる。そこで、ケースでワインを買う前に、次のことをよく考えることをすすめる。

経　験

このワインか似たワインを飲んだことがあるだろうか？ 自分の知識や好みには冷徹になること。1本か2本ならかまわないが、1ケースを買うことは、今日自分が好きだと知ったワインではなく、明日自分が好きになるであろうワインの分まで、金を使ってしまうことになる。

価　値

良い取引だろうか？ ケースで買うときは少なくても20%は割引してもらうべきだ。世界中の平均小売価格については、www.wine-searcher.comを参照すること。

パーソナリティ

いろんなワインが欲しくないだろうか？ もしそうなら12本の買い物をすべきではない。誰かに「習慣から抜け出せない人」とからかわれながらも、毎日同じワインを飲み続けることに抵抗が無いなら、あなたはまとめてワインを買うべきタイプの人だ。

月曜日　29日目

ワイン談義に関連性を

言語学には、すべてに関連性がなくてはならない、という法則がある。たいていの場合、ワインについて語るとき不足しがちなのはこの関連性だ。

たとえば、もし私が「ピーナッツバターはいかが？」と聞いて、あなたが「スタンリー・キューブリックは『博士の異常な愛情』を監督したね」と応じたら、会話に関連性はなく、私たちは言葉の通じない世界にいるような気分になる。しかし私がコンバーチブルの横に立って、「ドライブに行かない？」と聞いて、ふんわりとしたヘアースタイルの女性が「私、髪をセットしたばかりなの」と答えたら、文字にするとほとんど意味のない言葉に、とても多くの意味が含まれていることになる。私たちは関連性を理解する。とりわけ近道を通ると、私たちは誰もが少し賢くなる。

ワイン愛好家でない人は「これはどんなワイン？」とか「どんな味のワイン？」などと合理的な質問をする。私たちは言語学上の近道を通ってしまうので、「私、髪をセットしたばかりなの」のような答え方をしている。

言葉は楽しく、ワインを自由奔放に表現できるが、たいていの人が実際に知っている事にもっと関連性を持って表現する方が良い。食べ物について語るときのことを思い浮かべてみよう。「あのリブはどうだった？」と聞かれたら返事は明確だ。「とっても美味しかったよ。手づかみで食べて、皿までなめたよ」これなら誰でもどこでも完全に理解できる。ワインを語るときも、もっと関連性をもってはどうだろう？　下の表を参考にしてみてほしい。

ワイン好きの表現（こう言わずに…）	基本的な表現（…こう言おう）
マロラクティック発酵の味だ	美味しい
オークで熟成した味だ	これも美味しい
森の地面のようだ	なにか少しくさい
素朴な味だ	あまり美味しくない
生き生きとしている	グレープフルーツが好きなら良い。
ロゼでも、辛口のロゼだ。	やわな男でもこのピンク色のワインなら飲める

カルマ・ヴィスタ・ワインヤーズ
(Karma Vista Vineyards)のピノ・グリ種
(米国ミシガン州コロマ)

火曜日　30日目

羨望のピノ

　ピノは、ブドウ品種の2大ローヤルファミリーの1つで（もう1つはソーヴィニヨン）、ワインを理解しようとする時に、骨格と定義を与えてくれる。ピノ・ノワールはブルゴーニュの赤ワインにおもに使われているブドウだ。世界的に人気の高いシャルドネは、第2次世界大戦後までピノ・シャルドネと呼ばれていたブルゴーニュの白ワインである。いずれもワインスペクトラムの中間に位置する。

　ブルゴーニュの赤ワインと白ワインという、変化を続ける核家族を中心とする軌道上には、透明に近い果皮をもつ、とても軽やかな白ブドウのピノ・ブランと、果実が灰色だが黒ブドウではなく白ワインになるピノ・グリがある。ピノ・グリに注目してみよう。ピノ・グリ（イタリア語では「ピノ・グリージョ」と呼ばれる）は、どこで栽培されたかによって、まったく違うワインになる。

　米国では、オレゴン州がピノ・ノワールの栽培に成功して有名になり、21世紀最後の四半世紀にワイン生産地として存在を確立した。同じ土地でピノ・グリが繁茂することは驚くことではない。オレゴンのワイン生産者は最近になってピノ・グリを導入している。（ボルドーのリュトン家もアルゼンチンで美味しくてリーズナブルなピノ・グリを栽培しそのワインを輸出している）ワインの歴史が始まって以来8000年間、オレゴンにピノ・グリが存在していなかった事実を考えると、このような21世紀の試みは素晴らしい事だ。

ファイアスティードピノ・グリ
(Firesteed Pinot Gris)、
アメリカ合衆国（オレゴン）

　すっきりとして、きれがあって、キリっとして爽やかな、手軽な価格のワイン。夏のハウスワインに良い。

ベセル・ハイツピノ・グリ
(Bethel Heights Pinot Gris)、
アメリカ合衆国（オレゴン）

　風味がよく、こくがあり、やや粘性があり、オークとバターが感じられる。とても心地よい印象を与えるワイン。

アデルシェイムピノ・グリ
(Adelsheim Pinot Gris)、
アメリカ合衆国（オレゴン）

　プロシュートを添えたメロンかパイナップルと一緒にこのワインを飲んでほしい。明るく、きりっとした風味と花の香りが感じられる。

水曜日　31日目

Recipe: 小さな洋ナシのワイン煮

チーズとドライナッツを添えると最高のデザート。使用する赤ワインは、加熱し、煮つめ、スパイスを加えるので、あまりこだわる必要はない。ただし飲みたいと思えるワインを使うこと。好きなワインの中から価格の手頃なものを選ぶとよい。

材料（4人分）

洋ナシ	8個（900g弱）
辛口の赤ワイン（メルローなど）	1本
ブラウンシュガー（三温糖、きび砂糖など非精製白糖）	75g
シナモンスティック	5cm 1本
オレンジまたはレモンの皮	5cm 1片
バニラエッセンス	小さじ1
黒コショウ	6粒
粉砂糖	あればデコレーション用に適量

作り方

1. **洋ナシの準備**　洋ナシは洗って水をきる。底を平らに切ってまっすぐ立つようにする。底から2.5cmくらいくりぬいて種と芯を取り除く。
2. ワイン、砂糖、シナモン、オレンジ（またはレモン）の皮、バニラエッセンス、粒コショウを大きめのソースパンに入れて火にかけ、砂糖がとけるまで混ぜる。
3. 2に洋ナシがくびれた部分までつかるように立てて入れる。弱火で加熱してワインがふつふつと沸いてきたらごく弱火にし、さらに45分煮る。決して沸騰させないこと。
4. 火を消して洋ナシと煮汁をそのまま冷ます。人肌まで冷めたら洋ナシを皿に移し、ラップで覆い、冷蔵庫で冷やす。
5. **グレーズ**　煮汁をガーゼでこして小さなソースパンに入れ、3分の2の量になるまで弱火で煮つめる。メープルシロップのようにトロリとしてきたら火からおろし、注ぎ口のある小さなクリーマー容器かメジャーカップに入れる。
6. 皿に洋ナシを2つずつ並べ、グレーズをかける。お好みで粉砂糖をふりかける。

この料理に合うワイン：
クアディ・エッセンシア・オレンジ・マスカット
（Quady Essensia Orange Muscat）
アメリカ合衆国（カリフォルニア）

イタリアで、このブドウは「オレンジの花（fior d'arancio）」と呼ばれている。呼び名の理由はその香りを嗅げば聞くまでもない。デザートワインを専門に生産しているクアディは、芳醇で、甘くて、シロップのようなワインを作るのに最適な暑いカリフォルニア州中央部にある。

木曜日　32日目

ボジョレーを飲みくらべる

　ワインのボトルのような形のフランスのボジョレー地方を頭に描いてほしい。ボトルの口は北を向き、底にはリヨンの町がある。このボトルの大きな南端の部分をまとめて、ジェネリック・ボジョレーという。昔ながらのスタイルで、高価ではなく、ビストロで飲むようなボジョレーが、この地方で作られている。ヨーロッパのワイン畑としては広大で、平坦で、アクセスが良く、手頃な価格で飲みやすいワインを大量に生産している。

　ボトルの口のある北に向かっていくと、幅が狭くなっていき、首のあたりにくると小さなワインの町が10もひしめきあっている。これらの町はクリュ・ボジョレー（Crus Beaujolais）と呼ばれる。クリュ（cru）は文字通りクルー（crew）の意味ではないが（慣用的にワインを写すカラフやフラスコを意味する）、発音は同じでクリュ・ボジョレーと言えば、基本的にこの地方の10の町を意味する。これらの町は一流のワイン生産地で、高品質の、この地方独特のボジョレーを作っている。

　この10の町——Brouilly（ブルイィ）、Côte de Brouilly（コート・ド・ブルイィ）、Régnié（レニエ）、Morgon（モルゴン）、Chiroubles（シルーブル）、Fleurie（フルーリー）、Moulin à Vent（ムーラン・ナ・ヴァン）、Chénas（シェナ）、Saint-Amour（サン・タムール）、Julienas（ジュリエナ）——は、この地方の最高のワインの多くを作っている。この地の土壌や地形は場所によって大きく異なるが、それぞれの町が同じボジョレーのブドウを育てて、基本的には同じ方法でワインを作っているため、ワイングラスの中でそれぞれの土地の味を味わうことは、興味深い。

　この町のワイン生産者らは、ボジョレーのブドウが土壌を複製し、地質学的な構成によって独特な風味を生む、他にはない能力を持っていると言う。この地の土壌は数千年かかって進化し、ワインを生む全体のシステムの中で、重要な変動要素に進化した。次にボジョレーを検討するときは、クリュ・ボジョレーの1つを試してほしい。

サン・タムールのワイン生産者の家の入り口
（フランス、クリュ・ボジョレー）

金曜日　33日目

Veni Vidi Monini（ウェーニー・ウィーディー・モニーニ）

＊「Veni vidi vici（来た、見た、勝った）」は、カエサルが戦争の勝利後に送った手紙の言葉

　ワインを理解するのに大切なことの1つは、生産地がワインの味にいかに大きな影響を与えるかを知ることだ。職人が作るエキストラバージン・オリーブオイルという別の世界でも、同じことがあてはまる。ワイン用のブドウとオリーブの木は、同じ土壌と同じ地中海気候でよく育つ。イタリア、スペイン、フランスは、ほぼこの順番で、ワインとオリーブ両方の世界3大生産地だ。

　イタリアのオリーブオイル・メーカーでは、生産においても販売においても、テリトリー主導の傾向が強まっている。これはここ数世紀にわたってワインの世界がたどっている道とまったく同じだ。イタリア中部ウンブリア地方のスポレートのはずれにある、モニーニ（Monini）社の巨大なオリーブオイル工場が、多くの点でワイン畑やワイナリーとそっくりに見えるのは、さほど驚くことではない。

　作業場から外観の似た設備が登場する。中心部と周囲を冷やして温度管理する大きなスチール製のタンク、床に並ぶホース。低速のポンプがうなって液体をタンクからタンク、あるいは樽から樽へと押し出すと、貴重な絞り汁がゆっくりとボトルに入り、ラベルが貼られて、待ちかまえていた輸送業者の手に渡る。

　なにもかもワイナリーに似ていて、理屈の上では一晩で全体をワイナリーに変えられるような気がする。しかし当然ながら匂いが違う。粉々になった殻、粉末状のスパイス、そしてもちろんオリーブの匂いだ。そして白衣や、外科医のような帽子、靴にかぶせるブーティといったドレスコードも。

　モニーニは1920年に設立され、現在は3代目のゼッフェリーノ・モニーニが運営している。モニーニは自分たちを、オリーブオイルの工場生産会社ではなく、職人生産者として位置づけている。しかし年間2500万ℓという生産量を考えると、職人生産者と名乗るのは無理な話だ。

　本部からそれほど離れていない場所に、丘の上の圧搾器（Frantoio del Poggiolo）と呼ばれる、改修された建物があり、現在はモニーニの教育センターとワイン研究所として機能している。ここでは敷地内にある5500本の古木と1500本の若い木から、ごく少量のオリーブオイルを生産している。「私たちの競争相手は工場生産者ではなく、小規模な職人生産者だ」と、モニーニ氏は語る。

　モニーニはDOP（保護指定原産地呼称）に指定された一連のオリーブオイルを生産している。DOPは、たとえばDOPプーリアなら本当にイタリアの「かかと」で作られたものであり、DOPシチリアはシチリア産であることを認定する優れた制度だ。ワインも同様に、世界中でアペラシオン（産地）管理が行われている。もちろん、法律は国によって地方によって違うが、考え方は国境を越えても変わらない。価値の高い生産スタイルをはっきりと表示し、優れた商品を厳しい品質基準で保護するのだ。

　これらすべてのオリーブオイルを1つに混ぜて、大量に売りやすいオイルを作る方が、より簡単で、よりコストが安く、より利益もあげられる。モニーニ家は、そうした手法をあえて取らないことで、原産地が特定されたイタリア産オリーブオイルの信頼を高めている。

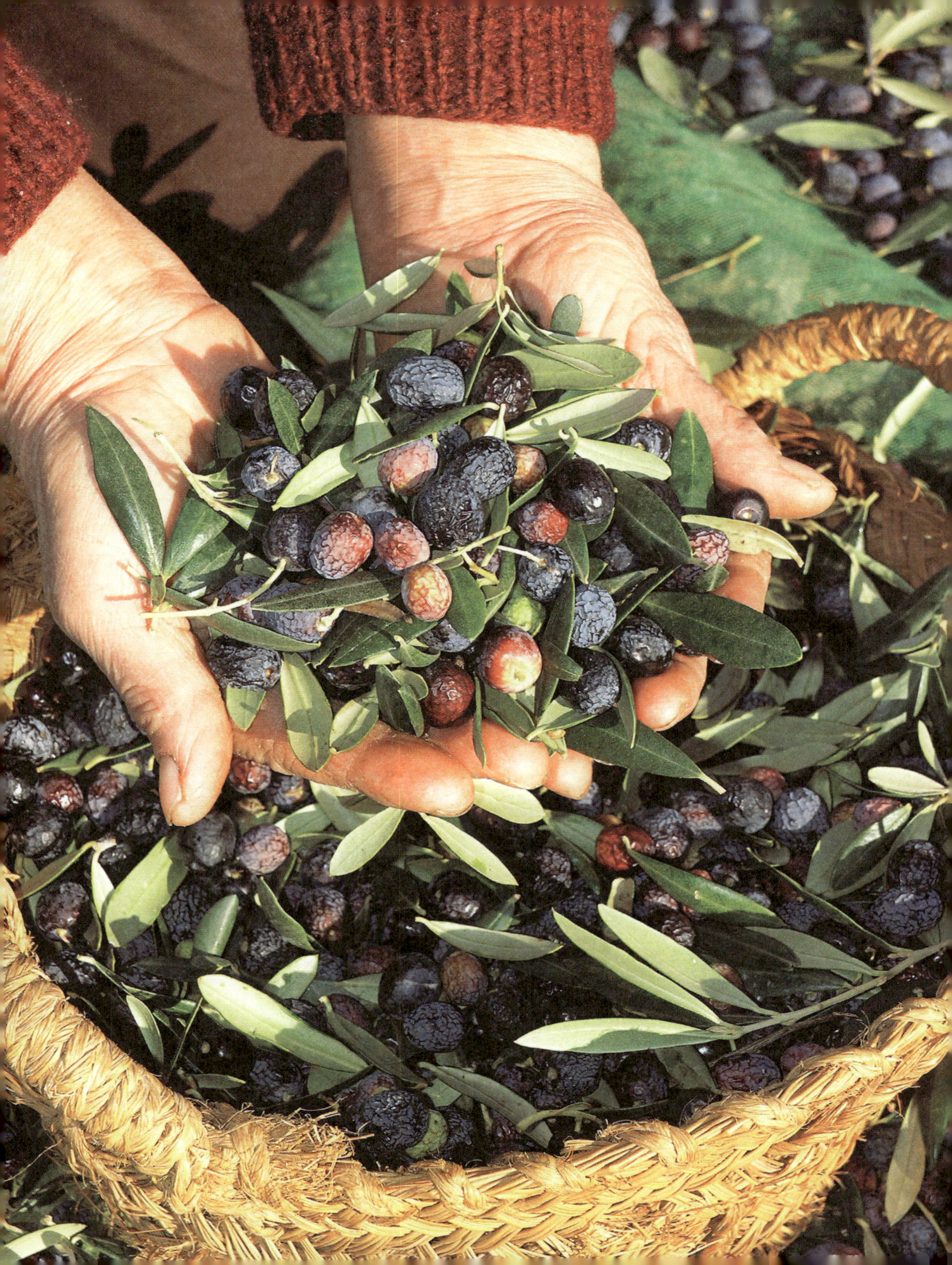

土曜日＋日曜日　34日目＋35日目

ワインのグリーンガイド

　オーガニック、ビオディナミ（バイオダイナミック）、有機栽培のブドウを使用、カーボンニュートラル──こういった言葉はすべて、誰かがどこかで本当に環境を気にかけ、ワインの生産工程に配慮していることを意味する。しかしワイン愛好家のほとんどは、このような政府の環境用語の技術上の違いを理解していないか、あまり注意を払っていない。以下にそれぞれの意味を解説しよう。

オーガニック・ワイン

　有機栽培されたブドウを使って、石油化学製品（肥糧、殺虫剤、除草剤、合成添加材など）や亜硫酸塩を添加せず、さらには100万分の1以上の自然発生の亜硫酸塩を含まない（米国のワインは100万分の350以下と定められている）生産工程を経て作られたワイン。

ビオディナミ（バイオダイナミック）

　有機栽培と同じ基準に則しているが、ビオディナミのガイドラインは19世紀末の社会哲学者ルドルフ・シュタイナーの考え方に由来する。ビオディナミは、自給自足の自立する事業体として農場を統一することを説いている。つまりかつてのワイン農家のように。（その他に、どちらかというと現実離れした、牛の角や月の満ち欠けに合わせる方法なども説いている）

有機栽培のブドウを使用

　このワイナリーはまだ完全にオーガニックではないという意味。ブドウを有機栽培するという正しい方向に一歩踏み出したが、ワイナリーは有機農法の実践に全面的な投資を行っていない。

　モンティ・ウォールディン著の『Organic Wine Guide（オーガニック・ワイン・ガイド）』は、何らかの基準に照らしてオーガニックといえる、数百のブドウ畑とワイナリーを掲載している。自分の好きなワイナリーが、企業のマーケティングの結果ではなく、伝統的にオーガニックであることを発見することは、嬉しい驚きである。

ウージェーヌ・メイエ
(Eugene Meyer)、
フランス（アルザス）

　1969年にオーガニック認定を受けたワイン畑で作られる、ゲヴェルツトラミネール、ピノ・ブラン、ピノ・グリで、素晴らしい味の伝統的な白ワインを作っている。

マス・ド・グルゴニエ
(Mas de Gourgonnier)、
フランス（プロヴァンス）

　1970年代半ばからブドウを有機栽培している。ワイナリーは、マーケティングや哲学的理由ではなく、伝統的な農法を踏襲しているためオーガニックである。

シャトー・ド・ボーカステル
(Château de Beaucastel)、
フランス（南ローヌ）

　ここのワインは安くない。ここで作られるシャトーヌフ・デュ・パプ（Châteauneuf-du-Pape）は非常に高価で、初級者向きの赤や白も値段が張る。さらに、ブドウ畑が本当にオーガニックであるかどうかは論争がある。オーナーが家畜の糞を燃料とする農場用の車両を開発したなど話題は絶えない。

ロロニス
(Lolonis)、
アメリカ合衆国（カリフォルニア）

　ロロニス家は、農薬を使わずテントウムシをはじめとする他の虫によって虫害を抑制している。シャルドネやジンファンデルはどちらも私の好きなワインである。

フロッグス・リープ
(Frog's Leap)、
アメリカ合衆国（カリフォルニア）

　オーナーは、有機的管理のおかげでブドウが元気だと言う。特に、最近増えているブドウの根に寄生するみにくい虫フィロキセラにも負けないそうだ。フロッグス・リープはソーヴィニヨン・ブランがもっとも有名で、熟した果実と、さわやかでキリリと引き締まる酸味が感じられる、実に美味しいワインだ。

月曜日　36日目

必読書：
『カリフォルニアワイン物語　ナパ』

　1990年に書かれたジェームズ・コナウェイの著書『Napa: The Story of an American Eden（邦題：カリフォルニアワイン物語 ナパ）』は、現代のワイン作りの試練や苦難について書かれた最良の本の1つだ。コナウェイは、苦労しながらも企業家精神を絶やさないワイン農家たちを鮮やかに描く。彼らはワインの世界の最前線で支持を得ることを願って、わずかなチャンスに賭け、自分たちのワインを送り出さざるをえなかったという。

　コナウェイは、複雑な家族や一族の関係をたどるほか（特にカリフォルニアにおけるイタリア人）、今もナパ・ヴァレーをかきまわし続けている暗黙の対立についてもふれている。しかしワインビジネス全体にたれこめているのは、自然災害（猛烈な風雨はたびたび起きる）、あるいはその他の予見できないこと、たとえば不動産開発のような人が作りだす災に対する農家の恐怖だ。

　コナウェイは数ページをさいて、古い鉄道にのって途中下車しながらワインを味わう観光旅行「ワイン・トレイン（Wine Train）」について、1つの芸術的活動を遊園地のアトラクションにしてしまうことに対する訓戒的な逸話として紹介している。ナパのワイン・トレインは、この地域の不動産開発の拡大や交通量に比べればまったく問題がないが、彼は「エデンの園を台無しにする方法を見つけてしまうのが人間の性質なのだ」と主張する。

　絶頂期を過ぎたらどうなるだろう？　農家は明かりを暗くしてカーテンを引くのだろうか？　それはないだろう。ナパのワイン生産者らは、成功、発見、スターダムまでの道のりが、今とどれほど違って苦しかったかを覚えている。カリフォルニアワインのリスクを負った人々の幸運な子孫らは、同じリスクに賭ける必要はない。ナパは永遠にワインの王族なのだ。

ナパ・ヴァレーを見下ろす丘の斜面のブドウ畑

火曜日　37日目

🍇 ムールヴェドル(Mourvedre)の「M」

通りを歩いている人を呼びとめて、知っているワインの名前をすべてあげてもらったとしたら、そのほとんどの人が、シャルドネ、メルロー、そしてしばらく考えてから、嬉しそうにシラーズと言うだろう。時に大変熱心なワイン愛好家でも、新しい情報を吸収しないことがある。そんな事実があるにも関わらず、ワイン愛好家は新しいもの——新しいヴィンテージ、新しい地方、新しいブドウ——が好きだという。そのため生産者は、新しい試みをせざるをえない。

ムールヴェドル(Mourvedre)は、素朴な南フランスのブドウで、あまり知られていないが美味しいワインになる。カリフォルニアの243haの畑の他に、フランスとスペインの地中海沿岸にほぼ限定して栽培されている(スペインではマタロ[Mataro]と呼ばれている)。濃厚でコクがあるバンドール地方のワインに使われる主なブドウの品種である。

現在、カリフォルニアのムールヴェドルの約20%を、ソノマのクリン・セラーズ(Cline Cellars)が管理し、もっとも古い区画のムールヴェドルをブレンドしたワインを生産している。

その力強い果実味、驚くほどの濃厚さ、素晴らしい香りは、低価格にも関わらず、高級感のある味わいだ。オークの良い香りがつけられ——やはり新世界のワインなのだ——柔らかでなめらかなタンニンに、黒と白のコショウの香りがほのかに感じられる。

どれくらい古いと、古いといえるのか?

「古い」という言葉は、使う人によってその古さが変わる。古代ギリシャ人は約3千年前に南フランスでワインを作った。しかし最も古いカリフォルニア・ムールヴェドル(もともとはスペインの年にちなんでマタロと呼ばれていた)の区画は、数千年ではなく、数十年前に作られたものだ。
カリフォルニアでは、ブドウ畑が100年もたてば、「古い」と認定される。

フランス、ローヌ地方のシャトーヌフ・デュ・パプ(Châteauneuf-du-Pape)のムールヴェドルの古木

水曜日　38日目

Recipe: 簡単に作れる
シナモン風味のラムの煮込み

もし2月が1本のワインなら――冷たくて、非情で、厳しくて、冷淡で、他のワインにくらべて量が7％少ない――誰も買おうとしないだろう。自然界では、2月は母なる自然との取引を象徴する。7月が来て欲しいのなら、2月を乗り越えなくてはならない（そういう意味では、3月でも同じだ）。

2月はちょっとした幻想を生む月だ。数日少ないことが実際に違いを生んでいるかのようだ。ワイン愛好家は、短くて寒い日々を、力強く温かい赤ワインとゆっくり煮込んだボリュームのある料理で満たそうとする。料理には、風味を合わせるために、その日に飲むワインを使おう。フルーティでスパイシーなワインがこのラムの煮込みに絶妙に合う。

材料（4人分）

シチュー用のラム肉	450g
小麦粉	120g
オリーブオイル	大さじ2
アーティチョークの芯の水煮缶	1缶(400g)水をきっておく
中サイズのタマネギ	1つ(粗みじん切り)
ニンニク	2片(みじん切り)
シナモンスティック	1本
トマトの水煮缶	820g
良質な赤ワイン	180㎖
塩と黒コショウ	適量
種なしオリーブ(あれば)	50g

作り方

1. ラムに小麦粉をまぶす。底の厚い鉄製フライパンにオリーブオイルを入れ、煙が出るまで熱する。ラムを入れて全体に焼き色がつくまで8分焼く。

2. ラムを取り出し、アーティチョークの芯を加え、全体に焼き色がつくまで5分焼く。

3. アーティチョークを取り出し、タマネギ、ニンニク、シナモンスティックを入れる。3分間、かき混ぜながら、タマネギが透明になるまで炒める。

4. トマトをスプーンでざっとつぶして加える。ワインを加え、ラムとアーティチョークをフライパンに戻し、塩コショウを入れて、よく混ぜる。フタをして少なくても90分煮る。

5. 食べる5分前に、シナモンスティックを取り出してオリーブを加える。ポレンタ、リゾット、オルゾ(米の形の小さなパスタ)、オレッキエッテ(小さな耳のような形のパスタ)などを添えて取り分ける。

この料理に合うワイン：
ブエナ・ヴィスタ(Buena Vista)
カルネロスピノ・ノワール
(Carneros Pinot Noir)

アメリカ合衆国(カリフォルニア)

このワインは、成熟した、素晴らしい果実味や柔らかさを持ち、タンニンをたっぷり含む。エキゾチックで、香りの良い木箱のような香りがする。興味深い料理と合わせるとワインの風味もさらに興味深いものになる。

木曜日　39日目

🍃 シチリア：ワインは独りでは生きられない (No Wine Is an Island)

＊"No man is an island"（人は独りでは生きられない）はイギリスの詩人で聖職者のジョン・ダンの言葉

シチリアは、何千年も前から地中海南部の航行路の主な交差点である。古代ローマ時代、ワインと食物はシチリアを経由してローマに運ばれ、その後に他の海洋国に運ばれた。約5千年前、古代ギリシア人によって南イタリアに初めてワイン用のブドウが植えられた。今でもブドウの名前の中には、グレコ(Greco)、アリアニコ(Aglianico)など、このルーツを感じさせるものがある。シラー(Syrah)もシラクサ(Syracuse)にちなんだものだと論じる人もいる。

現在、シチリアで唯一有名なワインは、少量のブランデーで酒精強化してアルコール分を約20％に高めたデザートワインのマルサラである。ポルトや甘口のシェリーにとても良く似ている。ブランデーの追加は伝統に従い今も行われているが、もともとは船で運ぶ間にワインの鮮度を保つために加えられたものだ。

21世紀のワイン生産者たちは、さまざまなシチリア原産のブドウの品種や生産スタイルを採り入れてワインを作り始め、人気を得ている。

なかでもネロ・ダヴォラ(Nero d'Avola)は、シラーズに似た黒ブドウで、地中海の強い日差しを好み、シラーズを思わせるワインとなる。シチリアの生産者が望んでいるのはまさに、ネロ・ダヴォラがオーストラリアのシラーズのような存在になることだ。

グリッロ(Grillo)とカタラット(Catarratt)は、どちらもシチリア産の白ワイン用のブドウである。グリッロは「バッタ」という意味で、この品種で作ったワインは、緑の葉、柑橘、快活さが感じられる——つまり、名前通りである。カタラットは、マルサラに使われるため、イタリアの単一品種で2番目に広く栽培されているブドウである。

アジェロ・マジュスグリッロ／カタラット (Ajello Majus Grillo/Catarratto) は、グリッロとカタラットの2つのブドウを使っている。理論上は、グリッロが柑橘やトロピカルフルーツのキリリとした味、カタッロが芳醇で、熟したメロンや洋ナシの風味のベースとなる。マジュスにおいてこの2つの組み合わせは、ちょっとした魔術を生みだす。最初ははじけるような酸味、そしてタンジェリン（オレンジの一種）、それからすぐに深い、熟した、木の香りを含むまろやかな味に変わる。

シチリアのワインは、旧世界ワインが生まれる場所で作られた、新世界スタイルのワインである。ある意味、両方の世界の中で最上のワインだ。

金曜日　40日目

🧺 スペック家、ヘンリー・オブ・ペルハム

世界は、新しい地方で作られた新しいワインを待っている。しかしそれは、ごくまれにしか生まれない。最近では、オーストラリアと南アフリカのワインが歓迎された。今は、優れたワインを生産しそうになかったカナダが顔を出そうとしている。

北米の東海岸では、概して良い赤ワインを作るのに苦労している。そのため、この地域でモンスター級の赤ワインを見つける事には大きな意味がある。オンタリオ州のヘンリー・オブ・ペルハムバコ・ノワール(Henry of Pelham Baco Noir)は、まさにそれだ。カリフォルニア・プティット・シラーを思い起こさせるインクのように黒みがかった色のこのワインは、この地域の気候でもよく成長してたっぷりと実をつけるブドウの交配種に生産者が敬意を払えば、何が起こり得るかを教えてくれる。ヘンリー・オブ・ペルハムの社長のポール・スペックは、バコ・ノワールを栽培することを決め、濃厚さを高めるために生産量を制限し、この品種を軽んじる大半のワイン生産者と同じ考え方をやめた時が、ターニングポイントだったと話す。ヘンリー・オブ・ペルハムバコ・ノワールは、濃厚で力強い、北東大西洋でもっとも情熱的な赤ワインで、タンニンが強く、ピリピリと舌をさすように広がる。このブドウは、濃厚さと豊潤さがあり、条件の厳しい気候と思われる地域でも、素晴らしいワインが生まれ得ることを証明している。

コルク抜きの選びかた

コルクを抜こうとしたことがある人ならだれでも、うまく抜く方法は1つだけではないと言うだろう。しかし正しい方法は2、3通りしかない。その方法は適切な道具を使えばとても簡単になる。ワインをうまく開けるのに苦労している人はいまだに多いが、その原因の半分は技術的な問題、あと半分は物理的な問題にある。

まず技術的な問題について話そう。基本的に、ワインの開け方は1通りでコルクも1種類であるが、コルク抜きは文字通り何百種類も存在する。たとえば、チタン製の長いグリップをコルクに装着するタイプは、グリップをまわしてコルクにスクリューを刺すと同時に、ワインニードルでコルクの下のガスを逃し、気圧を使って引きぬく。それでもだめなら、原点に戻る。木かスチールにスクリューがついたタイプだ。それをコルクにねじこみ、力いっぱい引きぬく。ワインはあちこちに飛び散る。

物理的な問題はどうか。多くのコルク抜きは役に立たない。凝ったタイプほどそうだ。コルクにスクリューをねじこむにつれて、銀色の2つの羽根が外向きに上がっていくタイプは美しく見えるが、スクリューがコルクを完全に割ってしまうと、羽根をほぼまっすぐ持ち上げ、それをつかんで下に引き下げるしかない。コルクはくだけ、その一部はまちがいなくワインの中に入ってしまう。

私のお気に入りの栓抜きは一般的にソムリエ用（ウェイター用）と呼ばれているもので、1つの道具に複数の便利な機能が組み合わされている。片方の端には小さなフリップ式のナイフがついていて、フォイルの覆いや値札を切り取ったり、ワイン樽に自分のイニシャルを彫ったりするのに使う。もう一方の端には、2つ折りになったレバー型のボトル・オープナーがついている（この世界からワインが尽きてしまって何かほかの「ボトル」を開けて飲まざるを得なくなったときにも使える）。これをボトルの口の縁に固定し、テコの力でコルクを抜く。ソムリエナイフはシンプルかつ完璧な道具で、ワインをテーブルに置かなくても、簡単に開けられる。

月曜日　43日目

ワインボトルの数字の読み方

ワイン生産者はラベルにつけた数字で、あなたに何かを伝えようとしている。それはいったい何だろう？

- **ヴィンテージ**：これは重要な数字として、必ずラベルの目立つところ、つまり上か中央のワインの名前の近くに書いてある。ただし説明はつけられていない。「2003」と書いてあれば何の説明がなくても、何か意味のある年なのだ（私の知る限り2003年は、1890年代以来もっとも暑く、もっとも熟成度が高く、最高の栽培シーズンを得た年だった）。

- **ボトルの容量**：ボトルの容量はたいてい、mℓ（ミリリットル）かℓ（リットル）で表示される。標準的なボトルは750mℓまたは0.75ℓだ。倍量のマグナムボトルとよばれるものは1.5ℓで、ハーフボトルは375mℓである。

- **アルコール含有量**：ワインと呼ばれる飲み物のアルコール含有量は5%から20%である。赤ワインでも白ワインでも、典型的なアルコール含有量は12.5%である。アルコール含有量が1ケタの場合は低アルコールと言える。15%を超えるワインは無責任に近い。

- **100という数字**：ラベルによく登場し多くの意味を持つ。100%のワインのタイプ、ブドウの品種、マロラクチック発酵、樽発酵、オーク樽熟成など。しかし、何もかも豊富だと過剰になるのが常だ。ラベルに100%の表示がたくさん書いてあるワインは、頑張りすぎているワインであることが多い。

- **ブレンド比率**：多くのブドウの品種をブレンドして作ったワインは正確な配合比率を表示することが多い（例：カベルネ55%、メルロー37%、プティ・ヴェルド6%、プティ・ムニエ1%、ブルベロンク1%）。配合の表示は、ワインにおもに使われるブドウの品種を広く知らしめるのによい方法だ。しかしボトルの外から見ていても、ブルベロンクが2%含まれるとどう変わるのか、現実的に思い浮かべることはできない。

- **政府の警告**：法律により以下の警告表示が義務付けられている。（1）妊娠中の飲酒の禁止、（2）飲酒運転の禁止。（これによってボトル1本につき英文で41単語の表示が追加される）

- **ワイン畑と熟成年数**：ワイン生産者は、樹齢500年の伝説的なブドウの木を700万年前からの土壌で育てているといったことを、喧伝するのが好きだ。通常、ブドウの木が年を重ねるほどワインの生産量は減る。しかしその味は良くなり、濃厚で、魅力的な風味になる。

- **その他の番号**：ブリックス（Brix）は収穫時のブドウの熟成度の技術的計測方法で、熟すほど数値は高くなる。1つのワイナリーで、2、3種類のワインが熟成度の座標となる。畑1haあたりのブドウの収穫量（t）は、醸造家がいかに積極的に「過ぎたるは及ばざるがごとし」という哲学を追い求めているかを表している。

どの数字に注意を払えばよいだろう？　すべてのワイン愛好家に共通の状況を想像してみよう。あなたは知らないワイン2本のどちらかを選ぼうとしている。分かっているのはラベルに書かれている数字だけだ。それ以外に情報が無い場合、あなたは3つの数字にもとづいてワインを選ぶことができる。それは、熟成年数、収穫年、アルコール含有量である。もっとも古いブドウの木またはワイナリーを選び、その中からもっとも早く市場に出たものを選び、それからアルコール含有量が12.5%に近いものを選ぶ。

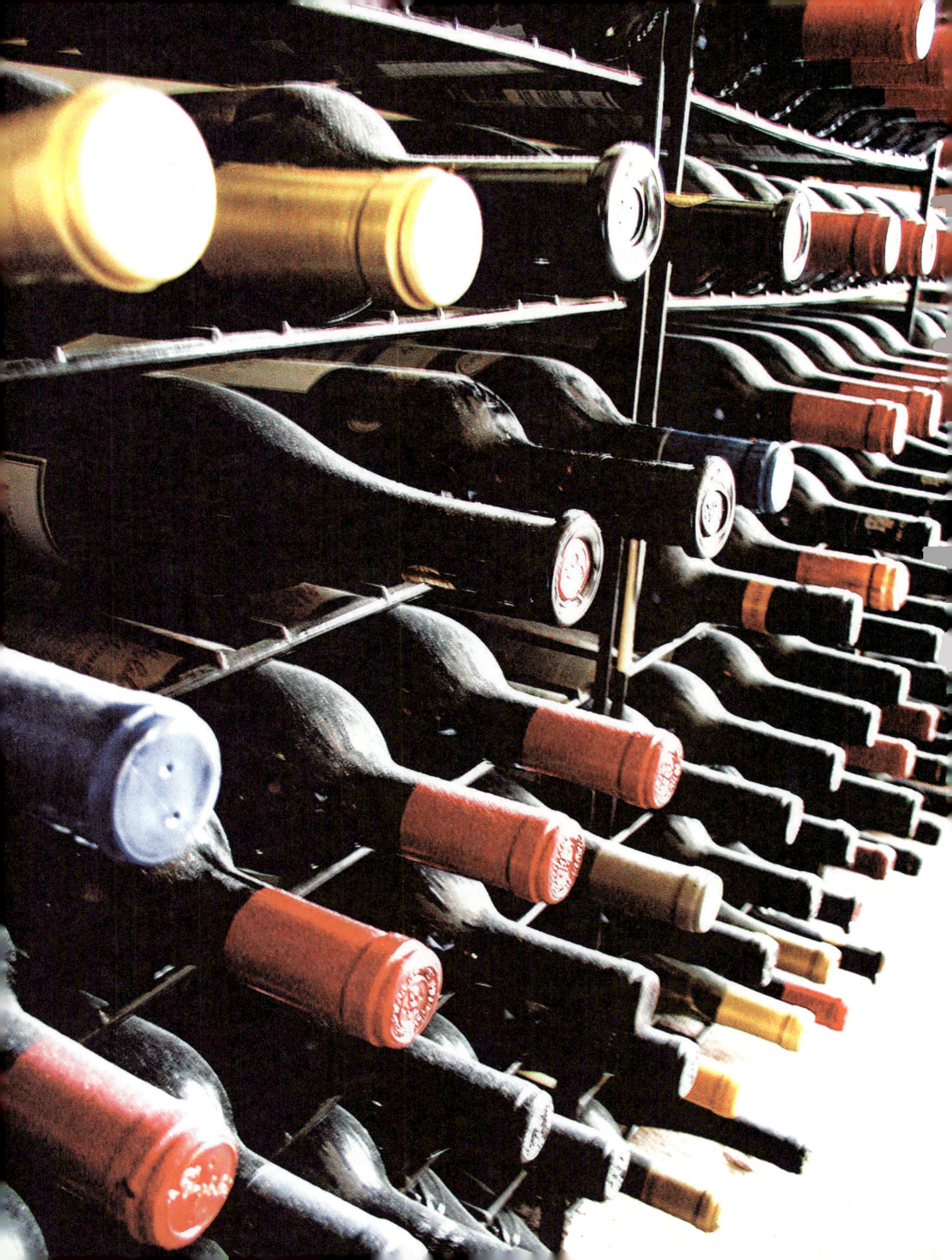

火曜日　44日目

オーストラリアのブドウ

オーストラリア大陸には何百万年もの間、ブドウが存在しなかった。しかし1817年に初めてヨーロッパのブドウの木が、大量に輸入され（これはジョン・マッカーサーのおかげである。彼はオーストラリアにおける牧羊産業の父と呼ばれているがワイン産業においても同様の功績を残した）、21世紀への変わり目には、オーストラリア産シラーズやシラーズスタイルのワインで世界市場に確固たる地位を築き、オーストラリアにとってブドウはなくてはならないものとなった。この国では現在、何百種類ものブドウの品種が栽培されている。オーストラリアでもっとも成功を収めているブドウの品種には、おなじみのものもあるが、1つか2つ意外なものもある。

カベルネ・ソーヴィニヨン

オーストラリアには、1800年代に植えられた伝統的なボルドー産の赤ワイン用のブドウの畑が何haも広がっていたが、シラーズが大成功すると、そのほとんどが姿を消した。1960年にはオーストラリア南部のクナワラにたった4ha、パッドサウェイに0.4ha足らずが残るだけとなった。その後、何十年かかけて再び植樹が行われ、学び直されて、カベルネは素晴らしいタンニンと、チョコレートとラズベリーの風味をたっぷり含んだワインを生みだしている。シラーズのライバルを目指すワインとして新参者のカベルネは、温暖な気候で育つ人気の高い品種のブドウの影に隠れている。

シャルドネ

世界でもっとも商業的に成功している品種のシャルドネは、オーストラリアで群をぬいてもっとも広く栽培されている。オーストラリアの白ワインのほとんどがそうであるように、シャルドネの生産工程ではオークがよく使われる。非常に熟成度が高く、ハチミツを加えたように濃厚で、バターのような風味をもつ、金色のワインになる。どの地方にも優れた事例や生産者が存在する。

グルナッシュとムールヴェドル

この2種類のブドウは、ローヌ渓谷で栽培される主な赤ワイン用ブドウで、オーストラリアでもよく栽培されている。ジューシーで手に入りやすい価格の、シラーズ、グルナッシュ、ムールヴェドルのブレンドワインはたくさんある。また手頃なヴィンテージワインやトーニーポートの原料として使われることもある。

マルサンヌ

ローヌから移植されたもう一つの品種で、白ワイン用のブドウ。オーストラリアの気候にうまく順応し、タービルクを中心に栽培されている。熟すと、まろやかで、濃厚で、洋ナシのような風味になる。ミッチェルトン（Mitchelton）の生産するマルサンヌは、ハニーサックル（西洋スイカズラ）のような素晴らしい味わいである。

セミヨン

オーストラリア以外でこの白ワイン用のブドウがおもに栽培されているのは、フランスのソーテルヌ地方で、そこでは世界でもっとも高価な甘口のワインが生産されている。オーストラリアでは、1軒のワイナリーが、このブドウに貴腐とよばれる菌が作用を及ぼす加工を行って、非常に甘いデザートワインを作っている。ただし大半のセミヨンは、高い品質の、辛口の、日常用の白ワインとなる。熟したセミヨンは、素晴らしいコクがあり、濃厚で、オイリーといってもよい口あたりのワインを作りだす。

シラーズ

他の国の人はこのブドウをシラーと呼ぶが、オーストラリア人はシラーズと呼ぶ。もともと南フランスのローヌ渓谷で強い日差しをあびて盛んに生い茂っていたため、オーストラリアの夏にもなじんだ。そのワインには、コショウとスパイスの香りと、熟した果実の香りがたっぷりと感じられる。シラーズにはいくつかの異なる特徴が混在する。総じてなめらかでベルベットのような口あたりだが、風味は強く、アルコール度数が高い。アデレードに近いバロッサで作られるシラーズは、濃密で、コクがあり、凝縮された味わいである。

水曜日　45日目

Recipe: 鶏肉のロースト、マスタードとパセリの風味

　一般的に最初のフードライターと言われているジャン・アンテルム・ブリア＝サヴァランの著書は、親しみのある準現代的な語り口で記された。彼が登場するまで食品に関する著書は農業に焦点をあてて書かれていた。しかし彼は、「あなたが食べているものを教えてくれたら、あなたがどんな人かが分かります」と語り、フードライターを食べ物を通じて人々を理解する存在へと導いた。

　ブリア＝サヴァランは鶏肉をキャンバスと呼んだ。料理人がスパイスや技術を使ってどのようにも変えられる中庸の食材ということだ。このレシピで鶏肉を変身させる力のある風味は、まず何よりもブルゴーニュワインである。そして同じくフランスのワイン生産地の中心部で作られたディジョンマスタードも欠かせない。

材料(6-8人分)：

小さめの鶏肉3羽	各1.3kgから1.8kg
ディジョンマスタード	大さじ3
パセリ	大きめ12本
ニンニク	10片
白ワイン	120㎖
チキンスープまたはコンソメスープ	120㎖
赤ワインビネガー	大さじ3
生クリーム	160㎖
塩、黒コショウ	適量
パセリまたはタラゴンのみじん切り	あしらい用に適量

作り方

1. オーブンを190℃に予熱する。
2. 鶏肉を食べやすい大きさに切り、ペーパータオルで水気をふきとる。大きめのボウルに鶏肉とマスタードを入れ、よく混ぜてからませる。パセリとニンニクをみじん切りにする。
3. 深めのオーブン対応の鍋(私は大きめのカルファロンのようなソースパンか、鋳鉄製の深めのスキレットをよく使う)に、ワイン、チキンスープ、ビネガーを入れ、ニンニクとパセリのみじん切りの半量を入れて混ぜる。そこに鶏肉を入れ、残りのニンニクとパセリを散らす。
4. **3**を中火にかけ、沸騰したらオーブンに移して40-45分焼く。途中で1-2回、鶏肉の上下を返す。
5. 鶏肉に火が通ったら盛りつけ用の皿に移し、火を消したオーブンの中で保温する。鍋をコンロに移し、生クリームを加え、中火で10分、4分の1の量になるまで加熱する。塩コショウで味をととのえる。
6. **5**のソースを鶏肉に少しかけ、残りは鶏肉のまわりにひく。パセリまたはタラゴンのみじん切りを散らす。

この料理に合うワイン：
ドメーヌ・ド・プイィ・サン＝ヴェラン
（Domaine de Pouilly Saint-Véran）
フランス

ドメーヌ・ド・プイィ・サン＝ヴェランを選ぶと、ブルゴーニュの料理にブルゴーニュを合わせることになる。コミカルに見れば、町のマスタードが田舎のワインと腕を組んで歩いているといったところ。サン＝ヴェランに使われているのはほとんどシャルドネだが、果実味が強すぎず、深みがあり、白ワインに珍しく土の匂いさえ感じられる。通りのすぐ先にあるプイィ・フュイッセ（Pouilly=Fuissé）と比べると、リーズナブルなワインである。

木曜日　46日目

南アフリカ

　南アフリカには何世紀も前からワインがある。言い伝えによると、ナポレオンはエルバ島に追放されて不遇の年月を過ごした時に、クレイン・コンスタンシア・エステートの甘いデザートワインがお気に入りだったという。

　しかし南アフリカの政府が、人種及び政治的隔離政策アパルトヘイトを実施したため、この国のワインの取引が米国では何年も禁止され、ヨーロッパでは厳しい規制が設けられていた。現在、南アフリカのワインはやっと米国市場に浸透し始めている。

　ピノタージュ（Pinotage）は、南アフリカでおもに使われている赤ワイン用のブドウで、ピノ・ノワールと、比較的知られていない丈夫で収穫量の多いサンソー（Cinsaut）の交配種である。

なかでも次の2つはとても美味しいピノタージュだ。

フェアビュー・ピノタージュ
(Fairview Pinotage)、南アフリカ

　このワインのタンニンはとても多く、柔らかで、常に感じられる。メンソールと焼いたリンゴかローストした洋ナシのような果実の風味がほのかする他に、パンプキンパイのような香りが少しする。

アンドリューズ・ホープ・ピノタージュ
(Andrew's Hope Pinotage)、南アフリカ

　このピノタージュのコクとバターのような風味には驚く。タンニンはやや柔らかに感じられ、このワインをとても飲みやすくしている。印象としてはオーストラリアのシラーズと似ている。

ブドウをいれたカゴを運ぶ南アフリカの女性

金曜日　47日目

エドゥアール・ド・ポミアンと10分間の試み

　エドゥアール・ド・ポミアンは、著書『French Cooking in Ten Minutes：Adapting to the Rhythm of Modern Life（10分でできるフランス料理：現代生活のリズムに合わせて）』（North Point Press）の中で、「時代は変わり、生活も大きく変わった。料理の仕方や食べ方を変えなければ生き残れないほどだ」と認めている。

　現代的テクノロジーの世界のムチで叩かれながら、ポミアンは10分間で作る料理を見つけようと努力する。10分でも時間を作れたら、少量ずつでも品数を増やして、人をあっと言わせる料理を作ろうと彼は勧める。ポミアンに言わせれば、小さな梨と薄くスライスしたブルーチーズにカリカリのパンを添えたものも立派な一皿だ。しかも誰でも30秒で作ることができる。

　この話のオチは、もちろん、この本がもともと、時間がはるかにゆっくり流れていた1930年に発行されたことだ。またこの本には2つの危険な考え方が存在する。時間を流通する商品のようにとらえ、私たちがそれをコントロールできなくなっているという考え方、そしてどんなものであれフランス料理をたった10分で作ることができるという考え方だ。

　ポミアンはこのような考え方を、たえまない明るい声援とレシピの下にひそませている。料理ついてはお飾りのようにたった数行しか書かれておらず、その後に励ましの言葉が続く。序章には、「この素晴らしい本を理解するために必要不可欠な概念」と題して、この本が素晴らしいとしたら、それはおもに私がそれについて（必要不可欠な概念を）まだ1語も書いていないからだ、と述べている。だから素晴らしいに違いないと。

　ポミアンの言葉は、これから調理する料理、これから開けるワインにもあてはまる。料理を素晴らしくするものの一部は、そのための時間だ。特別な機会のためにワインを保存しておけば、それがたった1ヵ月であろうと、ワインを開けた時により美味しく感じられる。

土曜日＋日曜日　48日目＋49日目

AからZまでを味わう

　1つの品種にこだわってはいけない。メルローばかり買ったり、レストランでいつもピノ・ノワールを注文する習慣をやめよう。ブドウには色々ある。本書で何十種類もの品種を紹介する。このページは、ヴィニフェラ種と呼ばれる膨大な数のヨーロッパブドウを知る、第一歩に過ぎない。

　ワイン用のブドウの品種は1万種類を超えるが、ワインを飲む人々は、ワインの世界で約230のひと握りの主要なブドウにしか関心を寄せない。

　そこで、アルファベットでブドウの品種を試してみることを勧める。飲んだことのないブドウの品種をアルファベット順で試すのだ。選択肢はたくさんある。

　手に入りやすい人気のあるブドウの品種に関しては火曜日の項を参照してもらいたい。あるいはジャンシス・ロビンソンの著書、『ワイン用葡萄ガイド』は、優れた情報源になる。新しいブドウを試すときは必ずメモをとり、ワインを熱烈に愛する友人を招こう。やはりワインは、良い仲間と飲むほうが美味しい。

月曜日　50日目

裁判所命令と余震

　1989年にベルリンの壁が崩壊した時、先見の明がある数多くの評論家が、80年続いたロシア革命の真の終わりを表す出来事だと評した。2005年5月にのアメリカ合衆国の最高裁判所が下した、州をまたいで消費者に直接ワインを販売することに対する規制の撤廃は、同じように長く続いた禁酒法の終わりの始まりとなった。

　アルコール飲料を禁止した合衆国憲法修正第18条は、1920年のボルステッド法の制定により、米国全土で施行された。13年間の奇妙で災難続きの時を経て、大恐慌の最中に、政府はこの禁酒法を撤回した。その後も米国のワイン文化と産業は、全国のあちこちで心細さや不安に震え続けてきた。

　禁酒令が出る前は、オハイオのワイン産業が事業を広範囲に拡大し、重要な産業になっていたが、ワイン畑で急遽他の作物を栽培した後は、ブドウ畑に戻せなかった。ニューヨークのワイン生産は現在も巨大な産業だが、1920年代以前とは全く違う。最初は禁酒令、それから第二次世界大戦によって50年もの間中断されなければ、ワイン産業がどうなっていたか想像してほしい。カリフォルニアの一部は現在、ワイン生産地の代名詞のようになっているが、1975年頃はこの州がヨーロッパと争うほどになるとはまったく考えられなかった。

　この事は、食物、ワイン、文化に関する法規制の世界では、法的決定が裁判所あるいは政府機関の意向をはるかに超えて、さざなみのような影響を及ぼすことを教えてくれる。

火曜日　51日目

ほぼ米国産のブドウ

　アメリカ合衆国は、因襲を打破する独立した人格を称賛する。米国の多くのワイン愛好家は古いフランスのワインに畏怖の念を持ち、イタリアの地名の発音に苦労するが、米国のどこかの生産者が規制を破り新しい方向へ突き進もうとすると、喝采する。

　このような文化の特性の良いところは、米国のワイン生産者が、たとえ楽な道を選んだほうが簡単でも、新しい「アメリカ的」チャンスに賭けることを大いに後押しすることだ。そしてこの状況の悲劇は、米国には発掘して広めるべき、土着のブドウの品種が無いことである。

　米国で作られるワインのすべては、ヨーロッパの有名なワインと比較される。ジンファンデルとプティット・シラーの2つの品種だけが、米国「原産」と目されているが、これは19世紀にカリフォルニアにたどりつくまでの長い旅で、系図を失ったからにすぎない。（現在、遺伝子検査によりこのブドウのルーツが分かり始めているが、あまり進展していない）

　1900年、プティット・シラーはカリフォルニアでもっとも広く栽培されているブドウのリストの先頭に立った。ただしプティット・シラー100％のワインが作られたのは、1961年にリバーモアのコンカンオン・ヴィンヤードがてがけたのが最初だった。残念なことに、プティット・シラーの古い白ワイン用のブドウの木は、採算性の問題で保護されておらず、現在はたった1,215ヘクタールが残るだけだ。

　『Oxford Companion to Wine』によると、プティット・シラーは、ヨーロッパの数多くの異なるブドウの品種の名前でも呼ばれている（100日目を参照）。何であろうと、何と呼ばれようと、通常は黒っぽい、インクのような色で、タンニンがとても強いプティット・シラーは、素晴らしいワインである。

水曜日　52日目

Recipe: チョコレート・ブルスケッタ

　ワインが好きな恋人との夕食は、この甘くてしょっぱいブルスケッタから始めよう。

材料(6人分)

皮の堅いバゲット......................................1本

オリーブオイル..適量

海塩..適量

チョコレート(ミルクでもダークでも良い)
....220g (きざんでおく)

作り方

1. オーブンを200℃に予熱する。

2. バゲットを1-1.5cmの厚さに切り、天板に並べ、オリーブオイルと海塩をかける。

3. バゲット1つ1つに丁寧にチョコレートを乗せ、オーブンで5-10分、チョコレートがとけてバゲットの端がキツネ色になるまで焼く。すぐにテーブルに出すこと。

この料理に合うワイン：
NV ゾニン・プリモ・アモーレ・ジュリエット
(NV Zonin Primo Amore Juliet)
NV ゾニン・プリモ・アモーレ・ロミオ
(NV Zonin Primo Amore Romeo)

イタリア

どちらもセミ発泡ワインである。アルコール度数は白ワインのジュリエットが7.5%、赤ワインのロミオが8.5%で、濃厚なタイプの赤ワインの約半分しかない。

　NVは、ノンヴィンテージの略で、収穫年の表示が無いことを意味する。ノンヴィンテージのシャンパーニュの製法には「ファイナル・フィル」と呼ばれる、別のワインをトッピングする最終工程がある。この工程でベースワインより新しい年代のワインを混ぜるため、できあがったワインをノンヴィンテージと呼ばざるをえないのである。

木曜日＋53日目

オークとカリフォルニアの
ブドウの古種

　カリフォルニアワインを素晴らしいワインにする要素は、驚くほどの果実の熟成度から、無限の（好みによっては過剰な）オーク発酵やオーク熟成まであげられるが、なかでもワイン生産者の革新を目指すたゆまぬ追求に勝るものはない。

　世界の他の地域が、自分たちに与えられた地元の特定の伝統を探り、完成させようと何世紀もかけているのに対して、カリフォルニアの人々は、たとえ伝統的でなくても、あるいは伝統的でないからこそ、自分たちが作り、販売するものを大切にしている。

　1985年頃、カリフォルニアのワイン畑は、標準的なシャルドネ、カベルネ、メルロー、ピノ・ノワール、ソーヴィニヨン・ブラン以外の、ヨーロッパのブドウの品種を栽培を始めた。すると、それまでブレンド用にしか使われなかったヨーロッパのブドウの品種がやってきた。まず最初はフランスのムールヴェドル、ヴィオニエ、当時まだよく知られていなかったシラーなど、ブレンドワインか、ブドウの品種ではなく生産地名が付けられたワインに使われていたブドウだった。現在、カリフォルニアのワイン生産者らは、サンジョヴェーゼ（キャンティの主要品種）、テンプラニーリョ（スペインのリオハの主要品種）その他多くの品種を栽培しようとしている。

ライムント・プリュム：
時の試練に耐える

テロワール (terroir) ──大地 (terra) がワインの風味に影響を与えるという考え方──を否定する人は、ドイツのモーゼル川を訪れるべきだ。

モーゼル川がライン川と合流する河口の地面は、表土のように肥沃で緑が茂っている。この地は芳醇で果実味が強いリースリングの生産が有名だ。その味は、熟して、深みがあり、力強い。しかしモーゼル川の氾濫原を西方に120kmもいかないうちに、土壌はまったく変わる。何千年もの間に洪水が起こり、その水が引くのにともなって積み重なった、粘板岩（スレート）が中心になるのだ。ここでは糖分はあまり重要でない。モーゼル・リースリングはおおまかにいって、辛口でミネラルが凝縮し、香り高いワインである。

同じ日光、同じブドウ、そして基本的に同じ生産技術を持つ人々がワインを作っているが、土壌とワインにほとんど残存糖が無いため（特に白ワインとしては辛口である）、モーゼルのワインはドイツでもユニークな存在だ。糖分が少ないと、糖分が多すぎると感じられない世界が開ける。周辺のワイン産地とのこの違いは、土壌によるものと考えるのは自然だ。そして実際にそれが理由である。しかし違いを生みだしているのはそれだけではない。

ライムント・プリュムは、自分の家族のワイナリーであるS.A.プリュムを何世代も引き継いでいくために、もっと大きな違いを開発しようと考えた。プリュムは現代的なスタイルのリースリングの開発を積極的に行い、世界に売り出し、その徹底して現代的な手法が、世界市場での競争力になることを期待している。

S.A.プリュムの100周年から数年もたたないうちに、プリュムは「エッセンスとソリティア」という他にはない特徴をもった新しいリースリングに力を注ぎ始めた。「私にとってこれが、S.A.プリュムを1つのブランドに育てる最後のチャンスだ」と、外見は50歳足らずのプリュム氏は語る。「私の作るすべてのワインに、自分のサインを残そうと思う」

プリュム氏の言う「現代的」という言葉には、さまざまな意味がある。限定的な生産量、契約栽培農家、ステンレスのタンク、現代的なデザインのラベル、スクリューキャップの栓などだ。しかし何よりもまず、辛口で、糖分が含まれていないこと、そしてそれを愛しているということを意味する。

ライムントは、モーゼルでワインの生産を行う数多くのプリュム家の1つだ。プリュム家は8世紀以上前に、ヴェーレンのすぐ北のアイエフェル地方にあるプリュムという町からこの地にやってきた。先祖の1人であるヨドクス・プリュムは飽くことのない革新者だった。1842年、彼はヴェーレンとツェルティンゲンに2つの巨大なゾンネンウーア（日時計）を作った。人々は太陽を利用して時間を知ることにより生活を改善できた。

この日時計は周辺のワイン畑の呼び名となった。いうなればブランド化したのだ。時を経る間、彼らはもちろん優れたワインを作り続けた。なるほど日時計を働かせるにも、素晴らしいワインを作るにも、何よりも必要なものは太陽なのだ。

フィールド・ストーン・ワイナリーの
地下貯蔵庫＆試飲室を出入りするオーク樽
（米国、カリフォルニア、ソノマ）

土曜日＋日曜日　55日目＋56日目

携帯電話のワインリスト：
デジタル・グラブ

創作文のクラスを受講したことがある人なら、文章を説明するようにではなく見せるように書くことを教えられただろう。これはワイン愛好家にもあてはまる良いアドバイスだ。ワインの話は、ある人にとって濃厚でフルーティなワインが、あなたにとってタンニンが強くて飲めないものだというように、文章にすると行き詰まりやすいからだ。

そこで提案がある。携帯電話のカメラを使い——たいていの携帯に付属しているはずだ——好きなワインの写真を撮る。そうして個人的なビジュアル・ワインリストを作って買い物に役立てるのだ。いちばん良いのは、ワインの名称が分かり視覚的に記憶に残る図柄を含む、ラベルを撮影することだ。

ワイン販売店やレストランでは、何気なく携帯のカメラを開き、気に入ったワインのラベルを何枚か撮影する。記憶や説明を間違えないように、ウェイター、ソムリエ、販売員と話すのは良い方法だ。情報を盛りだくさんに含んだ写真を撮るコツを以下にあげてみる。

ボトルではなくラベルを撮影する

ラベルの情報を把握することが目的なのを忘れて、わざわざボトルを撮らないこと。ラベルにそっと近づく。マクロフォーカス機能があれば使うこと。

シンプルに

写真を見せる時は、詳細にこだわる必要はない。さっと見て次のようなコメントをする「気に入った」「とても気に入った」「彼女の方が僕より気に入った」など。簡単すぎるように思えるかもしれないが、本当にあなたの役に立とうと思っている人には良い情報になる。

好きでないワインをいくつか撮影する

本当に嫌いなワインの写真をたくさん持ち歩く必要はないが、1枚か2枚あれば便利な情報になる。あなたがもっとも好きでないスタイルまたはタイプを形にしたようなワインに出会ったら、その写真を撮ろう。そうすれば二度と買うことは無い。

照明を背にする

照明を背に、つまり光が背後の上方から射すように立ち、あいている手でボトルを持ってラベルを撮影すると、明るくて読み取りやすい写真になる。反射しないように斜めに持つとよい。

ワインリストを見る

レストランのワインリストが長過ぎる、複雑、分かりづらい、よく知っているワインが含まれていないといった場合、自分のワインリストに頼ろう。自分のワインリストを開いて誰かに見せることを恥ずかしがらなくてよい。「私のワインリストを見よう」と言って、それを見せて話すことは受け入れられるだろう。

月曜日　57日目

ワインの評価の歴史

アメリカ人で『ワイン・アドヴォケイト（Wine Advocate）』誌の寄稿者で発行者であるロバート・パーカーは、世界でもっとも人気が高く影響力のあるワイン評論家だ。彼は1978年に今では一般的なワインの評点――90から100がAで、80から90がBなど――を初めて導入して有名になった。彼を支持する人は多く、彼の評価が世界有数のワイナリーの生産方法まで変えるほど、ワイン界における影響力が大きい。

21世紀に入り世界は、まろやかで、香りが高く、果実味があり、凝縮された赤ワインという、パーカーの好みのワイン・スタイルでワインを作り、それを飲んだと言っても過言ではないだろう。「パーカーが90点をつけた」と言えば、一般的にそのワインの品質が決定的になった。

人々はパーカーの分かりやすいシステムを圧倒的に支持し、その他の批評家や雑誌も広くそれを受け入れた。1979年創刊の『ワイン・スペクテーター（Wine Spectator）』誌は、100ポイントの評点を商取引の世界に取り入れた。ワイン販売店の店主は、88点しかつかないワインは売ることができないと考えた。92点がつくと、需要が多すぎて仕入れるのに苦労した。4点の違いでこのような事態になったことは、消費者がどれほどワインの評点を深刻に受け止めているかを示している。（生産者が雑誌にワインの広告を92%多く出せば、92点の評価がもらえると揶揄する皮肉屋もいる）

『ワイン・アドヴォケート』や『ワイン・スペクテーター』の後を追って、膨大な数の出版物が同じような評点を出しているが、先駆者たちほどの影響力を持っていない。そんな中で、90点以上の評点があちこちで大量に出て、評点のインフレーションは避けられない状況だ。かつて、あるワインが初めて満点をとった時はワクワクした。今では100回以上も満点が出ており、感動は薄れている。

火曜日　58日目

シャンパーニュ、スパークリングワイン、炭酸ガス注入のワイン

　ガラス瓶に入ったシャンパーニュ、スパークリングワイン、炭酸ガス注入のワインの本当の違いはなんだろう？

　シャンパーニュは、フランスのシャンパーニュで生産されたものだけをさす。世界のスパークリングワインの1ダースに1本はシャンパーニュだ。フランスはシャンパーニュという名称をしっかりと保護している。大晦日になるとシャンパーニュの人気は最高に高まり、価格、品質、需要ともに市場でトップ12位に入る。

　スパークリングワインは世界のどのワイン産地でも作ることができる。オーストラリア、カリフォルニア、イタリア、ドイツ、そしてフランスの比較的有名でない一部の地域でも作られている。

　トップブランドを除いて、優れたスパークリングワインの大半はあまり知られておらず、過小評価されている。シャンパーニュのことを少し忘れられるなら、フランスのロワール渓谷で作られた美味しいクレマンや、最高級のセミスイートのイタリア産プロセッコを、シャンパーニュと同じ予算で2本手に入れることができる。

　炭酸ガス注入のワインは、ワイン生産者が大きなバットに入れた白ワインに、ホースで炭酸ガスを注入し、ボトルに入れて、コルクをしめ、針金で固定して作る。炭酸ガス注入のワインには、同量のソーダ（めやすとしては3-4缶分）以上の金額を支払わないようにすること。

水曜日　59日目

Recipe: スモーク・ポルチーニの
オムレツ

　ポルチーニはイタリア語で「小さな子豚」という意味で、曲がりくねった茶色いこのキノコは、その味わいも食感もまるで肉のようだ。このレシピではスモークしたポルチーニを南アフリカ産のスモーキーな赤ワイン「ピノタージュ」(46日目を参照)と合わせた。

　1回か2回おりたたむ普通のオムレツと違って、このオムレツは大きなパンケーキのような形をしている。大きな皿に滑らせるように入れて、皿を返すようにしてフライパンに戻すと簡単に両面を焼くことができる。朝食のときに、卵と牛乳だけを使って練習してみると良い。ポルチーニは乾燥したものを高級輸入食材店で探してほしい（ワインショップに高級食材売り場がある場合もある）。私はチリ産のスモーク・ポルチーニが好きだが、あなたの好きなもので試してほしい。

材料(4人分)

ドライ・スモーク・ポルチーニ	大さじ2（8g）
熱湯	240㎖
卵	4つ
牛乳	60㎖
パセリ(みじん切り)	大さじ4
バター	大さじ1
オリーブオイル	大さじ2
塩と黒コショウ	適量

作り方

1. 小さくて重いボウルに熱湯とポルチーニを入れてフタをして20分おく。
2. ポルチーニを取り出し（戻し汁は使わない）、ペーパータオルで水気をふき、粗みじん切りにする。
3. 大きくて重いボウルに卵と牛乳を入れてフォークで混ぜ、パセリの半量を加える。
4. 直径30-45㎝のフライパンにバターを入れて煙が出るまで熱する。ポルチーニを入れて2-3分上下を返しながら勢いよくソテーし、しんなりしたら**3**のボウルに入れてよく混ぜる。
5. フライパンでオリーブオイルを煙が出るまで熱し、**4**の卵液を流し込む。1度混ぜたら、中火で焼く。
6. オムレツに火が通り表面が乾いてきたら、皿にすべらせるように入れ、上下を返すようにフライパンに戻し、2分焼く。新しいさらにオムレツをすべらせるように入れ、残りのパセリをちらし、塩コショウで味をととのえ、温かいうちに食べる。

**この料理に合うワイン：
ゾンネブルーム・ピノタージュ**
(Zonnebloem Pinotage)
南アフリカ

ゾンネブルーム（南アフリカの言語アフリカーンスで「ひまわり」の意味)で作られたピノタージュは、スモーキーで、木と葉の香りや、ブラッドオレンジのような果実の風味、コーラのような凝縮した味わいを持つワインである。

木曜日　60日目

ワインの大学

フランス人がワインのことを真剣にとらえていることに疑問はない。政府はワインをまるで歴史的芸術品かのように、経済的にも文化的にも保護している。また法律で、ワインをすすめる仕事をしているウェイター、ソムリエ、ワインの販売員は、ワインの芸術科学の訓練を受けたことを証明する修了証明を持っていなければならない。ワインのはしごを高く上るほど、求められるワイン教育や訓練の階段は急になる。科学、医学、経営と同じように。

フランスではワイン大学（Université du Vin）が、アヴィニョンのはずれ、ローヌ渓谷の南のシューズ・ラ・ルースという町にある。そこはフランス最大のワイン産地の中心地である。

ワイン大学やその他の機関は、ワイン産業界のすべてのステップで職を得る人に、認証やライセンスを与える重要な役目を果たしている。カリキュラムには「ワイン・テイスティングに感作する日」といった科目もある。もちろん簡単にAをとれる科目ではない。

北米では、カリフォルニア大学デイビス校に、米国でもっとも有名で重要なワイン醸造学課程がある。コーネル大学では学位がとれるし、トロント大学は最近独自のワイン醸造学課程を開始した。

参考：ワイン大学(Université du Vin)
Le Château, 26790, Suze La Rousse, France
電話：011-33-04-75-97-21-30
FAX：011-33-04-75-98-24-20
universite.de.vin@wanadoo.fr,www.universite-du-vin.com.

金曜日　61日目

ワインを好きでない人

ワインを知らない人または今までワインを飲んだことが無い人には、どんなワインを出せば良いかとよく聞かれる。もちろん、より多くの人がワインを好きになる事が望ましく、まちがいなく美味しいワインをすすめようと思うとプレッシャーを感じるものだ。以下は一般的に受けの良いワインである。

- ピノ・グリージョ：安価でできるだけ最近の年代のもの。

- レッド・ジンファンデル：ジンファンデルにはロゼしかないと思っている人が多いのには驚く。しかし赤ワインもロゼと同じくらい人々に喜ばれるのは驚くことではない。

- セミドライタイプのリースリング：セミドライというのはやや甘いという意味である。好みを知らない人たちのグループにすすめるのにちょうど良いワイン。ワイン愛好家はいつも辛口の白ワインを求めるが、大半の人は少し糖分が感じられるものを好む。体内の血糖値が上がると、楽しい気分を維持できる。

- ソーヴィニヨン・ブラン（カリフォルニアはでフュメ・ブランと呼ぶことがある）：少し冒険をするなら、キリっとして明るく、果実の酸味を感じられる白ワインが良いだろう。

ロワール川の河口でおもに作られるブドウの品種「ミュスカデ」。フランスのクリッソンという町のワイン生産者ギルボー・フレール (Guilbaud Frères) の試飲室で撮影

土曜日＋日曜日　62日目＋63日目

シャンパーニュを超える

　シャンパーニュのボトルは1本1本が小さな工場である。泡が生じる2次発酵は、瓶詰めの最後にイースト菌を入れ、炭酸ガスを封じ込めるために栓をした後に、ボトルの中で行われる。

　正確に言って同じシャンパーニュは2本と無い。実のところ、シャンパーニュの手法にこれほどしっかりと生化学が働いているのに、まったく同じような味のボトルが2本でもできたら驚きだ（数千分の1をはるかに下回るが）。ワイン生産者によると、シャンパーニュはもっとも作るのが難しいワインだそうだ。労力がかかり、費用がかかり、時間がかかり、複数回の発酵を必要とする。何よりも、多くの発泡ワインでおもに使われている品種のピノ・ノワールは、果皮が薄く、つぶれやすく、腐敗しやすいため、栽培が難しいブドウなのはよく知られている通りである。

　シャンパーニュは、ワイン作りと予測できないブドウの栽培という、2つの挑戦を必要とする。発泡ワインが通常のワインより値段が高いのもうなずける。その高価な値段を考えたら、新年、卒業など特別な機会まで、開けるのを待つのも無理もない。

　価格の割に良いスパークリングワインを手に入れるためには、最上級のシャンパーニュはやめて、より広く網を広げよう。王座から遠ざかれば遠ざかるほど、価格は低くなり、QPR（品質／価格比率）は高くなる（22日目を参照）。

シャンパーニュ以外のスパークリングワイン

クレレット・ドゥ・ディ
（Clairette de Die）、フランス

ローヌの南部と北部にはさまれた、ワインが作られていない地域に隠れたディ（Die）という町で、白マスカットとクレレットと言う名前のブドウ（これが名前の由来）を使って、人知れずスパークリングワインが作られている。柔らかくてクリーミーな炭酸ガスの泡が有名である。

スパークリング・ヴヴレー
（Sparkling Vouvray）、フランス

フランス北部のロワール渓谷にあるヴヴレーでは、シュナン・ブランを栽培してやや辛口の白ワインを作り、そのうちの少量を手頃な発泡ワインに変えている。

カヴァ（Cava）、スペイン

東スペインのフランス国境近くは、カヴァと呼ばれるスペインのスパークリングワインの生産地である。その名前は、ワインを保存し熟成させた洞窟（cava）にちなんでいる。数種類の美味しいカヴァがここ数十年出回っており、今後数年も続くだろう。フレシネ（黒いボトル）とセグラ・ヴューダスの2つが、非常に信頼できるブランドである。

月曜日　64日目

ベジタルなワインについて

　ベジタル(vegetal、植物の、生長する)という言葉は、それ自体に否定的な意味はないが、ワインの表現ではほとんど良い意味で使われない。未熟だという意味あいがあるのだ。ベジタルなワインには、好ましい熟した果実の香りは期待できない。まだ成長中、つまり「ベジテイティング(vegetating)」で、その味は青臭く、植物の茎のような未熟な風味がある。

　例外もある。ニュージーランドのソーヴィニヨン・ブランはかみそりの刃のように鋭い酸味をベースに、強い果実味が感じられる独特のスタイルを持つ。ソーヴィニヨン・ブランはもともとキリッと鋭い味だが、ニュージーランドは強い酸味という独自のスタイルを保つために、ブドウ畑で成熟度を管理している。

　もしあなたがワイン生産者なら、自分が作ったワインがベジタルだと言われたくないだろう。ただしニュージーランド流のベジタルなら素晴らしいという意味だ。

火曜日　65日目

シラーズの歴史

　考古学者が、大昔のワイン生産地の遺跡を発見した。もっとも古いのは8000年前のもので、場所はシラーズ（Shiraz）というイラン南部の町の近くだった。ここはフランス人が「シラー（Syrah）」と呼ぶ古い赤ワイン用ブドウの原産地だ。ただしワインには伝統的にブドウの品種にちなんだ名称はつけられてこなかった。

　もし最高のシラーを探したいなら、南フランスのローヌ渓谷の周辺で作られる高価なワインをあたるとよい。エルミタージュ（Hermitage）、コート=ロティ（Côte-Rôtie）、コルナス（Cornas）、サン・ジョセフ（St Joseph）なら、真の意味の贅沢な買い物になる。しかし美味しくて手頃なシラーを見つけたいなら、オーストラリア産を探すとよい。オーストラリア版は、古い「旧世界」のブドウにちなんでシラーズ（Shiraz）と呼ばれている。

　シラーズはもともと、ヨーロッパ南部の暑い日差しの下で盛んに生い茂っていたブドウなので、さらに夏の日差しが強いオーストラリアにもなじんだ。そのブドウから作られるワインは、コショウとスパイスの香りと、深くて濃い果実の風味に満ち、世界中で好まれている。シラーズにはいくつかの異なる特徴が混在する。総じてなめらかでベルベットのような口あたりだが、風味は強く、アルコール度数は高い。

　アデレードの近くにあるバロッサ渓谷で作られるシラーズは、濃密で、とても力強く、凝縮された味わいである。シラーズの最高峰はグランジ（Grange）である。以前はグランジ・エルミタージュと呼ばれていた。価格は、本物のエルミタージュに肩を並べるレベルである。

**おすすめのワイン：
ローズマウントシラーズ**
（Rosemount Shiraz）

オーストラリア

シラーズは第2の故郷オーストラリアで、色が濃く、濃厚で、チョコレートのような風味を持つ、手頃なワインになった。ローズマウントは、幅広い価格帯で美味しいシラーズを販売している。ラムや牛肉の赤身、サーモンやマグロに合う。

水曜日　66日目

Recipe: オリーブのソテー

このレシピは簡単だが、オリーブを数分間ソテーする効果は大きい。ぜひアーティチョークの芯か少量のきざんだベーコンを添えてほしい。

材料(出来上がり200g)

オリーブオイル	60㎖
ニンニク	4片(切らない)
ミックスオリーブ	200g
水煮缶のトマト	4つ取り出してつぶしておく
ローズマリー	ひとつかみ強
パセリのみじん切り	ひとつかみ強(生の方がよいがドライも可)
白ワイン	60㎖

作り方

1. スキレット(鋳鉄製のフライパン)を中火にかけてオリーブオイルを熱し、ニンニクを加えて軽く色づくまで炒める。
2. オリーブを入れて3-5分ソテーし、トマトの水煮とローズマリーを入れて1分強煮る。
3. 1度混ぜてワインを加え、火を弱め、15分コトコト煮る。
4. 薄く切ってトーストしたフォカッチャを添えてすぐに食べる。

この料理に合うワイン：
ナインティ＋セラーズマルベックロット7
（Ninety + Cellars Malbec Lot 7）
アルゼンチン

あなたがこの欄を読むまでに、私たちはほぼまちがいなくロット8以上のワインを飲んでいるだろう。しかし、90点以上の評点をつけたワインを少量仕入れて、ディスカウント価格でリブランド(再ブランド化)する、という90+セラーズのコンセプトが変わる心配はない。マルベックは色が濃く、濃密で、力強い風味を持ち、このレシピのソテーしたオリーブなどにぴったり合う。

木曜日　67日目

ローヌ渓谷

ローヌ川は西アルプスの高地から始まり、スイスからフランス中部まで流れ、リヨンで左に急な角度で曲がる。そこからまっすぐ地中海に向かって流れていく。ローヌ川の速い流れは何百万年もかけて土地を削り取って斜面を形成した。現在、川底は深い斜面の下にある。上空から見ると、河口は三角形に見える。北はアヴィニョン、右がマルセイユ、左がモンペリエ、そして底に地中海だ。海外に輸出されるフランスワインの半分以上は、このトライアングルの中のどこかで作られている。

船乗りのギリシャ人が、マルセイユの海岸に最初のブドウの木を植えたのは、紀元前600年頃だった。紀元前200年には古代ローマ人がしっかりと管理した。彼らはこの土地にまっすぐ日光があたることから、ブドウ、オリーブその他の果実を育てるのに最適な場所だと分かっていた。

土地は地中海から北に向かって上昇しており、太陽に向かって南に傾斜している。何千年前から続くこの地形のおかげで、ローヌのもっとも力強いワインに、明るい太陽の味を感じられるのだ。

南フランスでもプロヴァンスと呼ばれるこの地域の土地や日光は独特である。この地は古代ローマ帝国が自分たちの国を出て最初に征服した場所で、簡単に「属州(Provincia)」と呼んだ。

ローヌのワインはほぼすべてが赤ワインで、シラー・グルナッシュ・ムールヴェドルの3種類のおもなブドウを混ぜる。このブレンドこそ旧世界そのものだ。ここではワインの名前はブドウが栽培された場所の名前にちなんで作られる。新世界のように、第1にワイン生産者で、第2にブドウの品種ではない。

金曜日　68日目

ディック・アローウッドの再出発

　ワイン生産者ディック・アローウッドは青年時代に、誰にも作れないほど素晴らしいワインを作ったと言ったと伝えられている。生意気で、プライドが高くて、若いワイン生産者がまさに言いそうな言葉だ。

　アローウッドの名が急に知られたのは、カリフォルニアのソノマ・ヴァレーのシャトー・セント・ジーン(Château St. Jean) の創設者になったときが最初だった。彼のワイン作りのスタイルと技術から、味はまるで希少な高級ワインのようなのに、リーズナブルで手に入りやすいワイン (特に白ワイン) が生まれた。その後2000年に自分のワイナリーを創設したが、ドット・コム・バブル (IT関連の経済的熱狂) を受けて、飲料系コングロマリットにそのワイナリーを売却した。しかしそのコングロマリットはまもなく事業に失敗、破産裁判所に向かってしまった。

　アローウッドの話はハッピーエンドである。成功者である新しいオーナーはアローウッドに同情し、ワイナリーを破産から救い、アローウッドを管理責任を負わないワイン生産責任者としてすぐに雇い、アマポーラ・クリークという新しいワイナリーの事業を任せた。アマポーラという名称は、ブドウ畑の近くに生えていた鮮やかな色のケシの花にちなんでいる。

　60歳になる彼が新しいワイナリーを引き受けた理由は何か？「完全に頭がおかしいんだよ」とアローウッドは語り、ワイン業界のだれも反論しない。新しいワイナリーは年間3,000ケースを認可されているが（個人経営のワイナリーと小規模なワイナリーの分岐点は1万6,000ケースと言われている）、これは12時間以下の労働時間の維持をある程度保証する条件である。

参考：アローウッド・ヴィンヤーズ＆ワイナリー (Arrowood Vineyards & Winery)
14347 Sonoma Highway, Glen Ellen, California
電話：707-935-2600
ホームページ：www.arrowoodvineyards.com
アマポーラ・クリークは一般公開されていない

ワイン畑でブドウを収穫する機械

土曜日＋日曜日　69日目＋70日目

ワイン・ピクニック

ワインを楽しむとき、状況、雰囲気、一緒にいる仲間は、大きな役割を果たす。お気に入りのそれほど高価でないワインのほとんどは、友人、家族、恋人と、屋外のどこか素敵な場所にピクニックに行った時か、ひょっとしたらワイン畑を訪れた時に飲んだワインではないだろうか。

夏の日のピクニックにワインを持っていけば、それだけでピクニックもワインもより素敵なものになる。ピクニックに最適なワインとは、食べ物との相性が良いワインではない。冷やしすぎても、動物やカヌーや自転車に揺られながら目的地に向かっても大丈夫な、タフなワインのことだ。

静置して、おりをきちんとデカンタージュする時間が必要な、お気に入りの年代もののボルドーなど選んではならない。温度管理を要するデリケートな白のブルゴーニュなど問題外だ。それから濃厚でバターのようなカリフォルニア・シャルドネのことも忘れてほしい。温まったら最後、油っぽい味になってしまう。

ピクニックにはとにかく、持ち運べる(それも、いちばん持ち運びに耐えられる)ワインを選ぶこと。ワインさえ選んだら、あとは何とかなる。携帯用のコルク抜きさえ忘れなければ。

ピクニックに最適なワイン

ヴィーニョ・ヴェルデ (Vinho Verde)

一般的にヴィーニョ・ヴェルデはアルコール度数が低く(約6%)、少し泡立つため、飲みやすく、暑い日にぴったりの清涼飲料となる。なるべく最近の収穫年のものが良い。

ヴェルナッチャ・ディ・サン・ジミニャーノ (Vernaccia di San Gimignano)

いくつかの点でヴェルナッチャは夏向きのワインとして最高だ。酸味が強く、どんなサラダやサンドイッチにもよく合う。また、移動の間に揺れ動くと壊れてしまうようなデリケートな風味を無数に含んでいるわけでもない。

ピノ・グリ (Pino Gris)

ひときわタンニンがしっかりと感じられるピノ・グリは、食事にとても合う。総合的にみて、ピクニックでなくても揃えておきたい優れた品種だ。

コート・デュ・ローヌ (Côtes du Rhône)

この地方の多くのワインはブレンドされて、がっしりとしてタンニンが強く、クセのあるチーズにぴったりとあう骨太なワインとなる。

ジンファンデル (Zinfandel)

ジンファンデルは、暖か過ぎてうんざりする日ほど活躍する。ピクニック用のワインにぴったりだ。

月曜日　71日目

コルクとコルクド・ワイン

　ワインの大きくて美しいボトルの栓を開けてコルクを嗅いだとたん、嫌な匂いがする。それがワイン好きの宿敵、コルクド・ワイン（ブショネ）だ。

　これはTCA（トリクロロアニソールという化学物質）が瓶詰めの前のどこかのタイミングでコルクに入りこみ、最終的にワインに影響を与えたことが原因である。その結果、作られてから何年もたった後、何千マイルも離れた場所で、開けた人がぬれたカビ臭い新聞のような臭いを嗅ぐという、不幸なサプライズが起きる。

　レストランでは、白カビ、カビ、薬といった3つの匂いのどれかが感じられたら、運ばれてきたワインを返すことができる。家でワインを開けた場合は、購入した店で別のものに交換してもらうのが公正だろう。店は仕入れ先など流通の川上にあたる相手から払い戻しを受ける。また店やワイン生産者にとって、コルクド・ワインが出たことは知る必要のある情報である。

　ワイン業界は、実際に全体のどれくらいの比率でコルクド・ワインが出ているのかを見積もっている。現在のところ、すべてのワインの10-15％にいくらかのTCAが含まれているが、味に影響を及ぼすほどの量が含まれているものは、5-7％と言われている。この悪いニュースは2通りに解釈できる。少なくとも10本に1本のコルクド・ワインがあるが、その半数は分からないということだ。実際の数がどうであろうと、経験によりコルクド・ワインの大多数が報告されていないと考えられる。

　ワインは文字通り、発酵ビジネスだ。発酵させた果汁の新鮮な味を何年も維持するのは大変なことである。合成樹脂のコルクやリサイクル材を使ったコルクの登場は当然の変化だが、ワイン生産者はそれらも現在衰えていこうとしているコルクも同じように使う。スクリューキャップは今も予算の低い人向けだとみなされており、早く市場全体が受け入れることが不可避だが、残念ながらそれを達成するまでにまだ少し時間がかかる。完璧な解決方法はまだ見つかっていないが、コルクド・ワインは堂々と返却できることだけは覚えておこう。

火曜日　72日目

ロゼに降参

　ワイン好きの人が自信を増し、冒険するようになると、ロゼワインに対する見方がまったく変わる。辛口のロゼワインは食事に合い、白ワインの持つ明るい果実の風味と、赤ワインのような魅力を持っている。

　理屈の上では、白ワインに赤ワインを少量混ぜればロゼワインができるはずだ。しかし実際のところ、ロゼワインは基本的に、ロゼ、ブラッシュ、ピンクワイン、どんな呼び方をする場合でも、赤ワイン用のブドウを使って白ワインの製法で作ったワインのことをいう。

　普通、赤ワインはブドウの皮をつけたままで発酵し、赤い色と辛口のタンニンの味になる。白ワインは白ワイン用のブドウの果汁だけを使い、ブドウの皮は一切使用しない。赤ワイン用のブドウで同じように作るとピンク色になるのは、果汁を圧搾して赤い皮を取り除くときに少し色がつくからだ。

　ロゼワインはどんな赤ワイン用ブドウからも作ることができる。ホワイト・ジンファンデルと呼ばれるワインは、実際のところ赤ワイン用のジンファンデルで作ったロゼである。ロゼと一般的に認められるのは、黒ブドウからとれたピンク色の果汁を使うワインだけである。

買い物リスト

- ソノマのソロローザ（SoloRosa）　名前から想像できるように、シラー、サンジョヴェーゼ、そしてピノ・ノワールといった、がっしりとしたブドウを使ったロゼワインだけを生産している。
- ロゼの生産地として有名なのは南仏、特にプロヴァンスである。しかしスペインの生産者ムガ・ワイナリー（Muga Winery）とマルケス・デ・カセレス（Marqués de Cacéres）はどちらも、ロサード（rosado）と呼ばれる辛口のピンク色のリオハを輸出している。
- キャンティさえも仲間だ。カステッロ・ディ・アーマ・ロザート（Castello di Ama Rosato）はキャンティで作られている。

水曜日　73日目

Recipe: 牛肉のドーブ

　秋に食べる最高の煮込み料理ほど美味しいものはほとんどない。このレシピのドーブ（蒸し煮）料理は、濃厚でコクがあり、風味と香りが満ちている。料理に8時間かかることを恐れないでもらいたい。パリっとしたフランスパンを大きめに切って添えること。

材料(6-8人分)

牛すね肉	1.6kg(約6きれ)
上質な赤ワイン	1本
（料理と一緒に出すワインと同じものが望ましい）	
オリーブオイル	大さじ3
バター	大さじ2
ベーコン	3枚
小麦粉	60g
ローズマリー	7g
ニンニク	まるごと6個
大きめのタマネギ	2個(みじん切り)
大きめのニンジン	2本(みじん切り)
大きめのじゃがいも	2個(みじん切り)
セロリ	4本(みじん切り)
塩	6g
黒コショウ	2g
水	240㎖

作り方

1. 赤ワインとオリーブオイルを混ぜたものに、牛肉を1時間以上マリネする。牛肉をとりだし、ペーパータオルで水気を拭き取る。マリネ液はとっておく。

2. オーブンを190℃に予熱する。底の厚い鍋をコンロにかけ、バターをとかし、ベーコンを加え、中火でやや色づくまで炒める。

3. 大きくて浅いボウルで小麦粉とローズマリーを混ぜ、牛肉を入れてまぶす。2のバターとベーコンの入った鍋に牛肉を入れて、キツネ色になるまで焼き、鍋から取り出しておく。鍋のベーコンとバターはそのままにしておく。

4. 鍋の火を強めてニンニク、タマネギ、ニンジン、ジャガイモ、セロリを入れて、時々混ぜながら15分炒める。水分が出てきたら塩コショウを入れて混ぜる。

5. 鍋に牛肉を戻し、マリネ液と水を加えて加熱し、ことことと煮立ったら、一度まぜてフタをしてオーブンで4時間煮る。

6. オーブンの温度を150℃に下げてさらに4時間煮る。

この料理に合うワイン：
マス・ド・グルゴニエ
（Mas de Gourgonnier）
レ・ボー・ドゥ・プロヴァンス
（Les Baux de Provence）

フランス

ボーキサイトは、未精製のアルミニウム鉱石のことで、その名前はプロヴァンスのレ・ボーにちなんでいる。ここは最初に大規模な鉱床が発見されて採掘された町である。日当たりの良い南傾斜のこの土地では、昔ながらの製法でワインを作っている。マス・ド・グルゴニエは技術的に、ただし意図的ではなく、有機ワインで、それと分かるしるしは、後ろ側のラベルにある小さなロゴだけである。コクがあり風味は豊かで、ラズベリーの果汁のような味と、がっしりとした辛口の味わいが心に残る。ちょうどシャトーヌフ・デュ・パプ（Châteauneuf-du-Pape）の味と価格をミニチュアにしたようなワインだ。

木曜日　74日目

イタリア人がもたらしたワイン

あなたがワインを愛するなら、自分の信じる神にイタリア人の存在を感謝しよう。彼らがいなければ、現代のワインは存在しなかった。

現在私たちが知るかぎり、ローマ時代にイタリア人はヨーロッパ全体の、さらには世界中の、ワインの生産施設を建築した。古代ローマ人は、フランスとスペイン全土から始まりドイツに至るまで、ブドウを植えた。2千年以上前に選ばれた場所では、今でもフランスで最高の伝統的なワインのいくつかが生産されている。

フランスの地図を開き、南のマルセイユから西のボルドーまで線を引くと、この最高のワイン畑に向かって、ローマ人が通ったに違いないルートが見えてくる。道沿いに点々とつらなる小さなワイン生産地は、まるでトラックの荷台からブドウが落ちた場所か、だれかが旅をやめて路肩にブドウを植えた場所のように見える。

いずれにしても、ローマ人はワイン生産の模範を示し、私たちは今もそれに習っている。アメリカ合衆国の太平洋岸北西部の、「すべての道がシアトルに続く」、とても新しいワイン生産地でさえ、静かで手つかずの田園地帯が力強く活気のある町を賄う、というローマ人の構想が現役であることを示している。

適者生存

20世紀初め、禁酒時代のアメリカ合衆国、特にカリフォルニアでは、ワインを愛するイタリア人家族がワインを存続させた。対照的なのはオハイオ州のワイン産業である。禁酒法以前、21世紀のカリフォルニアと同じくらい広大な地域でワイン産業が盛んだったこの地には、ドイツ人が多く住んでいた。彼らは、生粋のプロテスタントで、典型的な実用主義者が多かった。約1世紀後、オハイオにブドウ畑はほとんど無くなったが、カリフォルニアではモンダヴィ、ペドロンチェリ、フォピアノ、パラドゥッチ、アンドレッティ、シニョレッロなど、多くのワイン生産者がいた。カリフォルニアのワイン産業の大半が禁酒法を生き抜いたのは、カトリック教会に正餐用のワインを生産していたからである。

金曜日　75日目

ワインの保険

プロの運動選手のACL（前十字靭帯）など、個人的に価値があるものに保険をかけられるなら、ワイン愛好家がたとえシンプルなワインのコレクションにでも、自分のワインの価値に何らかの保険をかけられるのは当然だろう。

多くの保険会社がワイン保険を提供している（例えば米国のThomson & Pratt、英国のLa Playa、世界各国のChubbなど）。典型的な保険証券は、標準的な「ワイン業者保険」（窃盗、火事、破損、破壊に適用される保険）から始まり、価値が高くなると、豪華な「ソムリエ保険」（ワイン業者パッケージが適用される内容に加えて、温度、湿度、振動、光による損傷を含む）が登場する。

この保険はそれほど高くない（年間コストは現金で払う場合、高くても上質なシャンパーニュ半ケース分くらい）。しかし内容は十分だろうか？　温度管理をする現代的なワインセラーの不安定要素が少ないことを考えると、ワインの世界にはおそらくもっと別の、一般的なリスクに備える一日ごとの保険が必要だろう。

悪評価の保険
自分が買ったワインが「誰がこれを買ったの？」と言われた場合に備える。ワインを買う他の家族も対象にする場合は、追加条項を加えることができる。

評点主義保険
他の人が不合理に高い評点をつけたワインを買わずにはいられない人にぴったりな保険。ワイン・スペクテイター誌の定期購読を解約した証拠を提示すると、払い戻しを受けることができる。

無料アドバイス保険
地元のワインショップにいた見知らぬ人が、どういうわけかこの不愉快なワインを勧めたと、友人や恋人に説明しなければならない事態を避ける保険。悪いアドバイスをすることで有名な友達にも最適なプレゼントだ。

ワインリスト保険
外で食事をしたり飲んだりすることが多い人に不可欠な保険。店員の説明の悪さ、開けたまま長く放っておき過ぎたボトルから注いだグラスワイン、不当に高い支払額による損失の保険。レストランで緊急事態になったときのために、フリーコールサービスがついている。

米国、カリフォルニア、セントラル・コーストのブドウ畑

土曜日＋日曜日　76日目＋77日目

地元のブドウ畑と
ワイナリーを開拓する

　本当のワイン愛好家にとって、ワインをそのワインが作られたワイナリーで味わい、その後ブドウ畑でピクニックをして、木陰で昼寝をすることに勝るものはない。もちろん世界中が、ブドウ畑やワイナリーが点在するヨーロッパと同じではないが、ワインカルチャーに触れるのにナパやソノマの近くに住まなくてはならないわけではない。

　自分の家の近くの小さなワイナリーを知ることは、地元のワイン文化を知るための最初の第一歩としては良い。

行く前に

　たいていのブドウ畑は夏の間に見学と試飲のツアーを行っているが、時間は日によって、また季節によって違う。まず電話をしてツアーの時間をたずね、行き方を聞こう。ワイン農家によっては辺ぴな場所にあり、見つけにくい場合がある。ピクニック用のランチは自由に持参できることがほとんどだ。また多くはピクニックエリアや、屋外の座る場所がある。礼儀正しく、そしてブドウへの敬意の大切さを理解していることを示せば、ブドウ畑でピクニックをさせてくれるだろう。ただし必ず事前に了解を得ること。

試飲して吐きだすことについて

　ワイナリーは特に無料の試飲用ワインコーナーを用意しない。人々はワインを飲み、1つのワイナリーから次のワイナリーへと移動できる。規律を持って試飲して吐きだすことは無作法ではない。それどころか、生産工程と製品への敬意を示すことになる。

期　待

　小さな地元のワイナリーは、夫婦など家族経営で数年しか生産していないという場合が多い。1000年のワイン文化を持つワイナリーを訪れる場合と同じ期待を寄せることは現実的ではない。冒険する心づもりで向かい、どんな結果でも鷹揚に構えることだ。

月曜日　78日目

その年を覚えておくということ

　収穫年は、個人的な記念日を覚えて祝うのに、素晴らしいツールだ。贈り物にワインを買う時は、幸せなカップルが出会った年、結婚した年、最初の子どもが生まれた年など、相手の節目や分岐点の年のワインを選ぶ。大学卒業、就職、重要な（あるいは冗談めいた）人生の出来事を、記念の年に作られたワインで祝おう。

　あなたにワインを数本くらい保存できる冷暗所があるなら、少なくとも結婚した年のワインがないか買い物の時はいつも目を光らせて、あればすぐに買うことをすすめる。子どもがいるなら、ぜひ生まれた年のワインを。孫でも同じ。知り合いの子どもの生まれ年のものがあれば、ついでに買っておく。

　まったく月並みな言い方だけれど、ワインは「ボトルに入った時間」だ。本当にそうなのだ。ワインの感傷的な重みと価値のほとんどは、ワインと時間のつながりによる。たとえ出来がそれほど良くなかった年のワインでも、収穫年はその年の記憶と意味を自動的に引き出し、人と人との歴史を区切り、祝うのに最高の道具となる。節目の出来事とその年のワインを結びつける時、ほろ苦いけど素敵なことは、ワインも──記念の年と同じように、一瞬にして去ってしまうかけがえのないものであることだ。

火曜日　79日目

ゲヴュルツトラミネール

ゲヴュルツトラミネールはリースリングに似た白ワイン用のブドウである。ライン川のドイツ側でもフランス側でも、リースリングが作られている土地の多くで栽培されている。ただしゲヴュルツトラミネールは、ぬれた羊毛に少し似た、野性味のある、少し変わった風味を持つ。

ゲヴュルツトラミネールのほとんどは、フランスでももっともドイツ寄りのアルザスで作られている。ゲヴュルツとはドイツ語でスパイスの意味だが、このブドウはその名前にまさにぴったりだ。果実味があり、爽やかで、香り高く、野の花やローズウォーターのような香りがして、すぐにリラックスした気持ちにしてくれる。果実の風味は通常は軽いが、時には梨やメロンのようにトロピカルで強い酸味がある。ゲヴュルツトラミネールのポイントは、素朴で、土の匂いがして、やや動物的な風味があることだ。複雑な味ではないが、多くのワイン愛好家は愛してやまない。

ゲヴュルツトラミネールが一度好きになると、人にも一度すすめたくなる。まるで現代アートか無名のバンドのように。10回か15回試せば、あなたも惚れこんでしまうだろう。

おすすめのゲヴュルツトラミネール

カナダ

ヴァインランド（Vineland）：ナイアガラの滝の近くで作られる、北米で最高のゲヴュルツトラミネール。

ピーリー・アイランド（Pelee Island）：ヴァインランドと同じ地域で作られる、北米で2番目に素晴らしいゲヴュルツトラミネール。

フランス

ピエール・スパー（Pierre Sparr）：ほどよい酸味があり、果実の風味にあふれる。

ルネ・シュミット（René Schmidt）：軽く、明るく、爽やか。ビールと同じくらい冷やせば夏向きの最高のワインとなる。

シップ・マック（Sipp Mack）：非常に凝縮されたトロピカルフルーツの風味が印象に残る。

トリンバック（Trimbach）：由緒あるワイン生産農家の伝統的なワインで、すべてが揃っている。果実の凝縮された素晴らしい味、豊かなスパイシーな香り、長く続く味わいは、他に類をみない。

ウィルム（Willm）：クリーミーでなめらか。ローズウォーターや熟した梨の香りがする。

ジーグラー（Ziegler）：花の香り、爽やかな味わい、そして少し甘い。

ニュージーランド

フーヤ（Huia）：素晴らしいトロピカルフルーツの味わいと、立ちあがる香りにワクワクする。私のお気に入りだ。

水曜日　80日目

Recipe: ローズマリーと マッシュルーム詰めたラム

材料（6人分）

赤ワイン	240㎖
バルサミコ酢	80㎖
ラムの足まるごと	1.2kg

（骨をとって2枚に開いたもの。肉屋に2枚に開いて余分な脂肪をとってもらうと良い。厚さ約5cmに切り分ける）

フダンソウ（緑）	中1個
フダンソウ（赤）	中1個
タマネギ	中1個（みじん切り）
ニンニク	4-6片（みじん切り）
オリーブオイル	大さじ3
キノコ各種	450g（みじん切り）

（シメジ、マッシュルーム、シイタケなど、手に入るものなら何でもよい）

生パン粉	120g
牛乳	120㎖
塩と黒コショウ	適量
生のローズマリー	大さじ3
ハーブドプロヴァンス	大さじ1

作り方

1. ボウルにワインとバルサミコ酢を入れ、ラムを加えて覆いをして、1-3時間マリネする。
2. ラムを十分にマリネしたら、フダンソウを熱湯で5分ゆで、水分をきってきざみ、大きめのボウルに入れる。
3. 中くらいのフライパンにオリーブオイルをひき、タマネギとニンニクを透明になるまで炒める。きざんだキノコを入れて10分炒める。
4. キノコ、フダンソウ、パン粉を大きめのボウルで合わせてよく混ぜ、なめらかになるまで牛乳を加えたら、塩コショウで味をととのえる。
5. オーブンを220℃に予熱しておく。ラムをマリネ液から取り出して、ペーパータオルで水気をしっかりふきとる。まな板にラムを2枚に開いた面を上にしてのせる。ローズマリーを均等にのせる。**4**を肉と同じくらいの厚さの層になるように広げる。ラムをきっちりと巻き、ヒモでしばる（または竹串を何箇所か刺す）。
6. 表面にハーブ・ド・プロヴァンス、塩、コショウをかけ、底の厚いローストパンに並べてオーブンで30分焼く。それから170℃に温度を下げて、ミディアムレアになるよう、さらに45分焼く（もっと焼き加減を強くしたい場合は時間をのばす）。オーブンから取り出し、15分たってから切り分ける。

この料理に合うワイン：
ホーク・クレストカベルネ・ソーヴィニヨン
（Hawk Crest Cabernet Sauvingnon）

アメリカ合衆国（カリフォルニア）

スタッグス・リープ（Stag's Leap）は、1976年にフランスとカリフォルニアが対決した有名な試飲会で、赤ワイン部門で事実上勝利した赤ワインとして有名だ。その「Judgment of Paris（パリの審判、パリテイスティングなどと呼ばれる）」が、2008年の映画『Bottle Shock』の中であらためて観客やワイン愛好家に紹介された。ホーク・クレストはこのワインのセカンドラベルである。気品がある素晴らしいカリフォルニア・カベルネが、より手に入りやすい値段で手に入るのは嬉しい。

木曜日　81日目

ギリシアの再生

　不幸なことに、ギリシアは15世紀半ばから1821年までオスマントルコに支配されたため、ワイン産業も非常に抑圧されていた。オスマン帝国以前にも長い歴史がある国だが、現代ワインの生産は、カリフォルニアワインと同じ1800年代半ばに始まった。

　軍事政権は1974年までギリシアに他の世界から距離をおかせ、1981年まで欧州連合にも入らなかった。しかし1980年初頭以降、ギリシアのワインは投資を得て品質を上げている。ただし、レッチーナを輸出した年代の悪い噂は今も残っている。

　レッチーナは、英語のレジン（resin）と同じように、松ヤニのことだ。かつて古代ギリシア人は樽を密封するのに松ヤニを使った。風味と香りは自然にワインにとけこむものだが、ワイン生産者らは最終的に、個性的なスタイルを出すためにレッチーナに含まれるレジンの量を操作し始めた。多くの人が、ギリシアワインが松ヤニのような味がすると思っているのはこれが理由である。しかしこの風味のうち、自然にとけこんだ部分はほとんどない。

　幸運なことに、これからが変化の始まりである。カンバズ・マンティニア（Cambas Mantinia）は素晴らしい白ワインで、白い花、メロン、ローズウォーターを感じさせるマスカット種100％ならではの香りを持つ。舌の上では、丸みがあって芳醇な風味で、桃、梨、糖蜜の味がする。

　ギリシアの田園地帯に優れたワインが隠れていて、国境を越えていないだけでないかと思われがちだが、カンバズ・マンティニアはその想像を超えるワインだ。カンバズの仲間のラベルのアルカディア（Arkadia、初心者向けのソアヴェタイプの白ワイン）、サヴァティアノ（Savatiano、キリっとしたトロピカルな白ワイン）、ネメア・リザーブ（Nemea Reserve、濃厚でオークの香りがする赤ワイン）も、探し出す価値のあるワインである。

金曜日　82日目

コルクと記憶

　私は近所の小さなイタリアンレストランで夕食をとっていた。女性が一人やってきて隣に座ると、バーテンダーが何を飲むかとたずねた。「グラスワインをください」と彼女が答えると、バーテンダーはどのワインがいいかと聞いた。女性は財布に手を伸ばし、ワインコルクを取り出した。「これと同じものを」彼女はさりげなくコルクを渡した。

　バーテンダーは、コルクの文字を読み、どこでこのワインを飲んだのか、どこが気に入ったのかなど、短い会話を交わした。そしてコルクを返すと「これを試してみてください」と言ってグラスに少しだけそそいだ。彼女はパーフェクト、と答えた。「ここはイタリアンレストランなので、オーストラリアワインはおいてないのですが、お好みはこちらだと思いまして」と、バーテンダーは言った。その通り、彼女はそのワインをとても気に入ったのだった。

> 気に入ったワインの記憶は、素晴らしいワインとの再会の鍵となる。輪にフックがかけられるようになったものとキーリングをみつけておこう。フックをお気に入りのワインのコルクにねじこみ、輪をキーリングに通す。好みが変わって別のワインが好きになったらコルクを変える。

土曜日＋日曜日　83日目＋84日目

ワイン・テイスティング・クラブを始める

ワイン愛好家は時々、自分の力で問題を解決しなければならない時がある。本当にワインについて学びたいと思ったら、試飲会、レストランでのワインディナー、ワインクラスなどの「クラス」の外に出て、大学生がしていることをする。つまり勉強会を開くのだ。ワイン・テイスティング・クラブという組織を作ると、友達や家族とワインについて学ぶ良い口実ができる。

まず人が集まったら、月ごとに集まる予定をたて、それぞれテーマを決める。まずは、品種の違うブドウをテーマに集まろう。あるクラブでは個人のスカベンジャー・ハント*のような集まりを行っている。そこではテーマに合わせて各メンバーが1本か2本のワインを持ち寄るのだ。ワイン、食事、ホストの役割は、メンバー内で順番に担当する。

このクラブの運営方法に、正しいとか間違っているという考え方は無い。ただし大切なことは書き留めておくこと。大きなノートかスクラップブックに、クラブのテイスティングについて記録を残す。切り抜き、ラベル、写真、切符を貼ったり、味わったワインのリストを書きだせる余白があるものが良い。それをテイスティングの時にいつも持参し、コメントを見直すのだ。

*品物を集めながら問題を解決するオリエンテーリングの一種。

月曜日　85日目

ファンのためのワイン

あなたは自分が思っているよりワインについて知っているようだ。この隠れた知恵をどうやって見出せばよいだろう？　ワインのことを、神秘的なものとは思わず、食事と同じように考えたり話したりしてみるとよい。

外食の時、ステーキの味がどうかと聞かれたら、その答えはたくさん考えられるだろう。ジューシーだ、乾いてる、焼き過ぎだ、火が通ってない、ちょうどよく焼けている、柔らかい、堅い、香ばしい、スパイシーだ、脂っぽい、脂肪が少ない…など。

しかしワインについて聞かれると、こんなふうに答えてはいないだろうか。「私はワインの専門家じゃないから、赤い水としか言えない」

ワインの博士号を持っていなくても、あなたは（そしてワインを愛する人なら誰でも）、どんなワインが美味しくで、どんなワインがそうでないかを理解するだけの経験を何年か積んでいる。あなたは肉の専門家でなくても、その味に感想を言う。ワインでも遠慮なく同じことをしてよい。

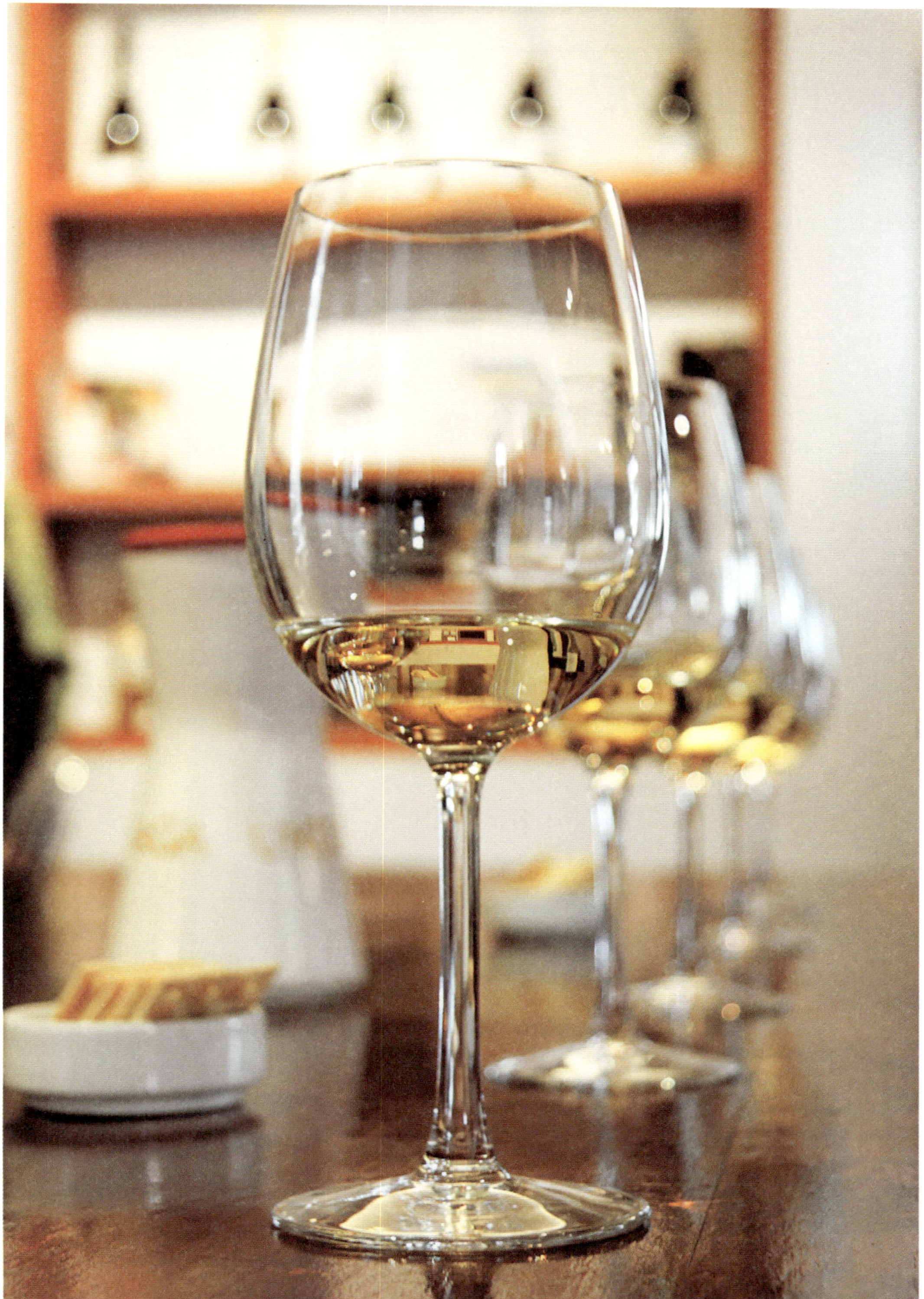

火曜日　86日目

野生的なワイン、ソーヴィニヨン・ブラン

フランスでの長いワイン旅行の最後の日。私はぐっすり眠れなくなっており、文字通り何百ものワインを飲んだ口の中は荒れ、濃厚なフランス料理を大量に食べた体は代謝が変わっている。私、そして私の味蕾は、ぼんやり眠くなっている。目が覚めているように振るまい、必要に応じてキビキビと動くのは、プロの才能だ。

ロワール渓谷中のワインを飲むワイン旅行は、大西洋から始まり、とぎれることなく東に向かう。旅の終わりはフランス中部、ロワール川の東端、パリから120km足らずだ。

この地域はソーヴィニヨン・ブランが圧倒的に多い。酸味、柑橘、はじけるようなワインである。このワインを知るのに必要なことは、その名前が教えてくれる。ソーヴィニヨン(Sauvingnon)は、フランス語の「粗野な(sauvage)」「ワイン(vigne)」という2つの言葉を合わせたもの。ブランは白ブドウを表す。まさにこのブドウにぴったりな名前である。ソーヴィニヨン・ブランは野生的に青々と茂る。ワイン農家はその成長のスピードをゆるめ、管理するのにほとんどの時間をさく。雑草のように育つブドウは、味も雑草のようで、ホウレンソウやセロリのような、青野菜や茎を思わせる。それは必ずしも美味しいとは感じられない。

しかしカンシー(Quincy)、ムヌトー＝サロン(Menetou-Salon)、リュイイ(Reuilly)など、ロワールの無名の町では、より高い評価を受けてもよい優れたソーヴィニヨン・ブランを生産している。

おすすめのワイン：ソーヴィニヨン・ブラン

ドメーヌ・マルドンカンシー
(Domaine Mardon Quincy)、フランス
果実味と酸味のバランスが絶妙で、生き生きとしてはずむような飲み口。やや粘り気が感じられる。

ドメーヌ・ドゥ・シュヴィイカンシー
(Domaine de Chevilly Quincy)、フランス
驚くほど力強い緑の香り、草、オイル、ジューシーなレモンライムが感じられる。

シリス・ドゥ・カンシー
(Silice de Quincy)、フランス
カンシーの別の風味を持つ。金色のワインで酸味が弱くオークの香りが強い。バニラの味がもっともよく感じられる。カリフォルニアをのぞいて、ソーヴィニヨン・ブランとしては珍しい。

ドメーヌ・ドゥ・リュイイ
(Domaine de Reuilly)、フランス
やわらかく、丸みのある香りがあり、やや明るい草の香り、ミネラルウォーターの風味、そしてハーブの香りが舌に感じられる。きれ味がよく、丸み、熟成、強い果実味が感じられる。

ジャン＝ミッシェル・ソルベ「ラ・コマンドリー」(Jean-Michel Sorbe "La Commanderie")、フランス
非常に強い芳香、ハーブの香り、立ちあがる酸味がこのワインの特徴。凝縮果汁の風味が基盤だが、高級感のある素晴らしい味。

フランス、サンセールにあるソーヴィニヨン・ブランの生産者アンドレ・ドゥザのブドウ畑。ロアール東部では典型的な、堅くて石の多い土壌。

水曜日　87日目

Recipe: ポテトグラタン

　パット・サイモンは、彼の優れた著書『Wine-Taster's Logic』の中で、フォークひと刺し分の蒸した食べ物と、冷たいグラス1杯のワイン、そして人というクレージーな代物との間に起きる、生化学的反応を研究している。科学的に要約すると、通常の食べ物とワインは酸性で、人間の口の中はその反対の塩基性であるため、両者にPH値の衝突が起きるという。

　ロマンチストにとって、もちろんこの説明は十分ではない。食べ物には簡単に分類できないものがたくさんある。たとえば、このポテトグラタン。焼き色がついた美味しい表面や端は何に分類されるのだろう？　この香ばしい部分は、グラタンのチーズが入ったクリーミーを包む欠かせない存在で、カリッとした食感が、この料理をベタベタしたベイクドポテトになるのを防いでいる。

材料8人分

バター	大さじ2
大きめのジャガイモ	8個
（コインの厚さくらいにタテに切る）	
牛乳	240㎖
チキンスープまたは野菜スープ	240㎖
塩と黒コショウ	適量
スイス系のシュレッドチーズ	110g
おろしたスモーク・ゴーダチーズ	110g
（プレーンのゴーダチーズでも良い）	

作り方

1. オーブンを190℃に予熱する。
2. 大きなオーブン容器か鋳鉄のスキレットをコンロにかけてバターをとかす。ジャガイモ、タマネギの順番で、何層かに分けて並べ、最後にジャガイモがくるようにする。
3. 牛乳とスープを加え、火を強めてグツグツと15分煮る。
4. 火を消して塩コショウを加え、2種類のチーズをかけ、オーブンで45分、グラタンの表面が美味しそうなキツネ色になるまで焼く。

この料理に合うワイン：
ウィルム・ゲヴュルツトラミネール
（Willm Gewürztraminer）

フランス

フランスとドイツの国境にあるアルザスで作られた、手頃な価格のゲヴュルツトラミネール。熟した梨とメロンの風味、やさしい酸味があふれ、ゲヴュルツトラミネールを有名にした独特のローズウォーターの香りが満ちている。やや値段が安くて同様に美味しいのはウィリムジャンティ（Gentil）という白のブレンドワインだ。この素晴らしいワインを味わうと、フランスとドイツがこの地をめぐって過去1世紀に渡って対立してきた理由が分かる気がする。

木曜日　88日目

オレゴン・ワイン・トレイル

　オレゴンのワインについて語るとき、私たちはほぼピノ・ノワールのことだけを語っていることになる。そう、オレゴンは非常に優れたピノ・グリを生産するが、ピノ・グリは、シャルドネやリースリングと同じように、ピノ・ノワールのいとこのようなものだ。オレゴンのその他のブドウは、ピノノワールほど栽培されていない。

　オレゴンでもっとも成功しているワイン用のブドウ園は、太平洋に近い西部にある。そこでは海が、雲や雨を海岸に寄せつけないようにしてくれる。ブドウ園は緯度でいうとブルゴーニュから数キロ南に位置する。そのためオレゴンのピノ・ノワールはブルゴーニュより太陽の光が少し多く浴びて、より完全に熟す。ただし、1,125km南のカリフォルニアほどではない。

　オレゴンでのワイン作りは1840年代に始まり、禁酒時代の20世紀初めに停止し、1965年に本格的に再開した。最初に植えたのはピノ・ノワール、シャルドネ、リースリングである。ワイン産地としてオレゴンで最初に問題になったのは天候だった。寒過ぎる、雨が多すぎる、曇りが多すぎる。賢明なワイン生産者らは、この環境に強い品種、ピノ・ノワールに注力した。

　1960年代、ブドウが成長するにしたがって、ワインはその真価を発揮し始めた。ブドウ畑やワインの製法は順調に改良が続けられ、15年後にはピノ・ノワールを中心に注目が集まり始めた。アイリー・ヴィンヤーズ(Eyrie Vineyards)は、フランスの有名なレストランガイド誌『ゴー・ミヨ(Gault Millau)』誌が主催した、1979年のワインオリンピックのピノ・ノワール部門で優勝した。オレゴンのピノ・ノワールが、海外に通用する高品質のワインの仲間入りをしたのだ。

金曜日　89日目

ドン・ペリニヨンの伝説

　伝説によると、フランスの盲目の修道士ドン・ペリニヨンは、最初のシャンパーニュを偶然に「考案」したという。彼が作っていた白ワインがボトルの中で自然に2次発酵を始めたのだ。それを飲んでみたドン・ペリニヨンは「早く来て！　私は今、星を味わっている！」と叫んだと言う（シャンパーニュと発泡ワインについては23日目を参照）。

　北イタリアのワイン生産者は、ドン・ペリニヨンより1000年前から発泡ワインを生産していたが、その生産工程はまったく異なっていた。彼らは冬に伝統的な発泡ワインを作り、発酵プロセスの途中で凍らせて、凍ったワインの中に炭酸の泡を封じ込めた。春になってワインが溶けると（より小さな樽の中に移してから）、穏やかな果実味がありアルコール度数が低く、優しい泡のたつワインができあがった。現代のプロセッコ、モスカート・ダスティ、スプマンテは、この発泡ワインの原型の子孫である。

　昔から伝わる素晴らしい物語の多くがそうであるように、ドン・ペリニヨン伝説のチャーミングで心を動かすエピソードは、語り継がれるうちに失われていく。発泡ワイン作りで有名なフランス南西部のサンティレール(Saint-Hilaire)修道会は、ドン・ペリニヨンが最初のシャンパーニュを偶然に作り出す数年前に、同修道会を訪れた記録が残っていると主張する。また詳しい研究により、ドン・ペリニヨンは星を味わった日よりずっと後の、息を引き取る時まで盲目ではなかったことが分かっている。

ワイン帳

新しい味に出会った時、近辺か遠方のワイナリーを訪れたとき、友達と初めて飲むワインを開けた時、興味をそそるワインのちょっとした歴史を知った時、それを書きとめておけば、ワインライフの生き生きとした記録ができあがる。あなたを驚かせた品種や、特別な機会を祝うためによく飲んだワインをさっと書き留めておこう。あなたの冒険を記録に残すことで、ワクワクした気持ちを後で再現することができる。

思ったことを書きとめるのに特別なノートは必要ないが、あなただけのノートを作ると書く時間が特別なものになる。作文用のノートや真っ白なメモ帳の表紙を、好きなワインのラベルで飾るのはどうだろう？ 中のメモには、言葉以上のものが含まれる。ワインの産地のラベルや地図をとっておこう。写真も同じ。ワイン帳のテーマを決めても良いだろう。ブドウの品種をアルファベット順に試すとか、ワイン旅行、好きなワインといつそれを飲んだか、など。

多くの人がワインについて多くのことを書いているが、あなたが書くことはそれよりもっと多い。あなたがワイン帳をつけたくなる質問を以下に挙げよう。

- いつか訪れたいワイナリーはどこ？ その理由は？ そこでどう過ごしたい？

- ワインに興味を持ち始めたのはいつ？ その理由は？ そのきっかけは、ブドウの品種、参加したイベント、旅行、影響を与える人物のどれ？

- 好きなワインの儀式（作法）は？

- 人生の重要な祝の席で飲んだワインを覚えている？ それは何？ そのワインについて何を覚えている？

- もっとも驚いたワインは？ その理由は？ その後、また買った？ その理由は？

- 今まででもっとも奮発した高価なワインは？

「ボデガス・オタス」のブドウの木（スペイン、ナバーラ州）

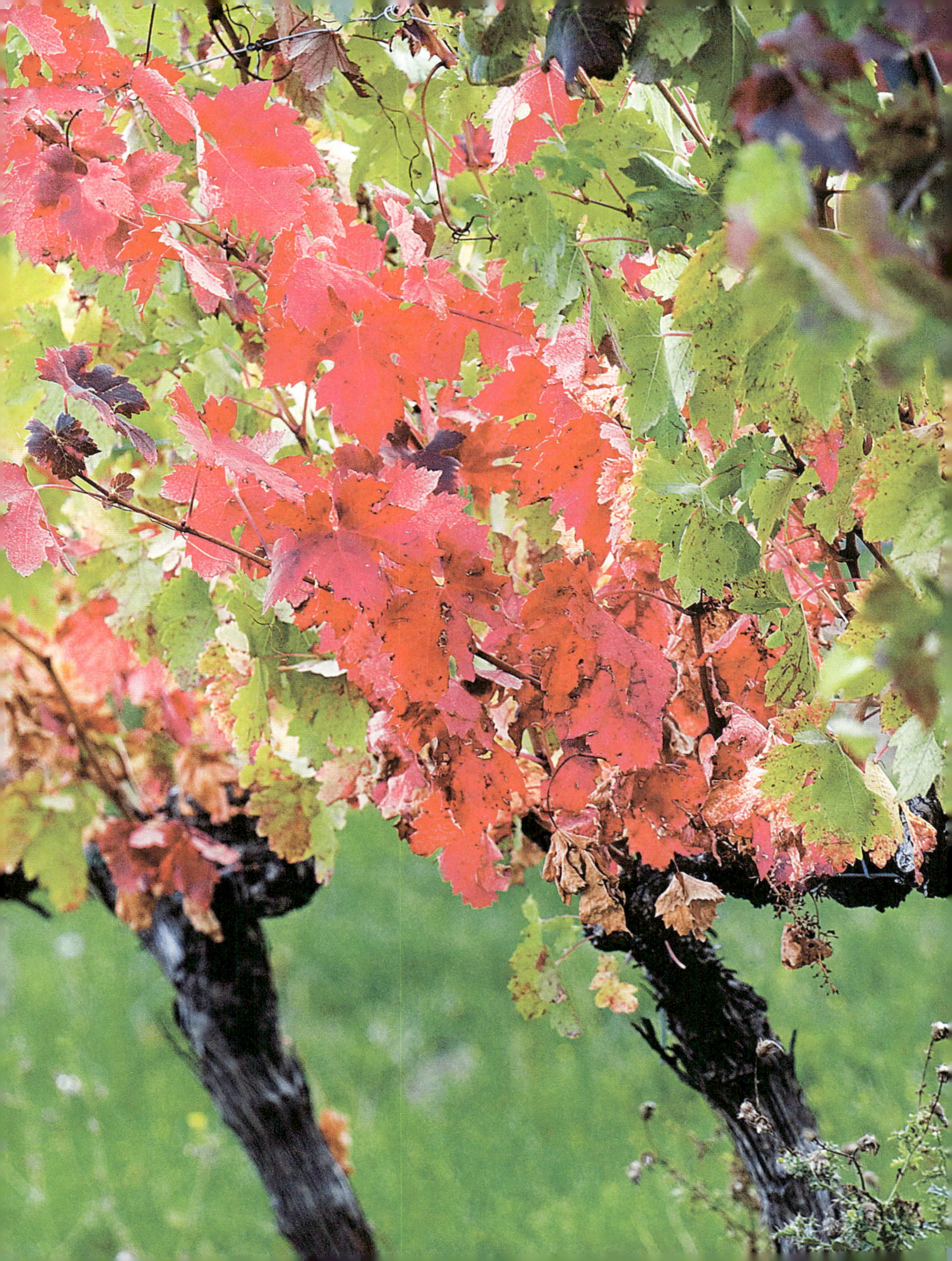

月曜日　92日目

ボトルでワインを評価してはならない

　外見は球根のような形で、エレガントではなく、底の厚い1ℓ瓶で、安いことを宣伝しているものは、品質ついては何も保証していない。ワインの販売員に説得されて買ったとしても、予想より良いことは起きないだろう。そのワインは、スリー・シーブス・ジンファンデル。密造酒が入っているようなずんぐりして小さなボトルやスクリューキャップが予感させるものより、はるかにましな味だが、あえてそれを飲みたいと誰が真剣に思うだろうか？

　多くの売り場で売られている、標準的な750mℓ以外の容器に入ったワインは災いの元だ。ボトル2本分の伝統的なマグナムさえ、なかなか売れない。消費者から見たワインの価値を損なう非標準的な容器には、何かがある。

　新しい形と考えは、芸術、科学、哲学の世界で、いつも抵抗に合う。ワインのボトルに関しては、形は目にうつる通りだが、そのメッセージは誤解されることがある。ちょうどスクリューキャップが、最初は「中のワインの品質が低い」というメッセージと受け取られて反発されたものの、ゆっくりとだが確実に受け入れられ、最終的には新しい瓶詰めの形として認められようとしているのと同じだ。

ボックスボイテル　ジャグ　マグナム　ボルドー、ブルゴーニュ

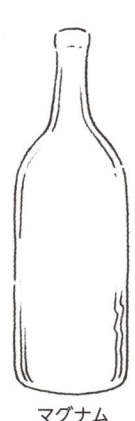

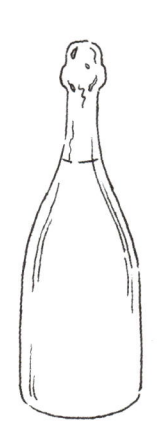

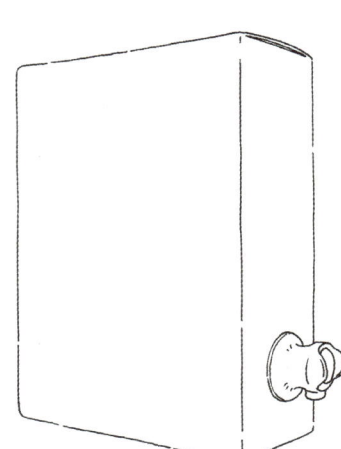

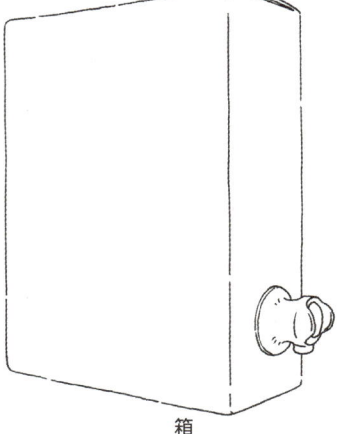

シャンパーニュ　リースリング　アイスワイン　箱

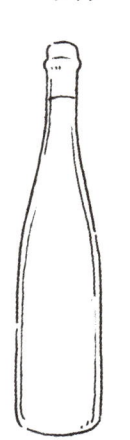

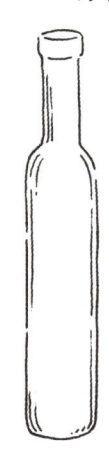

火曜日　93日目

世界中で喜ばれる贈り物

ワインは過去も現在も、世界中で喜ばれる万能な贈り物だ。ただし適切にワインを贈る必要がある。特に違う文化を持つ相手に対しては。

たとえば、カリフォルニアのカベルネをボルドーの人に、フランスのブルゴーニュの赤をオレゴンのピノノワールの産地の人に、バージニア・サンジョベーゼをイタリアの人に贈ってはならない。そのワインの贈り物について何か言い添えても、通訳の間に分からなくなってしまうリスクがある。

「これは私のお気に入りの1つなんです。興味を持っていただけるかと思って」と言うつもりだったのに、結局は「さあこれがこのブドウからつくったワインのあるべき姿ですよ」と言ってしまうかもしれない。気持ちは間違って伝わることがあるのだ。

ではどうすればよいか提案しよう。地元特産のワインを持参して、その旨を伝える。ワイン好きの人の地元のワインで、有名ではないが、他の地域では栽培されていないブドウのワインは、ほとんどまちがいなく喜ばれる。

水曜日　94日目

ワイン、食事、科学

ワインと食事を楽しくて官能的な経験として受け入れ、人生にとりこむのも1つの考え方だ。しかし、酸性のワインとアルカリ性の舌との間のPHの生化学的関係について学ぶと、マジックの種明かしをすることができるかもしれない。

本物の美食家は料理で何が起きているか知ったうえで、それを愛している。トライプ(牛の胃)、ハギス(羊の内臓)、生の牡蠣などが良い例だ。肉厚だ、塩辛い、ザラザラする、といった言葉は、冷たい牡蠣に関して言えばおいしそうに聞こえるが、別の料理ならキッチンに戻す理由になるだろう。

科学と化学は、数多くの伝統的ワインと料理の素晴らしい相性の根幹にある。「赤ワインと肉」という良い相性を表す古い言葉があるが、科学的に言うとこれは、「タンニンとタンパク質」である。

タンニンはブドウの皮や種にある化合物の1種だ。歯でブドウの種をすりつぶすと、苦くてからい味がするが、これがタンニンである。赤ワインは、赤い皮ごと発酵させることでその色になり、非常に凝縮されたタンニンを含む。生化学的には、タンニンは赤い肉に豊富に含まれるたんぱく質と結びつく。

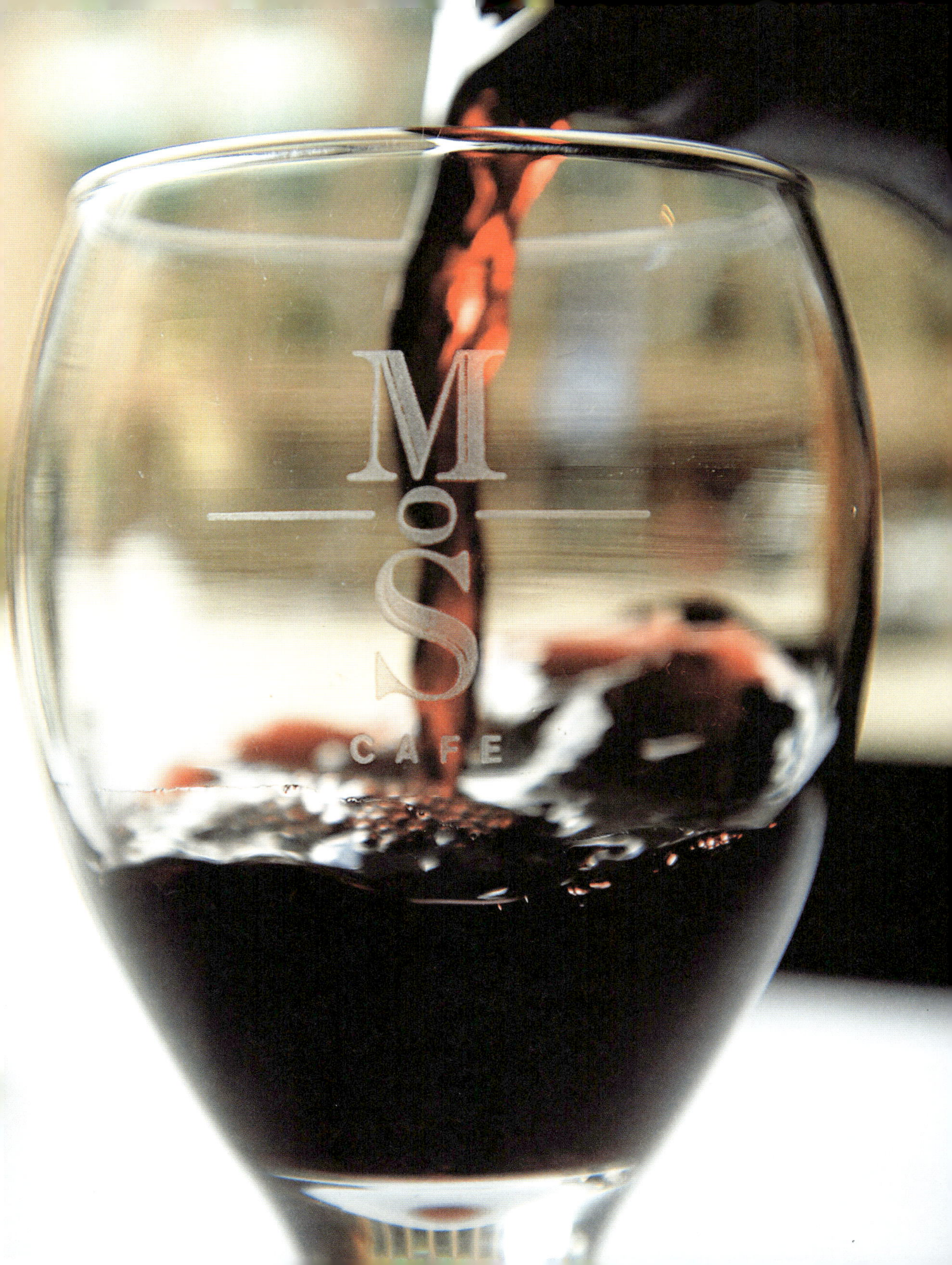
M
o
S
CAFE

木曜日　95日目

ブルゴーニュVSボルドー

　ワインの世界を分かりやすくきちんとカテゴリーに分類すれば、理解や記憶の近道ができる。例えば、ブドウごと（例：ジンファンデル、カベルネ、シラー）、場所ごと（例カリフォルニアとニュージーランドのピノノワール）、あるいはスタイルごと（例：オーク発酵した、あるいはオーク発酵しないシャルドネ）に分類できる。

　伝統的なワインの区別の1つは、赤のボルドーと赤のブルゴーニュだ。これら2つは、フランスでもっとも有名なワイン産地である。ボルドーはフランス西部で、大西洋に面しており、ブルゴーニュは内陸で、フランスの中部から東部に位置する。気候はまったく異なり、栽培できるブドウの品種は非常に限られている。

　ボルドーの赤ワインは、カベルネ・ソーヴィニヨンとメルローを、ブルゴーニュの赤ワインはピノ・ノワールを使う。それぞれ赤ワインのスペクトルにおいて両端に位置する。暗い赤のカベルネと、明るい赤のピノ、木の香りと果実の香り、土の匂いと空に通じる匂い。ボルドーの赤ワインのファンは大きな広がりを喝采し、ブルゴーニュの赤ワインのファンはきめ細やかさをほめそやす。この「美味しさVSカロリー」というビール論争に妙に似た競争は、何世紀も続いている。

　世界で真剣勝負をするために、新世界のワイン生産者は、世界クラスのピノ・ノワール、カベルネ、カベルネとメルローのブレンドのどれかを必ず作らなくてはならない。それ以外もどれも魅力的だが、赤のボルドーとブルゴーニュのうちのどちらか1つを作ることは、修士論文の発表と最終試験のようなものだ。またワイン古典主義者の言う素晴らしいワイン作りへの、試金石と表敬になる。

金曜日　96日目

ワイン愛好者よ、汝に教えよ

　ボルドーもブルゴーニュもリースリングも好きではないと言う人がいたら、「もっとボルドーかブルゴーニュかリースリングを飲むべきだ」と言うのが最善のアドバイスだ。イタリアワインがあまり好きでないなら（そんな人がいるのだろうか？）、変化のための最初のステップは、積極的にテイスティングを行うことだ。ワイン漬けの計画を考えるとよい。

　丁寧により多くのイタリアワインを飲んでみよう。自分の好きなワイン店のトスカーナワインのセレクションを、気に入ったものが見つかるまで飲むとよい。その個性、風味のスペクトラムなどを知ることは、ワインを探す時の枠組みを見つけることにもなる。

　1人で探すのは緊張するだろうか？　ワインの試飲計画を作るのに、好きなワイン店で手伝ってくれそうな人に頼んでみよう。月ごとにワインの品種か生産地を1つ選んで、それにあてはまるものだけを買う。翌月は、別の品種か生産地を選ぶ。飲んだときの感想はすべて詳しくメモに残していけば、カリキュラムの最後には、たくさんの個人的感想を集めた素晴らしいノートが出来あがっている。

MOSカフェでグラスに注がれる赤ワイン
（オーストラリア、シドニー）

土曜日＋日曜日　97日目＋98日目

予算内でワインをストックする

今週、来客がある、あるいは家のストックを補充するとする。たまには特別なワインに散財するのも良いかもしれないが、ピザやハンバーガーを食べるのが気がひけるほど高いワインばかり買うべきではない。大勢の来客がある場合、経済的なワインを選ぶのは当然だ。

最近は、多くの人が割安なワインを集めている。安くてとびきり素晴らしいワインを見つけることは、デザイナー・ジーンズを半額で手に入れるようなものだ。財布を空っぽにしない上質なワインを掘り当てた時は、胸がおどる。飲む前に許可が必要ないワインを開ける時は解放感がある。

しかし割安なワインが確かに美味しいか、ただ安いだけかは、どうすれば分かるだろう？ 良いものを選ぶのに役立つ生産地の解説をしておこう。

南米

アルゼンチンとチリは、美味しくて手に入りやすい価格のワインを提供している。価格にくらべて「リッチ」な味わいである。これらの国には土地と労働力が豊富で、費用対効果が高いからだ。

基本的にワイン生産者は、安くするためにたくさん生産し、もっと多く生産するためにより安くしようとする。すでに国際的に人気の高いアルゼンチン産のマルベックや、ゲヴュルツとソーヴィニヨン・ブランを合わせたような無名のトロンテスを探してみよう。またチリでは、カルメネーレ(Carmenere)」を栽培している。フランス、ボルドーの品種だが今はみかけなくなり、南米でよく育っている。スパイシーで素朴なメルローを思わせる味である。

スペイン

ピレネー山脈の丘陵地 (ナバーラ) を中心とするスペインのワイン生産者は最近、新しい試みを大変盛んに行っており、フランス原産のブドウをスペインの土壌で育てている。彼らが大量生産する、キリリとして、爽やかで、オーク発酵しないシャルドネは、手に入れやすい価格なうえ、心に残る味わいである。

カリフォルニア

現在のカリフォルニアのワイン産地は、高価なワインに匹敵する品質のワインを、より安い価格で提供している。手に入れたいラベルは、ラウンド・ヒル・メルロー (Round Hill Merlot)、フォー・ヴァインズ・ネイクド・シャルドネ (Four Vines Naked Chardonnay)である。

月曜日　99日目

シャルドネのバターとオーク

美味しいシャルドネには少なくとも2つの要素がある。マロとオークである。

マロ（マロラクティック発酵の略）は、ワインの生産工程で誘発されるもので、リンゴ酸（グラニー・スミス [酸っぱいリンゴの種類] を思い浮かべると良い）を、牛乳、バター、ヨーグルト、アイスクリームなどに含まれるものと同じ「乳酸」に変える。マロがワインにもたらす風味の成分は、バターのようにクリーミーな風味、と表現される。口あたりはオイルのようにうるおい、白ワインにさえ、水っぽくない、がっしりとした濃い味わいをもたらす。

オークは文字通り、ワインにうつったオークの風味である。ワインを瓶詰めする前に、オークの樽で発酵、熟成させて（2つの工程は別の樽で行う）、ワインにトーストか焼いたマシュマロのような風味をもたらす。オーク熟成はまさに科学だ。ワインを囲むオークの木目から、果汁にふれている木の面積の比率（1フィート平方あたり何ガロンか）まで考えられている。

マロもオークも通常はワインに良い影響を与える。特にシャルドネがそうだ。オーストラリアのワイン醸造業者がオーク熟成しないシャルドネを作り始めたとき、ワイン市場は「なに？ オークが好きなのに!」という反応だった。

次にシャルドネを飲むとき、それが初めての銘柄でも前から好きな銘柄でも、マロとオークを意識して味わってみれば、豊かなワインの時間になるだろう。

火曜日　100日目

プティット・シラー

　カリフォルニアは無名なものを有名にする方法を知っている。南カリフォルニアのエンターテイメント業界が高い制作価値を実現しているのは、その具体例だ。ワイン生産地としては、ユニークな場所、聞いたことのないブドウの果汁、これまでと違う生産技術など、土壌やブドウの木に関して、同じことが行われている。

　ジンファンデルはカリフォルニアが今までに「発見」した、もっとも有名なブドウである。甘くてやや見下げられているホワイト・ジンファンデルは、ワイン好きの人々がレッド・ジンファンデルと恋におちるまで、多くのワイナリーの存続を支えるワインだった。レッド・ジンファンデルの人気急騰は、オーストラリアのシラーズの登場時に匹敵するほどだ。どちらのブドウも伝統や系統ではなく、目新しさ、雰囲気、わかりやすい美味しさのおかげで成功した。

　その他の無名のワインも次の大物スターになろうと待ちかまえている。グリニョリーノ (Grignolino) (すでにロゼワインでは最高だ)、カベルネ・フラン (Cabernet Franc)、ムールヴェドル (Mourvedre)、カンノナウ (Cannonau)、ネロ・ダヴォラ (Nero d'Avola)、そして本書で初めて聞いたことを覚えておいてほしい品種ブールブーラン (Bourboulenc) である。

　次に有名になろうとしているのはプティット・シラーである。プティット (Petite) やシラー (Syrah) という名前にも関わらず、このワインはデュリフ (Durif) という南フランス産の赤ワイン用のブドウで作ったカリフォルニアのワインの名前である。1800年代以降、カリフォルニアの気温や日光の中でよく育ち、フランスよりカリフォルニアで有名になった。

　フォピアノ、パラドゥッチ、ペドロンチェリなど、古いワイン生産農家は禁酒時代も伝統のワインを存続させた。現在彼らはプティット・シラーの品質や個性を高めている。この新しいブドウは、熟成と凝縮を大切にする現代的な表現に向かう傾向があり、また幸運なことに果汁には力強いタンニンが豊富に含まれているため、このワインの芸術性を支えている。

　なによりも素晴らしいことは、割引価格で手に入る優れたワインが豊富なことだ。予算があったとしても、使う必要がない(実際に、これらのワインの多くは値下げされている。販売やマーケティング担当者が値段を下げるために時間外も働いているのだろう)。

> **おすすめのワイン：**
> **いちばんお手頃なプティット・シラー**
> - コンカンノン・プティット・シラー
>   (Concannon Petite Sirah)
> - フォピアノ・プティット・シラー
>   (Foppiano Petite Sirah)
> - ゲノック・プティット・シラー
>   (Guenoc Petite Sirah)
> - パラドゥッチ・プティット・シラー
>   (Parducci Petite Sirah)
> - ペドロンチェリ・プティット・シラー
>   (Pedroncelli Petite Sirah)
>
> まだプティット・シラーを飲んだことがない人は、この5つのワインのうちいくつかを組み合わせれば、良質で手頃なこのブドウの現在の状況がわかるだろう。濃厚で、熟していて、果実味があふれ、飲みやすいスタイルのパラドゥッチがものさしの一端だとしたら、もう一端は、果実味に注目した結果、伝統的なフランスのシラーのような味になったパラドゥッチ・プティット・シラーだろう。ゲノックとコンカンノンは、技巧的なゲームを争っており、香りの高さ、ハーブのようなデリケートな味わいを持つ。フォピアノは濃厚で、素朴で、肉厚なワインである。風味も価格も幅広いが、私の予算内におさまっている。

水曜日　101日目

ワインで料理をする

友人が料理用のワインを買いに行った。ワイン店の販売員は、値段の安いバルカン半島で作られた赤ワインをすすめたが、友人はとまどった。

「そのワインは…まずくないですか？」友人がたずねると、販売員は「もちろん美味しくないですよ。でも料理用ですよね？」と答えた。

「そうですね。でもたいてい、私は料理をしながらワインを飲むんです」

料理では、ごく少量から数カップまで、量はさまざまだがワインを使うことがある。ブルゴーニュ風の肉の煮込み料理に、お気に入りのピノ・ノワールを1本全部使う必要はないが、飲みたいと思えるワインを使って料理をすることが鉄則だ。それは最も好きなワインでなくても良い。

木曜日　102日目

ロングアイランドのノースフォーク

ニューヨークから車で2時間ほど行くと、ロングアイランドのノースフォークに着く。そこには定評のある優れたブドウ畑の一角がある。

ニューヨークからロングアイランド・エクスプレスウェイを東に向かうと、リバーヘッドが終点になる。この半島は大西洋に何マイルにもわたって突き出すように広がっている。南にはハンプトンという町があり、高級マンション、夏のパーティ、セレブリティで有名だ。ノースフォークには、50を超えるブドウ畑とワイナリーが盛況を誇る。かつてジャガイモ畑だったその場所に、今はブドウが茂っている。

ロングアイランドでワインツアーをすると、素晴らしい風景と天気を味わうことができる。地面は緩やかに南に向かって傾斜しているため、日光が直角に届く。ノースフォークがニューヨーク州でいちばん日当たりの良い場所なのはこのせいだ。それは、素晴らしいワインと素晴らしい日帰り旅行に欠かせない条件である。

ワインツアーは、思いがけずに素晴らしいものに出会うと最高のツアーになる。ワイナリーをめぐり始めたら、自分の嗅覚に従うとよい。ただし、ノースフォークには必ず訪れるべきワイナリーがいくつかある。

ベデル・セラーズ（Bedell Cellars）（www.bedellcellars.com）：ノースフォークのまさにパイオニアであるキップ・ベデルが素晴らしいワインを作る。アルザス・スタイルのゲヴュルツトラミネールや、熟していて、チョコレートのようなメルローが良い。

ザ・レンズ・ワイナリー（The Lenz Winery）（www.lenzwine.com）：エリック・フレイは努力を惜しまないもう一人のワイン生産者で、その大きな成果が現れている。発泡ワインからゲヴュルツトラミネールやシャルドネに至るまで、レンズのワインはバラエティに富み、質も高い。

ペレグリニ・ヴィンヤーズ（Pellegrini Vineyards）（www.pellegrinivineyards.com）：おそらくノースフォークでもっともモダンで写真映えのするワイナリーだ。もちろんワインも美味しい。写真に残したくなる美しいワインセラーを訪れるのを忘れないこと。

ピンダー・ヴィンヤーズ（Pindar Vineyards）（www.pindar.net）：幸運なら、起業家でオーナーであるヘロドトス・ダミアノスが在宅でツアーを先導してくれるかもしれない。このブドウ畑の中にある太陽の光をいっぱいに浴びている広大なヒマワリの丘で、少なくとも1時間は過ごすことを予定しておくこと。

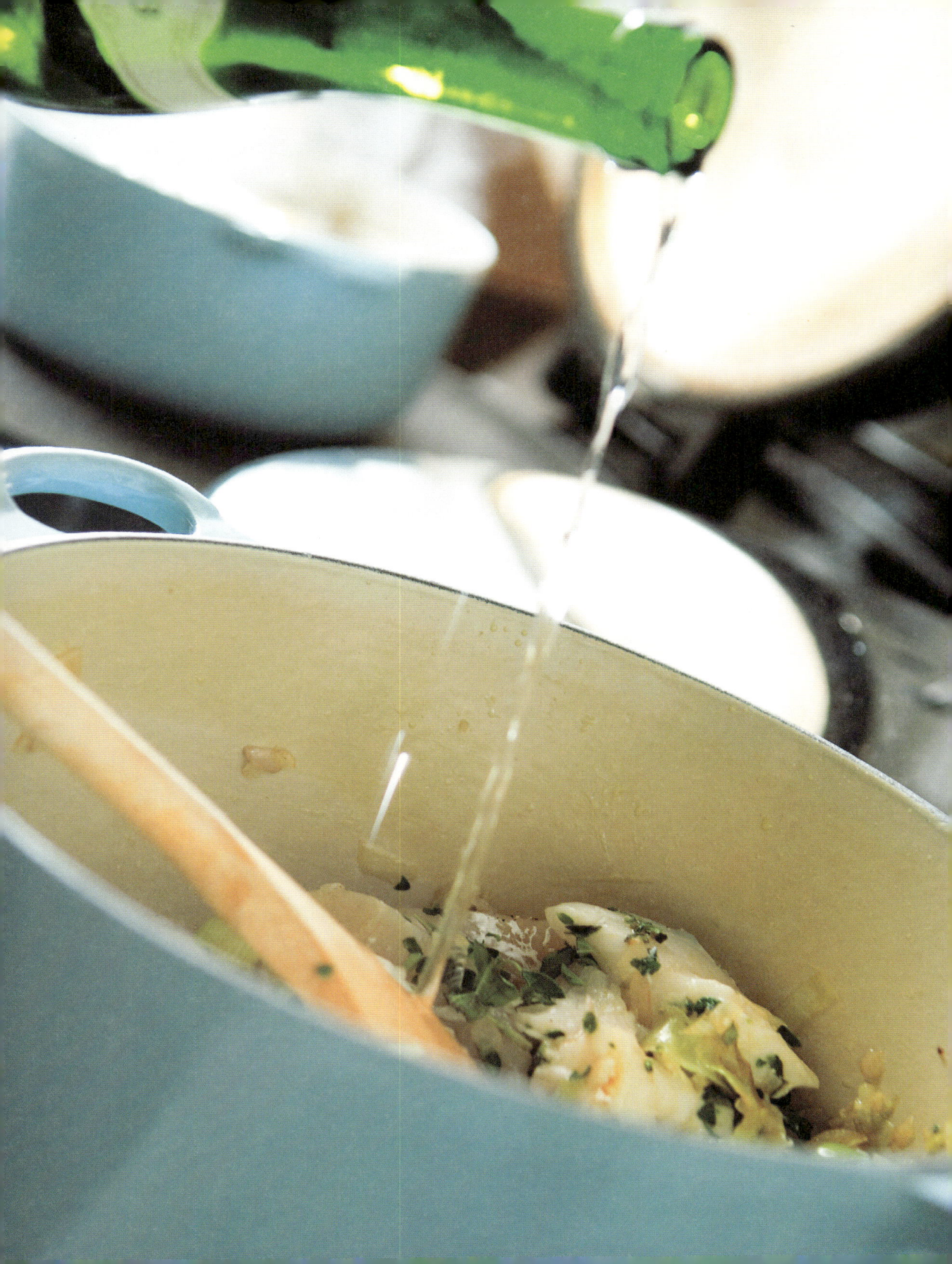

金曜日　103日目

ワイン：新しい健康食品

　2002年1月、サルディニアのアントニオ・トッド氏が112歳で亡くなった。彼は記録で確認できる世界でもっとも高齢な人だっただけでなく、もっとも高齢の自称ワイン愛好家だった。

　トッドは常に、長寿はワイン、特に赤ワインのおかげだと信じていた。ある死亡記事には、彼が「兄弟を愛し、毎日赤ワインを1杯飲みなさい」と言っていたと書いている。この種のアドバイスに対して、私は反論するのは難しいと率直に感じる。ワインを愛する人が、特に赤ワインを1杯以上飲んだあとに、よく口にする言葉だからだ。

　ワインと長寿の関係については、膨大な数の医学的裏付けがある。私は尊重すべき科学的根拠を引き出すまでもなく、長年にわたり適量を守ってワインを飲み続けた人が、たっぷりとワインを飲んだ人や、まったく飲まない人より、10年くらい長く生きていると思う。

　つまりワインそのものではなく、適量が肝要なのだ。チャオ、アントニオ・トッド！　私たちはあなたがイタリアの羊飼いで、地中海の太陽の下で赤ワインを飲み、長く生きたことを覚えている。あなたが言ったことに矛盾はなかった。

土曜日＋日曜日　104日目＋105日目

ワインのカクテル

　ワインとリキュール、ワインとソーダ、ワインとジュースなど、ワインをベースにした特別なカクテルを作って、ゲストを驚かせよう。

　以下は、簡単に作れて印象に残る飲み物だ。次のパーティでぜひ用意してみてほしい。それぞれ準備する材料は2つだけで、分量は同量。フルーツを切ったり、砂糖やフレーバーを足す必要はない。

ミモザ＝発砲ワイン（シャンパーニュ）＋オレンジジュース

ベリーニ＝発砲ワイン（プロセッコ）＋ピーチ・ピューレ

アイスティーニ＝アイスワイン＋ウォッカ

ブラッドバス＝シャンボール（ラズベリー）＋クランベリージュース

バンブス＝赤ワイン＋コーラ

古くなると古い味

　最高のワインは、老年になるまで長く生き続ける。私たちと同じように、優美に老いるとは限らない。ワインの熟成についてなるほどと思わせる、ロマンティックな比喩とシニカルな比喩の2つを紹介しよう。

　ロマンティックな比喩は、ワインをたっぷりと水をたたえたなめらかな湖にたとえる。湖が年月を重ねるにしたがい、水位が下がり、湖の生き物たちはいなくなる。ゆっくりと、しかし確実に。最後には岩が見え、若い頃は水が隠していた湖底の形が見える。ワインという湖は、年を経ることにより、若い頃よりもより深く、自分自身や手触りやなりたちへの理解を表すようになる。

　シニカルな比喩は、ワインを骸骨にたとえる。ずっと昔に亡くなった人の骸骨で、肉はそげ落ち、その人の白骨の影しか残っていない。

　ワインを愛する人は、骸骨に残ったものをすすり、かつてのワインの姿を思って感嘆する。それ以外の人はワインというモンスターの死骸を眺めて「ああ、実はこんなに小さくてデリケートな頭だったんだ」と、懐かしそうに言う。

　古すぎるワインはスリリングだが、感傷的な気持ちにさせる（たとえば生まれた年のワインなど）。古くなるにしたがって良くなるワインは少ない。収穫年の特徴はもはや意味を失う。ワインが好きな人の大半は、収穫年にかかわらず、人気の高いワインを買って飲む。時々、倉庫に見捨てられたワインの埃をはらって、面白いワインを探すとき、収穫年の情報は便利だ。しかしほとんどの人は、フレッシュで将来性のあるワインを好む。

シャンパーニュのボトル

火曜日　107日目

ドイツの次世代のリースリング

　私はドイツのリースリングを褒め称えるつもりであり、甘過ぎるというイメージの悪さを指摘するつもりはない。甘口のワインは、安いワインだとまちがって分類されることが多い。甘くて美味しいワインが美味しすぎると疑われることがある。まるで良質なワインはいくらか甘くないものだというように。それはフェアではない。

　ドイツのワイン生産者は徹底的にリースリング種に取り組み、基本的に同じブドウから、まったく異なるワインを作るという、驚くべき仕事をした。これはドイツ人の才能である。彼らはショイレーベ、ゲヴュルツトラミネール、ヒュクセルレーベなど、他のブドウも育てている。それらはリースリングと同じ白ワイン用のブドウだが、まったく違う特徴を備えている。

> **おすすめのワイン：次世代のリースリング**
>
> **ヴァイングート・グスラー・ヴァインハイマー・ホーレ**（Weingut Gysler Weinheimer Holle）
> **シルヴァーナ・ハルプトロッケン**（Silvaner Halbtrocken）、ドイツ
>
> シルヴァーナ（森の名前に由来する）は、素朴で、ジューシーな白ブドウの中にやや土の匂いを感じさせる。高価ではなくチーズやポークソーセージに合う。
>
> **マハマー・ベヒトハイマー・シュタイン**（Machmer Bechtheimer Stein）
> **ゲヴュルツトラミネール・シュペトレーゼ**（Gewürztraminer Spätlese）、ドイツ
>
> グアヴァとローズウォーターの香りを持つ素晴らしく濃厚なワイン。スモークした魚料理に最高に合う。
>
> **ヴァイングート・ヴィットマン ショイレーベ・トロッケン**（Weingut Wittmann Scheurebe Trocken）、ドイツ
>
> ゲオルグ・ショイ博士が、温室でショイレーベ種を作り出した。花やハーブを思わせる素晴らしい白ワイン。
>
> **ヴァイングート・クルト・ダーティング フォースター・シュネップフェンフルーク・フクセルレーベ・アウスレーゼ**（Weingut Kurt Darting Forster Schnepfenflug Huxelrebe Auslese）、ドイツ
>
> この名前を全部大きな声で言わなくてはならないのか、と心配しないでよい。「ヴァイングート・クルト・ダーティング」はワイナリー、「フォースター・シュネップフェンフルーク」はワインの種類、「フクセルレーベ・アウスレーゼ」はブドウの品種である。ブドウの品種フクセルレーベだけ覚えておいて、値段が手頃でソーテルヌに似たこのデザートワインを楽しもう。

水曜日　108日目

Recipe: 魚のオーブン焼き、ブイヤベースソース

　ブイヤベースはマルセイユで生まれたシーフードの煮込み料理である。このレシピは、シモーネ・ベックの『Simca's Cuisine』のレシピを参考にした。私が気に入っているのは、ブイヤベースの手間のかかる部分を簡単にし、風味を凝縮してソースに仕立てたところである。

　これに相対するワインは、同じ出身でしかもユニークなものがよい。たとえば赤ワインのようにコクがありながらも、白ワインのようにキリリとした爽やかさを残す、南フランスの有名なロゼワインがよい。

材料(6人分)

オリーブオイル	大さじ2
大きめのタマネギ	2つ(さいの目に切る)
大きめのリーキ	1本
	(小口切り) *なければ長ネギで代用
トマト水煮缶	1缶(820g)
ニンニク	3片(つぶす)
チキンスープまたは野菜スープ	480㎖
辛口の白ワイン	480㎖
タバスコ	大さじ2 (お好みで加減する)
ブーケガルニ	1つ
	(ローリエ、タイム、パセリなどのハーブをヒモで結ぶかガーゼの袋に入れたもの)
オヒョウ、ヒラメ、タラなど白身の魚	1.4kg
塩	小さじ1/2
黒コショウ	小さじ1

作り方

1. オリーブオイルを、大きめのスキレット(鋳鉄製の厚いフライパン)で熱し、タマネギ、リーキを加えてしんなりするまで15分ほどゆっくり炒める。

2. トマトとニンニクを加えて煮立たせ、時々混ぜながらさらに15分煮る。

3. 2をフードプロセッサーかミキサーに入れてピューレ状にして、スキレットに戻す。スープ、ワイン、タバスコ、ブーケガルニを加えて35-45分、とろりとしたソース状になるまで煮る。

4. オーブンを190℃に予熱する。魚に塩コショウをふる。3のブイヤベースソースの半量を、浅いオーブン皿(直火OKなもの)にそそぎ、魚の切り身を並べ、残りのソースをかける。

5. 4をコンロの火にかけてグツグツといったら、予熱したオーブンに入れて15-20分、魚に火が通るまで焼く。バターライス、リゾット、オルゾ(米の形の小さなパスタ)などを添える。

**この料理に合うワイン：
ドメーヌ・デュ・プジョルロゼ**
(Domaine du Poujol Rosé)
フランス

フランスの地中海沿岸のラングドックの丘陵地で作られたこのワインは、とても濃密でルビーのような色をしているため、とても明るい赤ワインか、最高に色の濃いロゼの、どちらだろうと思われるかもしれない。粘性があり、舌の上ではオイルのように感じられる。濃厚な魚とソースの料理にぴったり合う。

木曜日　109日目

南スペイン、イエクラ

ヨーロッパの地図を見ると、フランスの南部とスペインの南東部が、1つの大きな弧を描いて地中海に面しているのが分かるだろう。政治的、地理的な境目はあるが、この弧に沿ったワイン文化は比較的つながりがある。

南仏で作られる美味しいグルナッシュやムールヴェドルといったブドウは、それぞれガルナッチャとモナストレルと名前は変わって、スペインでもよく育っている。戦後数十年続いた悪政のおかげで、スペインワインの国際取引は21世紀になっても弱かった。しかし世界は今、素晴らしいスペイン産の白と赤のワインが、リオハ以外の産地からも登場するのを目のあたりにしている。ヴァルデペーニャス（Valdepeñas）、フミージャ（Jumilla）、イエクラ（Yecla）といった優れたワイン産地は、いつか誰もが知るところになるだろう。

モナストレル（ムールヴェドル）は、イエクラの主なブドウであるが、この地域は新たにカベルネ・ソーヴィニヨンとシラーを栽培してブレンドすることに力を注いでいる。もっともコクがあり香りが強いこれら3つの赤ワイン用のブドウをブレンドすると、それぞれの良さが生きてくる。モナストレルの明るくて果実味にあふれた味、シラーのスモーキーでローストした肉のような風味、カベルネの大いなるタンニンが、まるで建築物のように味を組み立てる。

余談だが、車でしか行けない辺境の町イエクラの、ワイン生産以外のもう1つの主要産業は、家具作りである。

金曜日　110日目

ウォルター・クロア

禁酒家の息子、ウォルター・クロアは、「ワシントン州ワイン産業の父（Father of the Washington State Wine Industry）」という、ワシントン議会が正式に与えた肩書を持つ、情熱的な園芸家、ワイン研究家、研究者である。クロア（1911-2003）がワシントンに移り住んだのは1934年、現在のワシントン州立大学（WSU）の500ドルの奨学金を手に入れて、プロサーにあるWSU灌漑農業研究普及センターの4番目の職員として配属された時のことだ。彼はそれから40年、優れたヨーロッパのブドウを育て、ワシントン州の人々にこの土地の土壌が優れたワイン用ブドウ「ヴィニフェラ種」を育てるのに適していることを証明することに情熱を燃やした。

クロアは、どのブドウがどこでもっともよく育つかを検証した。そして、どうすればワシントンでブドウの栽培を成功させることができるか、綿密な研究を行った。

それについては彼がWSUを退職後、1976年に出版した『Ten Years of Grape Variety Responses and Wine-Making Trials in Central Washington（ワシントン中部におけるブドウの品種の反応とワイン生産の試みの10年）』という本にまとめられている。彼はロン・アーバイとの共著『The Wine Project: Washington State's Winemaking History（ワイン・プロジェクト：ワシントン州のワイン生産の歴史）』も刊行している。

クロアのおかげで、ワシントン州のワイン文化は飛躍的に成長し、現在は米国第2位の規模を誇る上質なワイン生産国として、約2万人の雇用を支えている。クロアはワイン業界のコンサルタントとして、シャトー・サンミッシェル・ヴィンヤーズなど、有名なワイナリーのために働き、ワシントンにおけるワイン文化の促進をライフワークとした。

ワシントンのプロサーでは、クロアを讃えて「ウォルター・クロア・ワイン・アンド・キュリナリー・センター」という名称の施設が計画されている。ここではワシントン州のワイン文化、ワイン醸造学、料理などが紹介される予定だ。

土曜日+日曜日　111日目+112日目

都会のワイナリーを探訪する

ワイナリーを経験するのに田舎まで車を走らせる必要はない。

古い倉庫や現代的な小売店の店先に場所を確保しているのが、都会のワイナリーである。都市生活者が本物のワイン作りにふれやすいこのワイナリーは、最近増える傾向にある。ブドウ畑のツアーにでかけなくても、起伏の激しい田舎の道への旅行に出なくても、ワインを試飲し、発酵タンクを見て、生産工程を学び、時には自分のワインを作って瓶詰めすることができるのだ。

基本的に都会のワイナリーにはブドウ畑以外のすべてが揃っている。彼らはブドウ畑やブドウを販売する商業的なワイナリーと提携している。都会のワイナリーが丁寧に発送されたブドウを受け取ると、自分たちで圧搾し、発酵させ、樽に入れ、瓶詰めし、保管する。

都会のワイナリーは試飲会やツアーを開催し、独自に選んだ品種を瓶詰めし、時には近くのレストランに販売する。文字通り近接しているため、都市という立地はレストランのワイン責任者との関係を築くのに有利なことがある。また都市のワイナリーの中には、指導者が熱心なワインファンにワインの作り方を教える研修施設として機能しているところもある。そこではブドウを加工し、ワインに変える。そして多くの場合、数本あるいは数ケースの瓶に詰めて、自分のラベルを貼る。（贈り物にすれば素敵だろう！）

月曜日　113日目

メッセージを伝えるコルク

コルクがゆっくりと、しかし確実に、ワインのボトルから姿を消そうとしており、かすかなノスタルジアがただよっている。ニュージーランドではコルクで栓をしているワインはたった5％、オーストラリアのワインもそれほど変わらない。コルクは、私たちの多くがほとんど忘れかけているワインへの憧れの対象の1つだ。だれかが（スクリューキャップの）ワインをねじって開けると、人々はお互いに気まずそうに顔を見合わせる。まるで「これなの？」と言うように。そして短い間に、全員が大事なものがはっきりと失われたことを感じる。特に、コルク栓を抜く儀式の、動作や音の効果がないことを。もっと具体的には、私たちは記念の品を失う。レストランを出るときに握りしめている、今日飲んだワインの記念と、そこに書いてある事を。

私たちはコルクが伝統的なものだと思いがちだが、ワインの8000年の歴史において、コルクは比較的最近登場したものである。産業革命で瓶を大量生産できるようになるまで、ワインを瓶詰めすることも、コルクで栓をすることもなかった。ボトルとコルクが広まったのは1800年代初頭のことである。

コルクは、消費者がワインを飲む前に、ワイナリーがその消費者と交流する最後のチャンスだ。多くのコルク（特に合成樹脂コルク）は、もともとは何も書かれていない白紙のキャンバスだったが、収穫年とワイナリーの名前と有名なワイン産地が印されるようになった。ウェブサイトのアドレス、無料問い合わせ先の番号、売り込みのメッセージ、出所などを、細かく記載するコルクもある。「チョコレートのような味」と味の解説が書かれていることもある。

ほとんどのワイナリーは、ラベルが水にぬれてはがれたり読みにくくなった時に備えて、コルクに消費者に必要な情報をのせることにこだわる。コルクが無くなれば、その情報を確かに消費者に伝えることが、より難しくなるだろう。

火曜日　114日目

マルベック

知らない、愛していない、評価していない、無視している。マルベックというフランス西部産の赤ワイン用のブドウに対する、ほとんどのワイン生産者の態度をまとめると、この4つの言葉におさまる。しかしこの20年あまりの間に、このたくましいブドウは、究極の移民サクセスストーリーを歩んできた。本国のヨーロッパでは存在価値や関心が薄れるなか、南米で頭角を現したのだ。現在、マルベックはアルゼンチンに（比率は低いがチリも）、新しいすみかを見出し、ゆっくりと確実に、それにふさわしい愛情を得つつある。そして市場に風穴を開けようとしている。

旧世界でこのブドウが衰退したのは、その名前に原因がある。フランスではマルベックに実に多くの名前があるが、ほとんど何の意味も持たない。『Oxford Companion to Wine』はこのブドウに対して400近い同意語をあげており（コット [cot] がもっとも一般的である）、かつてこのブドウがどれほど広範囲に存在していたかを示している。

しかし有名なカベルネ・ソーヴィニヨンやメルローと並んで栽培されるマルベックにはチャンスがない。最近、ボルドーの赤ワインに少量がブレンドされるようになり、ボルドーの南の地域であるカオールで栽培されている。マルベックの本当の将来は、地球を半周した場所、アルゼンチンにある。

南米でマルベックはそれまでと違って、完全に熟すことができる。深く濃い、ほとんどインクのような色になり、熟れたプラムやベリーの風味をたたえる。タンニンは豊富だが、ビロードのようにまろやかだ。

現在1万haを超える畑で栽培されているが、そのほとんどが新しく最近植えられたブドウで、ようやく成人に達する年齢だ。新世界のマルベックは、カリフォルニアのメルローを思い起こさせる。果実味が強く、味わいがしっかりとしていて、樽発酵とオーク熟成の影響を素直に受け、飲む人に本物の味と感じさせるほど十分なタンニンを含んでいるが、なめらかで飲みやすい。南米のマルベックの骨組みは、そのスタイルにおいてボルドーに似ているが、土の匂いや枯れ葉の風味ではなく、チョコレートとラズベリーの風味が強く感じられる。

皮肉なことに、アルゼンチン人は1980年代にヴァイン・プル・プログラム（ブドウ畑を減らしてブドウの市場価格の下落を予防する）に着手し、マルベックの栽培をやめたため、その畑は4000haしか残らなかった。アルゼンチンがこのプログラムを終えたちょうどその頃、南米のワイン輸出が成長。マルベックの潜在価値に光があたった。ワイン生産者は引き抜いたマルベックのすべての畑を懐かしみつつ、まだ若いブドウの苗を植えた。

水曜日　115日目

チーズ、プリーズ

ワインはブドウの収穫から得られる素晴らしい産物だ。ブドウ畑は1エーカーあたり何トンものブドウを簡単に産出する。冷蔵庫がなかった時代、ワイン作りはあっというまに腐ってしまう果物の山を保存するための手段だった。チーズも同じように乳を保存し、美味しくする作用がある。そう考えると、この2つの相性がとても良いのも驚くことではない。どちらも何千年もの間、さまざまな点で同じニーズに応えてきた。

チーズに関しては、フランスは議論の余地なく世界のリーダーである。正確な数の見積りは定まらないが、フランス政府は少なくても400種類のフランスチーズを認定している。おそらく同じ数の未認定チーズが存在するだろう。それらをすべて整頓するのは不可能だ。

スペクトルの各ポジションにあるチーズをあげてみよう。

リコッタ・フレスカ：すべてのチーズの中でもっとも軽いと言ってよいだろう。農家製のチーズは密度が濃く、風味が強い。乳清（ホエイ）という液体を加熱、冷却して作る（リコッタとは「もう一度加熱する」の意味）。

シェーブル：シェーブルチーズとは「山羊の乳で作ったチーズ」という意味だ。山羊乳チーズは野生味がある。山羊乳のハーブの風味がチーズにピリリとした味わいを生み、ワインの果実味と美しいコントラストをなす。

フージェル：この名前は、チーズの表面に飾られた地元のシダに由来する。フージェルはブリーの仲間で、柔らかく、濃厚で、白ワインと合わせると美味しい。コクのある赤ワインにも負けない。

パルメジャーノ・レッジャーノ：この名前は、発祥の地のパルマにちなんでいる。時間がたつにつれてアミノ酸の結晶ができて、トレードマークのじゃりじゃりとした歯ごたえが生まれる。

フルム・ダンベール：フランスでもっとも古くから作られ続けているチーズ。2000年以上前に、古代ローマ人が伝えた。青カビがしっかりとはえたチーズだが、驚くほどマイルドでバターのようである。

> チーズの世界を視覚化するために、ワインの色のスペクトルとまったく同じ、スペクトルを想像する。左端はリコッタ、それから軽くてフレーキーな山羊乳チーズが続く。クリーミーなブリーは中央。パルメジャーノ・レッジャーノやブルーチーズは右に。チーズのスペクトルをワインのスペクトルに重ねた時、隣合わせに並んでいるワインとチーズは相性が良い。

木曜日　116日目

オーストラリアのワイン

　オーストラリアのワインは、長い歴史のあるヴィクトリアやニュー・サウス・ウェールズのブドウ畑から、タスマニアの寒冷気候のもとで栽培される新しいブドウ畑まで、オーストラリア人が好んでいうように、「ブリリアント(brilliant)」である。頭脳が明晰だとか、才気あふれる、という意味のブリリアントではない。宝石や光り輝く絵画のようにブリリアント（素晴らしい）ということなのだ。

　熟成度、果実味、さまざまな個性の度合いが素晴らしく、積極的な開拓者スタイルの製法が、この大陸のブドウを個性的にしている。開拓者スタイルはその名の通り、ワイン生産者や世界のトレンドではなく、自分の個性を素直に出したワインを意味する。

　例えば、カリフォルニアのワイン生産者は、力強いものから繊細なものまで、ジンファンデルの個々のスタイルを明確に打ち出そうと懸命である。しかし匹敵するオーストラリアのワインは飼いならされることをこばむ。複数のオーストラリアのワイン生産者は、異口同音に、シラーズを何らかの形で操作しようとすることに意味はないと言う。それよりも、旬の時期にブドウを摘み、木の樽で少し寝かせて、出荷するほうが良い。ワイン生産者らは、コクのあるワインがほぼ自力でできあがっていく力に満足している。

　オーストラリアワインを、繊細だとか気品があるとか評した人はいないだろう。白ワインはがっしりとして濃厚でまろやか、果実味とみずみずしさにあふれる。赤ワインは力強い直球型、アルコール度数が高く、タンニンが多く、色が濃い。何よりも良い点は、オーストラリアワインは初心者にも、長くワインを飲んでいる人にも、同じように受け入れられることだ。オーストラリア大陸は、面白いスタイルと風味のワインが豊富である。私が知る最近のワイン生産量は上位10カ国中9位で、ポルトガルやチリの先を行く。

金曜日　117日目

ディディエ・ダグノー

　ワインを熱狂的に愛する、完璧主義者、ディディエ・ダグノー（Didier Dagueneau）は、フランス、サン＝タンドランのロワール渓谷にあるブドウ畑を緻密に管理するマネージャーだった。この土地はさまざまなものを生みだす場所だが、もっとも有名なのは、きりりと爽やかな白ワインだ。ソーヴィニヨン・ブランを使い、スモーキーな風味とミネラル分を特徴とするピュイイ＝フュメの、まちがいなく最高の生産者であるダグノーは、リスクを恐れない献身的なワイン醸造業者だった。彼を国際的な著名人にしたのは、ワイン作りの芸術と科学における強い実行力と手法が評価されたからだ。彼はあけすけに隣人の過剰生産を批判し、ピュイイ＝フュメやブドウの完全性を守るためにたゆまぬ努力を続けていることをメディアに示し、ジャーナリストを彼の地所のツアーに連れていった。彼は余分な枝を払い、つぼみを摘み、葉を摘み、房をまびき、産出量を低く抑えて、生産条件を徹底的に管理した。

　ダグノーは、大衆を喜ばせることや、ルールに従うことよりも、最上のワインの生産に興味があった。彼はビオディナミ（バイオダイナミックス）、つまり究極の有機的農法および加工を提唱しなかった。彼は硫黄を使い、自然酵母発酵を嫌い、ブドウが導く方法にしたがって最高のワインを作ることに注力した。

　ダグノーは小型飛行機の衝突事故により2008年9月に亡くなった。ルイス・ドレスナー・セレクション（フランスワインの輸入会社）のジョー・ドレスナーは、ワイン改革運動者ダグノーについて次のように書いている。

　私たちの多くがディディエから学んだものは、ワインへの完全なる献身である。ディディエがゼロから出発して、国際的な著名人になったのは、自分のブドウ畑への異常なほどの厳密さ、愛情、配慮による。彼は何をするにも激しく極端だったが、なかでもワインに対する途方もない献身さに勝るものはなかった。

自信をもってワインリストを眺める

あなたは上品なレストランで食事をしている。白いテーブルクロス、ろうそくの灯り、壁の灯り、調度品。取り澄ました客が静かに会話を交わしている間、ピアノが演奏される。タキシードを着たソムリエがあなたのテーブルに立ち止まり、ワインリストを渡し、質問に答えようとしている。

ワインリストというより、ワイン「ブック」と言った方がよいかもしれない。ユリシーズを読むほうが、まだ気遅れしないだろう。しかしあなたは如才なく振る舞い、ソムリエに丁寧に礼を言って、リストに目を移す。世界で最初のワイン生産者が初めてブドウを収穫した時から今までに作られた、世界中のすべてのワインが並ぶ出席表のようなものを見つめて、何を注文すべきかを知る手がかりを探すのだ。

恐れてはいけない。あなたに必要なのは、重たいワインリストから自信をもってワインを選び、楽しむための(そして次回、このレストランにゲストを連れてくる時に、そのワインをすすめて心得顔でいかに素晴らしいかを語るための)、いくつかのヒントだ。ワイン・リストは、いくつかある分類方法のどれかに則して構成されている。それぞれの分類方法におけるリストの見方を知ることで、あなたが頭に描いているワインを選びやすくなるだろう。

国別

ワインリストの中には、生産国別に分類しているものがある。エスニックレストランで食事に合うワインを探す時に特に役に立つ。自分の好きなワインの中から生産国を絞って選び、赤か白かを考え、給仕の人におすすめを聞く。これで膨大な量のワインをフィルターにかけることができ、「白ワインがいいのですが」「なるほど……どこの白ワインがいいですか?」といった会話をせずに、より具体的な質問ができる。(この会話が悪いわけではない。給仕からの次の質問に供えることで、より精選してワインを選べるのだ)

品種別

品種別に分類されたワインリストには、メルロー、カベルネ・ソーヴィニヨン、シャルドネ、ソーヴィニヨン・ブランなどが、それぞれまとまって掲載されている。自分が好きなワインのタイプを知っていれば、もっとも興味をひく品種に的を絞り、それ以外はすんなり無視することができる。(そう、ワインリストは恐くないのだ!)そこから食べたいものを考え、食事に合うワインをいくつか提案してもらう。アドバイスを求める前に、まず選択肢を絞り込むことを忘れないように。

ボディ別

進歩的なリストは、ワインをボディ別に分類する。ボディとはワインのコクや濃度などの味わいのことで、ライトボディ、ミディアムボディ、フルボディなどがある。これは消費者に親切な掲載方法で、ワインの生産地、ブドウの品種、あるいは赤ワインか白ワインかさえ分かっていなくてもワインを選ぶことができる。ワインのコクの強さを決めてから、ワインと食事を選択する。通常、脂肪の多い料理ほどフルボディーの(がっしりとしたコクのある)ワインに合う。よく分からない場合は、ワインを選ぶ前に料理のメニューをよく見よう。料理の濃厚さに合わせてワインのボディを選べば、ワインが料理を圧倒したり、料理に打ち消されたりすることはない。

月曜日　120日目

ワイン話に耳を傾ける

　私は言葉が本来持っている柔軟性や拡張性を愛している。自分が何を言いたいかはっきり分かっている限り、「小さいサイズのコーヒーとミルク、砂糖を2つ」という言葉にも――別の言葉に言い換えたり、言葉を組み合わせたりして、違う意味を伝える余地がある。

　この概念の究極が、ワインを表す言葉だ。ワインの試飲をしているときに小耳にはさんだ会話を書き残せば、それ自体が完璧な告発となる。

　ワインをめぐる話を、人の会話を聞いているに違いない犬と同じように聞いてみよう。つまり言葉そのものにあまり気を取られず、全体を包む感情に耳を傾ける。たとえば、3人が「激しい」と言う言葉を使ってワインを表現していても、幸せそうな表情は「気に入った」という意味で、しかめっ面は「嫌いだ」という意味で、3番目の人はその中間を意味している。

　会話を続けなくては、その真相を知ることはない。

ワインリストの前のシャトー・ディケムのボトル

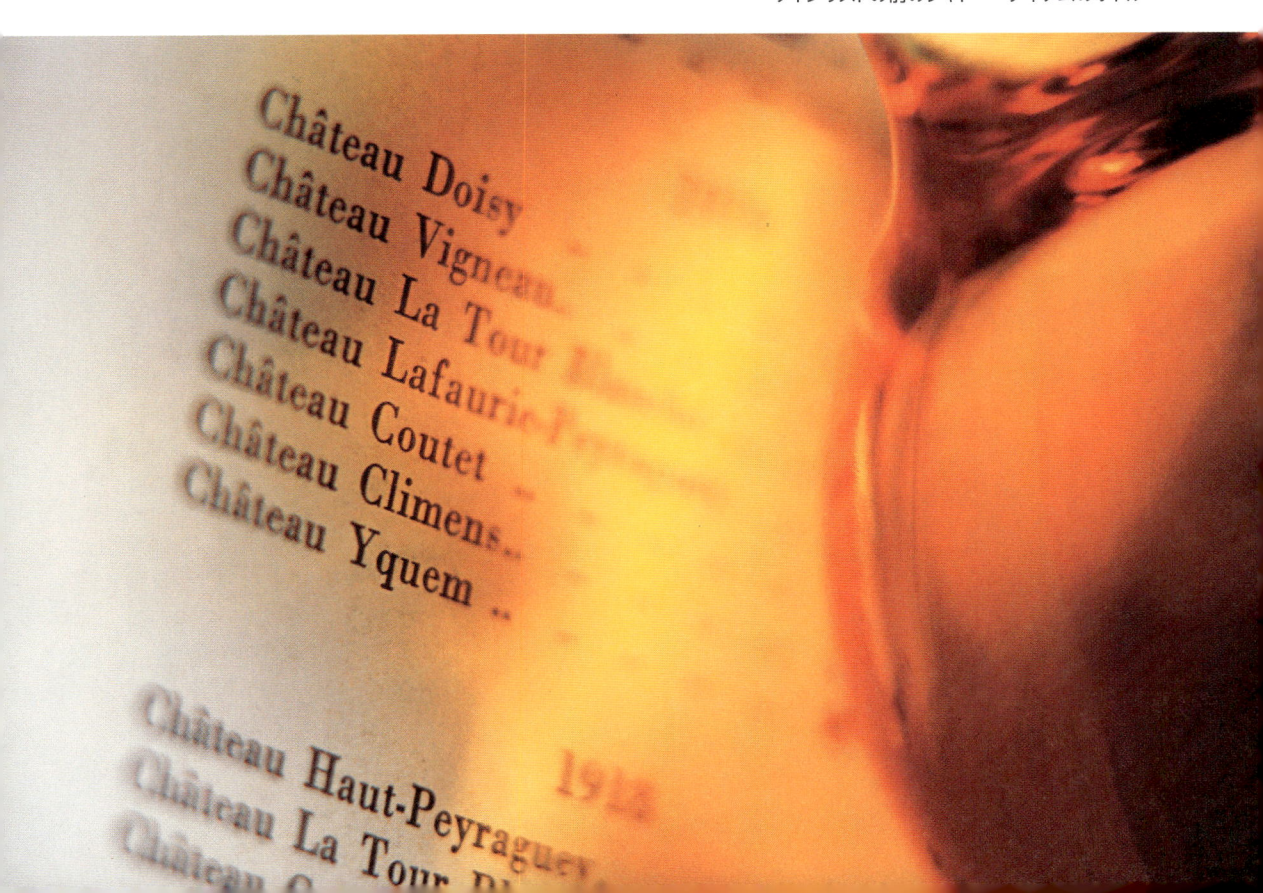

火曜日　121日目

🍇 グリューナー・フェルトリーナー

グリューナー・フェルトリーナー（Grüner Veltliner）は、オーストリアの信頼できるブドウの品種である。ウィーンの北のドナウ川に沿った、低地オーストリアを中心とするブドウ畑では、その約40%がこの品種を栽培している。常に収穫量が多く、さまざまなタイプの土壌に適応する品種であるため、オーストリアではすすんで栽培されており、オーストリア人はそのワインを大いに飲む。

最近、ワイン生産者らがオーストリアワインのレベルを上げ続けるために、試しに収穫量を少なくして熟成度を高めた結果、力強く、凝縮した味わいのワインができ、エキゾチックなトロピカルフルーツ、白コショウ、レンズ豆、そしてミネラルたっぷりの土で育った野菜のような魅力的な香りにより、さらに美味しさが増すことを発見した。

グリューナー・フェルトリーナーは、栽培された土壌に含まれる成分によって、カメレオンのように変化する。それはリースリングに似た性質だ。どちらも爽やかで純粋な風味を持つ。岩が多い土壌で栽培されたグリューナー種は力強く、熟成が進むと、岩の風味を感じる。砂壌土や黄土を含む土壌で栽培されると、エレガントに熟成し、時間がたつにつれてより洗練されるワインになる。

総じてグリューナー・フェルトリーナーはフルボディで、辛口、アルコール度数は14%以下でミネラルを含む。親愛なる読者のみなさん（そしてワインを飲んでいる人）、これが意味するところは、グリューナー・フェルトリーナーがどんな食事にも合うということだ。実際にオーストリアの人々はいつも、このワインを食事の時に飲んでいる。

収穫されたグリューナー・フェルトリーナー
（オーストリア、ニーダーエスターライヒ、ウンターロイベン）

水曜日　122日目

Recipe: プロシュートとパイナップル

　メロンの上にプロシュートを乗せて、ピノ・グリージョの隣に添えたものは、定番のメニューだ。このレシピの特徴は、パイナップルというトロピカルな柑橘系果物とプロシュートの濃厚な味のコントラストである。

材料（6人分）

パイナップル	1個（皮と芯を取っておく）
パルマ産プロシュート	12枚
エキストラバージンオリーブオイル	適量
海塩	適量

作り方

1. 皮と芯を取ったパイナップルをタテ半分に切り、それぞれタテに6個に切り分ける。皿に2片ずつ並べる。
2. パイナップルの上にプロシュートをのせる。オリーブオイルをふりかけ、海塩をひとつまみかける。

ヒント： 作る前に皿を1時間ほど冷やしておく。プロシュートは室温に戻しておく。前菜として、薄く切ってトーストしたパン（クロスティーニ）を添えると良い。私はこれを北イタリアや南ドイツで作られたスペックというプロシュートに似たハムで作ることもある。どちらも塩漬けしてスモークしたハムである。

この料理に合うワイン：
シャトー・サン・ミッシェルピノ・グリ
（Château Ste. Michelle Pinot Gris）

米国（ワシントン州）

このワシントン州のピノ・グリは、明るくて、キリリとした切れ味や柑橘系の風味と、濃厚で重いと言えるほどの舌ざわりの、バランスが良いワインである。シャルドネからクレーム・ブリュレの特徴を取り出し、なおかつなめらかさを残し、やや粘着性を与えたような味わいである。

木曜日　123日目

グラスの中の土壌

太陽の光が手に入りにくい場所で素晴らしいワインを作るには、特別な種類のブドウの選択と、風化（文字通り「変化の風」）に立ち向かう強い意志が必要だ。

日照の多いヨーロッパ南部や陽気な天候のカリフォルニアは、成熟した果実からワインを作る。高い成熟度はほぼ常に期待できる。彼らは恵まれている。太陽の光を通じて、天からワインの風味を与えられていると言っても良い。

ロワール渓谷など、寒冷な北部のワイン産地では、太陽、雨、土壌がより複雑に相互作用して、独特で市場価値のある特徴を持つ風味を生む。サヴァニエールはロワール川が曲がる地点の北岸、アンジェから数マイル、ル・マンから少し車を走らせたあたりにある。この高台にある土地は南に面している。つまり太陽に向かっている。そして何世紀も前から有名な、香り高いワインを生産している。

ここでは、ロワールの中部地方がほとんどそうであるように、白ワイン用のブドウのシュナン・ブランを栽培している。赤ワイン用のブドウは本当にない。シュナン・ブランは寒冷地でも育つ理想的なブドウで、早く完全に成熟する。川の流れがもたらす、複雑な組成の、古い土壌で育ったサヴァニエールのシュナン・ブランは、世界でもっとも繊細で優美で香り高い白ワインの1つだ。

おすすめのワイン

シャトー・ド・シャンブロー・キュヴェ・ダヴァン・サヴァニエール
(Château de Chamboureau Cuvée d'Avant Savennières)、フランス

「キュヴェ・ダヴァン」は「古いスタイル」という意味で、伝統的な性質、構成、バランスに敬意を表した名前だ。主に花、ラベンダー、レモン、オレンジの花の香りがする。

シャトー・スシェリークロ・デ・ペリエール
(Château Soucherie Clos des Perrières)、フランス

「クロ」は「囲まれた」、「ペリエール」は「石」という意味だ。実際に、このワインは石だらけの土地で生産されている。それはこのワインに凝縮され共鳴するミネラルの風味に現れている。

ドメーヌ・オー・モアンヌロシェ・オー・モアンス・サヴァニエール
(Domaine aux Moines Roche aux Moines Savennières)

時々、あまりに香りがすばらしくて、飲むのではなく吸い込みたいと思うワインに出会う。このワインはまさにそれだ。ハーブのような良い香りが強く立ちのぼり、それと同時にスモーキーでスパイシーな風味が感じられる。味もとても良い。

イタリア、ウンブリア州のブドウ畑

金曜日　124日目

デキムス・マグヌス・アウソニウス

　ワイン作りを研究する歴史家は、デキムス・マグヌス・アウソニウス (Decimus Magnus Ausonius) の名前をよく引用する。ローマ帝国時代、310年にボルドーで生まれた人物だ。彼の父親は有名なギリシアの医者で、母親はガリア南西部のガロロマン貴族の子孫だった。当時、弁論（人を説得させるために言語をあやつること）が人気の高い職業で、アウソニウスはその教師として、ボルドーに弁論学校を開いた。

　アウソニウスはやがて最高の称号を与えられ、ヴァレンティニアヌス皇帝の家庭教師という名誉ある仕事を経て、ガリアのブルディガラの自分の住まいに引退した。現在は、青々と茂るボルドーのブドウ畑となっている。土地を含む彼の住まいを現在所有しているのは、シャトー・オーゾンヌと言われている。オーゾンヌという名称は、優れた指導者アウソニウスの詩にちなんでいる。

　17エーカー（約7ha）ほどのブドウ畑の50%はカベルネ・フランで50%はメルローである。小規模なため、収穫にかかる時間は通常、長くても午後の作業2回で終わる。年間生産量は2000ケースあまり。量が少ないにも関わらず、このワイン畑のワインはサン＝テミリオン部門でプルミエ・グラン・クリュ・クラッセAに格付けされているたった2つの銘柄のうちの1つだ（もう1つはシャトー・シュヴァル・ブラン［Château Cheval Blan］）。

　この上質なワインの中には、アウソニウスの伝説が生きている。歴史家は、ボルドーという有名なワイン産地に、大規模なワイン文化が昔からあったことを示す証拠として、彼の文学作品を高く評価する。それにしても古い証拠だ。たとえば、アウソニウスがこの地方のブドウを食べたのは、ローマ帝国の首都がコンスタンチノープルに移ったのと同じ時期なのだから。

土曜日＋日曜日　125日目＋126日目

ホーム・テイスティングを開く

ワインほど他の人と分かち合うのが素晴らしいものはない。テイスティング・パーティを開くことは、友人やワイン好きを集めて、ワインについて知識を深め、いつも飲んでいるワイン以外に視野を広げる1つの方法だ。パーティの準備は色々な方法で進められるが、もちろん必ず必要な準備は、ワインを試したりワインについて語ったりすることに興味がありそうなゲストのリストを作ることだ。

私たちは誰でも、ワインを評価するのが目的のテイスティング・パーティというお題目で、ただ飲んで話すパーティに出席したことがある。それがあなたのイメージするパーティなら、すぐに開くことができる。本物のテイスティング・パーティを開きたいなら、ゲストに30分はテイスティング（吐きだすことも含める）に参加してほしいこと、事前にアルコールを飲まないで欲しいことを頼もう。

本格的なテイスティングの雰囲気を整える方法：

- 評価表を印刷し、メモ用紙と筆記用具を渡す。

- カウンターかダイニングテーブルにワインコーナーを作り、ラベルをはずして番号だけつけたボトルを並べる。ワインは番号で特定し、銘柄はテイスティングの最後に明かす。

- ゲストにワインを持ってきてもらう。来る前にラベルを覆うよう頼んでおく。あるいはワイン店に頼んで、6-8本のワインをラベルが隠れる袋に入れて、キャップを外してもらっておく。

- ワインを生き生きと表現する刺激となるよう、ワイン・アロマ・ホイールを渡す（243日目を参照）。

- ゲストにワインを少しずつそそぐ役目は交替で行う。すべてのワインを1本ずつ順番に。

- スピット（吐きだす）ための容器を配る。このパーティはテイスティングが目的で飲むことが目的ではない（飲むのは後にする）。

- テイスティングが終わるまで、アペタイザーにラップをしておく。食べものはワインの味を変えるし、少なくとも今はワインを飲まないので必要ない。

パーティでブラインド・テイスティングをすると、用意しておいたサプライズ・ワイン以外についても、必ず興味深い結果が出る。ラベルを見ないで、あるいはワインの評判を知らないで味わうと、完全に心を開いてワインに近づくことができる。たとえば、手頃な白ワインが、豪華なラベルがついた贅沢なワインよりも美味しいことを発見するかもしれない。本格的なブラインド・テイスティングの条件を揃えたい場合は、不透明なグラスを使い、色が分からないように注ぎ、全員にワインをみないですすり、吐き出すように言う。赤ワインを白ワインと間違えることさえあるかもしれない。

真剣なテイスティング・タイムの後は、ワインや食事との組み合わせを楽しんでもらおう。このパーティで、誰もが何か新しいことを学ぶことを私は保証する。

パーティの準備

必要なもの：

- 大量のワイングラス。ゲスト1人あたり2、3個（レンタルを検討してもよいだろう）
- ワイン数本
- アロマ・ホイール
- 人数分の評価用紙
- ゲストがコメントや感想を書くノートやメモ帳1冊
- ワインを吐きだすための容器1つか2つ（大きめのボウルで良い）
- テイスティングの後のための、チーズプレートなどワインに合うつまみ

TONIGHT'S REDS

SIGHT
0-2 Pts.

AROMA

TASTE

月曜日　127日目

コルクの調査

　ワシントン州のホーグ・セラーズが、4年の熟成期間中に調査を行い、スクリューキャップがコルクや合成樹脂コルクより優れた性能があることを確認した。

　ホーグ・セラーズのテイスター委員会は、いくつかの興味深い傾向があることを発見した。まず第一に、合成樹脂コルクで栓をされたワインは、必ず酸化した味がした。言い換えると、栓をした後に空気がワインの中に入りこんでいたことになる。合成樹脂コルクは、天然コルクのように、あるいは天然コルクよりひどく、空気が入りこむ。第2に、赤ワインも白ワインも、スクリューキャップで栓をしたものが果実味が保たれ、変化が少なく、比較的フレッシュだった。それに加えて、コルクド・ワインが出なかった（つまりTCA〈トリクロロアニゾール〉に汚染されなかった）。

　この調査の翌年、ホーグ・セラーズは生産量の70%のボトルをスクリューキャップにすることを計画した。自分たちの調査結果を全面的に信用しただけでなく、今後の市場傾向を示す指標にも従った結果だ。コルクは趣があり、300年の伝統を誇るが、コルクド・ワインの奇妙な味は、ワイン好きをうんざりさせる。

火曜日　128日目

アイスワイン

　アイスワインは、ワインの世界のとてもエキゾチックな喜びの1つだ。あまりに斬新で極端なため、もはやワインと思えないその味は、上質なはちみつ、別の言葉で言えば、神々の食物の甘いネクターを思わせる。

　アイスワイン用のブドウは、他のブドウの収穫がすっかり終わった後もそのまま残されて、最初の厳しい吹雪が来るのを待つ。それは通常、北半球なら11月の終わりか12月の初め、南半球では5月か6月だ。その後に、凍ったブドウを摘み取る。

　言ってみれば、究極の遅摘ワインだ。ブドウが解けるとつぶれてしまうので、ワイン生産者は夜中に収穫を行うことが多い。

　太陽が昇ってブドウが温まってしまうと遅すぎる。あるドイツのワイン生産者は、毎年アイスワインを作っているが、目覚まし時計が鳴らなくて寝過ごした1996年は作れなかったと話す。

　アイスワインのブドウは通常より1ヵ月くらい長くブドウの木にとどまるため、あられ、鳥、カビ、がさつなトラクターの運転手などなど、ブドウ畑におけるリスクの影響を加速度的に受けやすくなる。リスクが高く、手間がかかり、生産量が少ない。しかし通常はその価値がある。アイスワインはとびきり高価だが、ワイン好きなら誰でも、できれば手に入れたいものである。

水曜日　129日目

ワインとチョコレートの日

　熱心なワイン愛好家なら誰でも、たまには別の食の楽しみを開拓する必要がある。人はワインだけでは生きていけない。あなたの家族、友人、恋人は、終わることのないワイン話から時には解放される必要がある。それに、慣れ親しんだものではなく新しいものを口にすると、グルメ初心者の気分になれる。そこで、チョコレート・テイスティング・クラスへの参加を考えてみよう。

　最初のうちは、言うまでもなく美味しいチョコレートに夢中になり、自分が俗物になった気分になるだろう。どんなに美味しかろうと、専門家はその味を知りつくしている。まもなくあなたは、昔CDのライナーノーツを読んでいた人のように、チョコレートのラベルを読む。あなたは様々な成分のうち、カカオの比率の高いものが欲しいと思うだろう。テロワール、微気候、品種について話すうちにすっかりなじんで、時間はあっというまに過ぎ去っていく。

　ワインと同じように、高級なチョコレートの市場は拡大し、風味の複雑さが重要視されるようになった。それとともに、消費者が混乱することも増えた。ワインの世界の複雑さについても言えることだが、その混乱をとく方法は、表と裏のラベルを読むことにある。

　ボストンのテンパー・チョコレート（Temper Chocolates）のオーナー、キャロライン・イェは、チョコレート教室を開いている。最初はトスカーノ・ブラウン、トスカーノ・ブラック、マダガスカル、トリニダード、そして多くの人が追い求めるチュアオの古木を紹介する。トスカーノの2種類のチョコレートは、どちらもブレンドされたチョコレートだ。ワイン生産者がワインをブレンドするのと同じように、違う風味のバランスを楽しむのと、収穫物の質を均一にするのがその目的である。

　ワインとチョコレートはとても合う。一方について学んだことは、もう一方にもあてはまる。たとえばカカオの場合、ワイン愛好家の舌をもって味わい、同じ基準を用いて、ワインに似た特徴を探すとよい。

- **舌ざわり**：なめらかか、ざらつきがあるか？　オイル、バター、クリームのどれかを感じるか？　口に入れたときの感想は？

- **後口、余韻**：風味がすぐに消えた？　長く残った？　どのくらい長く口に残った？

- **複雑さ**：何の風味があるか？　1つそれともたくさん？　どう組み合わさっている？

　チョコレートの目利きになることは、リーズナブルな予算で楽しめる、豊かな娯楽だ。そしてあなたの美食家としての履歴書に1つ項目が増える。

木曜日　130日目

メルローの故郷、サン＝テミリオン

　フランス南西部、ボルドー地方を流れるドルドーニュ川に右岸に位置する、サン＝テミリオンの急な斜面と、分厚い石灰岩の地層は、メルローの栽培に適している。サン＝テミリオンがメルローを受け入れる理由には、タイミングも大いに関係がある。この地域は近隣より早く霜が降りるが、メルローはカベルネ・ソーヴィニヨンより早く成熟するのだ。

　サン＝テミリオンを訪れると、この町が何世紀も前から存在していたことを示す建物がそこらじゅうにあり、時代をさかのぼったような気持ちになる。町の名前はベネディクト修道士エミリオにちなんでいる。彼は18世紀に隠者として暮らすためにここに来た。しかし町の人に与えた影響は彼の名を町の名に冠するほどだった。サン＝テミリオンは、当初は宗教の中心地だったが、やがて商業の中心地となった。またヨーロッパで最大の一枚岩からできた教会がある。これは修道士たちが300年かけて1枚の巨大な石灰岩を彫って作った建築物である。

　この町を守るために多くの努力がなされた。13世紀から16世紀には、戦争がサン＝テミリオンに及ばないよう、周囲は壁で取り囲まれ、掘がめぐらされ、門が建てられ、王の塔が建てられた。しかしどれも役に立たなかった。町は略奪を受け、1789年のフランス革命の間に見捨てられた。100年もの間、ここは事実上空っぽの場所だった。

　しかし機を見たワイン生産者が、ボルドーにおけるサン＝テミリオンの恵まれた立地に目をつけた。するとワイン業者が集まり始めた。住民は町を再興し始めた。そして現在は、周囲の田園地帯に1200を超えるシャトーが集まる観光地になった。メルローの理想的な安息の地であるゴツゴツとした石灰岩の土地のすぐそばに、評価がもっとも高い13のシャトーのうちの11がある。

街壁の近くにあるブドウ畑
（フランス、アキテーヌ、ジロンド、サン＝テミリオン）

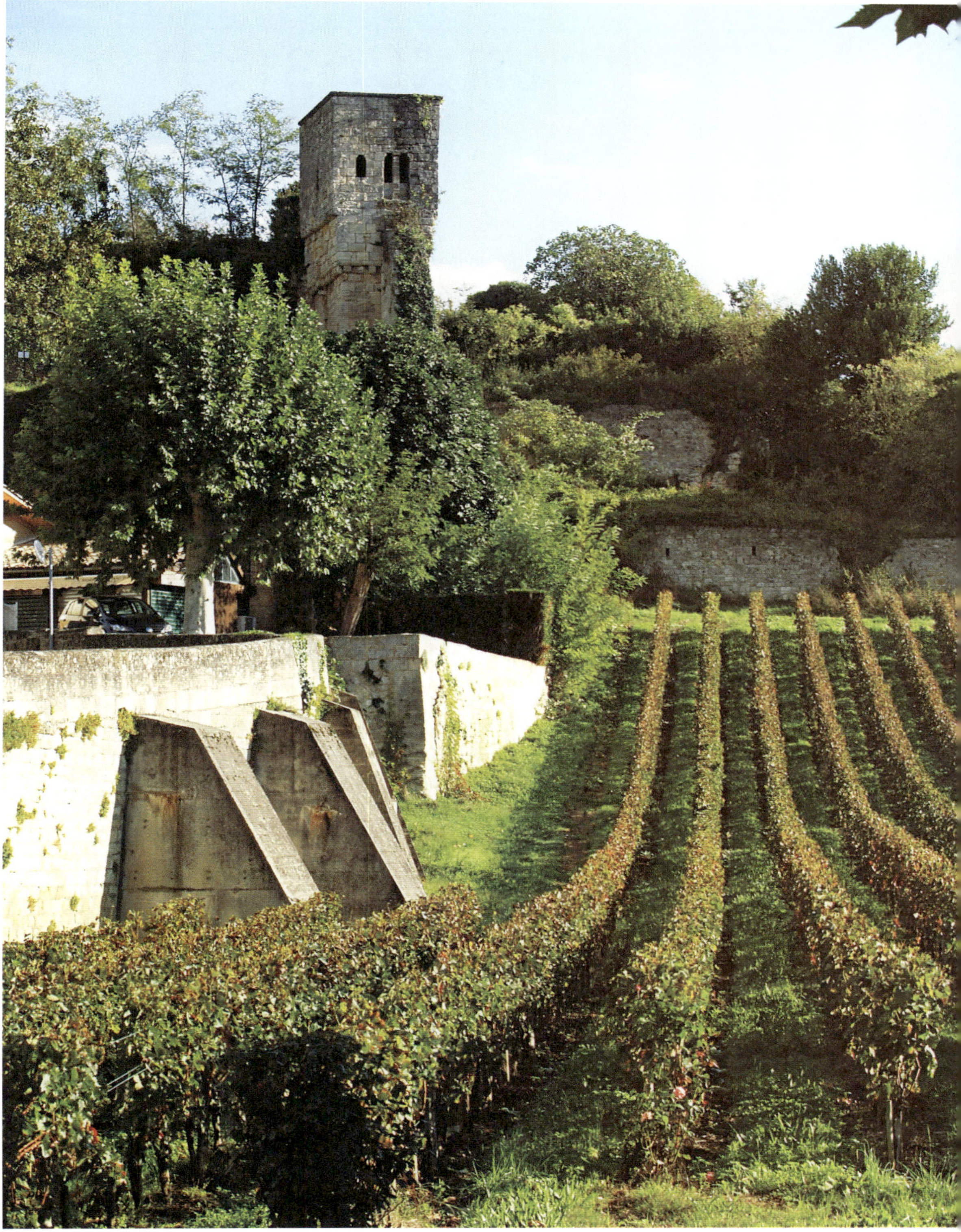

金曜日　131日目

ガロを再興した3代目

　昔から、病気も才能も、隔世遺伝すると言われる。1930年代初期の禁酒法の後、ガロ家のアーネストとジュリオの兄弟が始めたワイナリーは、世界最大のワイナリーの1つに成長する。ガロのブランドは、アメリカにおけるワイン需要と一緒に大きく成長した。

　彼らがワイナリーを始めた当初、ガロは安くて量の多いワインの代名詞となり、安ワインメーカーという評判が固定していた。1970年代以降は、ガロはワイン愛好家のレーダーにも映らなくなった。ガロが1993年に「エステート」というこのワイナリーにしては値段の高いシリーズを出した時、人々はガロがレギュラーボトルに伝統的なラベルを貼るのは不似合いで、お手頃な値段でも払う気になれないと嘲笑した。

　しかしこれは、3代目のワイン生産者ジーナと、ブドウ畑を管理するマットという、ガロ家の才能ある孫の登場による、世代交代の始まりだった。まもなくワインは改善され、ワイナリーはそれを喧伝した。骨太なシャルドネや、力強く、骨格のあるカベルネをガロの名前で生産し始め、ふさわしい売り場に並べられた。

　それと同時に、ガロは自社の名前を使わずに、他の会社が保有するブランドの開発に乗り出した。たとえば、ランチョ・ザバコはエッジのきいたジンファンデル、フライ・ブラザーズは伝統的なカベルネとメルローのブレンド、そしてかつて俳優のフレッド・マクマレーが保有していたマクマレー・ランチは、優れたピノ・ノワールとピノ・グリを作る。これらはすべてガロのワインだが、おそらくあなたはそれを知らなかっただろう。

　このような巨大なワイン会社と小さな生産者の関係は、ワインの世界にとってプラスになる。小規模な生産者のワインを大手が作ると、そのワインは大きな取引の流れに入り込み、大手企業は何百万本のワインの品質を改善できる可能性を得るという事を学べるからだ。実のところ、初代の素晴らしい業績を2代目がつぶしてしまい、その次の世代が事業を見直すことはよくある。ジーナ・ガロの優れたワイン作りと卓越したマーケティングは、ファミリーブランドを見直し、21世紀に照準を再び向けたことが背景にある。

ワイン愛好家に贈る、ワイン以外の贈り物

　ワイン好きな友人の誕生日が近づいている。今日は休日で、何でも持ってるその男性のために買い物に来ている。上司がワイン通だと聞いたが、どのワインを選んだらよいか分からない。そういう時は、ワインを引き立てる物を贈ると良い。実用的だけど特別なものを。最高の贈り物とは、受け取る人が喜ぶものであり、豪華なものではない。（そして最高のプレゼントは必ずしも高額とは限らない。「なんて素晴らしい贈り物だろう？」と思うのは、自分が欲しかった物をもらった時が多いのではないだろうか）

　ワイン好きのための商品は数限りなく存在する。ブドウをテーマにした、トスカーナスタイルの栓抜きなど何か楽しくなるものが格好のプレゼントになる。そういった小物を売る店はたくさんある。同時にガラクタも多い。ワインを愛する人に贈る気のきいた贈り物の例を以下にあげよう。

ボトルのコースター
　テーブルの飾りになるような美しいボトルコースターが良い。厳密にいうと、ワインボトルはテーブルクロスに直接置くべきではない。ゲストにワインを出すときに、上品なコースターを下に敷くのは、適切で魅力的な所作だ。

上質なコルク抜き
　贈る相手がしっかりとしたソムリエナイフを愛用しているなら、ワインを開けるセレモニーに用にコルク抜きを使うのも一つの楽しみになるだろう。ラビット型のものは、2つのハンドルをワインボトルの先端に掛ける。ハンドルはコルクにスクリューをねじこみ、数秒でそれを抜く。

デカンター
　シンプルで洗練されたデカンターは、ディナーテーブルを装い、ワインより良く見せる。ワインに呼吸が必要かどうかに関わらず、デカンターに注いで飲むと、ワンランク上の味わいになる。友人の趣味に合う興味深いデザインのデカンターを探そう。

ドリップ・キャッチャー
　金色か銀色の金属のリングで、内側にフェルトが貼ってあり、どんなワインのボトルの口でもスムーズにすべり入れることができる。その目的は、ワインをそそぐ時に口からたれるしずくを受けとめることだ。これであなたの友人は、しずくが垂れるボトルを拭くためのリネンナプキンを常備する必要はなくなる。

氷を使わない冷却器
　簡単な冷却器があると、パーティの前に準備する必要がない。これは、ワインボトルを数分で完璧な温度に冷やす冷却器である。データベースから冷やしたいワインを選ぶと、機械がソムリエの仕事をしてくれる。

ブドウを使った化粧品
　有益な抗酸化物質を豊富に含むブドウの種から作った、美顔製品が販売されている。

ブドウ粉
　ヴィニフェラはブドウの皮から作った粉末である。これを作ったユニークな食材がたくさんあり、ワインに関係あるものなら全部見てきたという人に興味深い贈り物になるだろう。

定期購買
　毎月ワインを1本選んで送ってくれるクラブの購買権を贈れば、1年に12回も相手にプレゼントができる。ワイン雑誌でも良いだろう。

月曜日　134日目

ワインと数に関する言葉

ワインにまつわる言葉は実にさまざまだ。よく聞く言葉とその簡単な解説を紹介しよう。

「このワインは15年熟成させるとよい」

意味：このワインは今は飲みごろではない。ワインの販売員はよく、寝かせるととても良いワインになると言うが、今週の金曜日か土曜日に飲みたいと思っている人にとって、そんなワインは何の意味もなさない。15年熟成できるワインは、現時点ではおそらく最悪である。

「このワインは、あなたの州、地域、国に、6ケースしか持ち込まれていない」

このワインはかなり高価だという意味だ。本格的なワイン好きは、小さなワイナリーを愛する。小さなワイナリーとは、少量生産で値段が高いワインを作っているワイナリーだ。

制約があると買手は少しあせり、入手が困難なほど手に入れたくなる。

「このワイナリーは1357年にできた」

古いワイン、古いワイナリー、年老いた生産者はすべて、ワイン用語では良い意味を表す。一方、新しいワイナリーの若くて身なりの良いワイン生産者は写真うつりが良い。不思議だ。

「このワインは木の樽で2年間熟成した」

木の樽は古い木なら何でもよいわけではない。通常はスロベニアン・オーク、クリ、場合によっては古いウィスキー用の樽が使われる。この言葉には、ワインを木の樽で熟成させるほど、ワインは美味しくなり、コクが生まれるという暗黙のメッセージがこめられている。

火曜日　135日目

肉とカベルネ

　ヨーロッパ以外のワイン生産者は、カベルネ・ソーヴィニヨン（ボルドーでは伝統的な赤ワイン）またはシャルドネ（ブルゴーニュの白ワイン）のどちらかを生産しなくてはならないと、真剣に考えている。これはかつてフランスのワインが国際的に通用する品質を象徴していた頃から続く先入観だ。ピノ・ブラン、リースリング、ゲヴュルツトラミネールなどの白ワインに特化した生産は、たとえそれがソーヴィニヨン・ブランのような大物ワインでも、ワイナリーを地の果てに追いやるようなものだ。

　典型的な例をあげよう。20年前、カリフォルニアのロサンゼルス近郊のテメクラにある、キャラウェイ・ヴィンヤード・アンド・ワイナリーが、非常にどっしりとしたデザートワイン、素晴らしいリースリング、そして個性的で熟成の若いシャルドネを作った。当時のキャッチコピーは、「White wine: it's all we make」（白ワイン、それだけを作っています）というものだった。それにも関わらずこのワイナリーは現在、赤ワイン、特にカベルネ・ソーヴィニヨンを宣伝している。適者生存、進化が起こったのだ。

　カベルネ系のブドウには大きく2種類ある。1つはフランスの北部で栽培されるカベルネ・フラン、もう1つは南西部で栽培される、より有名なカベルネ・ソーヴィニヨンである。この2種類は遺伝子的に関係がある。カベルネ・ソーヴィニヨンは、カベルネ・フランとソーヴィニヨン・ブランを交配したものだからだ。

　成熟すると、カベルネ・ソーヴィニヨンには、土の匂い、空のような爽やかさ、木の香りの独特のバランスが生まれる。昔から肉、特に赤肉に合うとされている。そのテクスチャーが素晴らしいことも有名で、柔らかくベルベットのようになめらかな時もあれば、ザラリした舌触りが感じられる時もあるが、もっとも良い状態では、その2つがバランスを保っている。

> **おすすめのワイン：**
> **ミラソーカリフォルニアカベルネ・**
> **ソーヴィニヨン**
> （Mirassou California Cabernet Sauvignon）
> **米国、カリフォルニア**
>
> ミラソーはカリフォルニアでもっとも古いワイン生産者の家族で、ワイナリーではさまざまな種類の信頼できる美味しいワインを作っている。カベルネ・ソーヴィニヨンは色が暗く、ナツメ、イチジク、アプリコット、ナッツの風味がある。

水曜日　136日目

Recipe: オーギュスト・エスコフィエがお気に入りのオムレツ

オムレツについて考えてみよう。朝食用のメニューだと思われがちだが、ヨーロッパでは昼食や夕食で食べることが多い。オーギュスト・エスコフィエの偉大な著書『Ma Cuisine』は、24を超えるオムレツのレシピを掲載しているが、あっさりしていて簡単な朝食用のオムレツはそのうちの2、3しかない。

牛の髄のオムレツ、腎臓のオムレツ、トリュフのオムレツにフォアグラを添えたものは、普段食べるものではない、ごちそうだ。

夕食にオムレツを食べることは、朝食にワインをグラス1杯飲むことより社会的に受け入れられている。しかしこのレシピのオムレツ料理に合うワインを選ぶのは、なかなか難しい。ソテーしたマカロニがオムレツにスモーキーでナッツのような風味を与えるので、私は自然にゲヴュルツトラミネールを思い浮かべる（この料理に合うワインについては後述を参照）。

材料（4-6人分）

大きめのマカロニ 130g
　　　　＊またはその他のパスタ（フッジリ、ペンネなど）

バター 大さじ3

卵 .... 6個（わりほぐしておく）

塩コショウ ....適宜

作り方

1. マカロニを固めにゆでて水をきり、冷ましておく。

2. 大きめのフライパンでバターをとかす（ベーコン脂などのラードでも良い。味は良いが栄養学的におすすめできないことに注意）。マカロニを加えてキツネ色になるまで弱火でゆっくり炒める。

3. 卵を加えて塩コショウで味をととのえ、フォークなどでよく混ぜる。

4. 火を中火──強火に強め、表面だけしっとりしている状態まで火を通す。折りたたまず、いったん大きめの皿にスライドさせ、皿からフライパンに戻す時に上下を返して、反対側にも焼き色をつける。

5. 大きめの丸い皿に盛って切り分け、蒸したアスパラガスやソテーした青菜を添える。

この料理に合うワイン：
トリンバックゲヴュルツトラミネール
（Trimbach Gewürztraminer）

フランス

ドイツ風の名前にまどわされないように。このワインはフランスのアルザス地方のストラスブールという、ドイツとの国境近くの町で作られる。濃厚で粘り気があり、梨、桃、メロンの風味を持つ、正統派のゲヴュルツトラミネールで、何世紀も続くワイン農家が作っている。ローズウォータ、ガーデニア、グアヴァの香りがする。

木曜日　137日目

ミシガンのブドウ畑

ミシガンのワインは地元以外では手に入りにくいが、もし見つけることができれば、その品質と特徴から、「地球的視野で考え、地元産のものを飲む（think globally and drink locally）」ことを求める考え方に確信を得るだろう。

アメリカ中西部ミシガン湖周辺のブドウ畑は、成功に必要な条件がすべてそろっている。あちこちにある巨大な水辺が作りだすこの地独特の温暖なミクロクリマ、有名なブドウ生産地であるフランスのボルドーと同じ緯度、高品質のワイン作りを目指す人々。

ミシガン湖周辺の美味しいワインの唯一の問題は（真の問題でなくイメージの問題であるが）、圧倒的に白ワインが多いこと、またそれらが品質にくらべて評価が低いことだ。この問題は慎重に扱わないと、強力な赤ワインの不在が品質の問題とされてしまい適当でない。ミシガンでは赤ワイン用のブドウを数多く栽培しているが、気候がとても冷涼なため、白ワイン用のブドウであるリースリング、ゲヴュルツトラミネール、ピノ・ブラン、ピノ・グリその他が、中西部で最上のワインになる。

ミシガン沿岸のブドウ畑も、こう表現してふさわしいかどうかわからないが、スーパースターの歌手であるマドンナの父親が所有するチッコーネ・ヴィンヤーズのように、準セレブリティーのワイナリーを誇っている。しかしそのワインは、ぎらぎらと派手でも、浮かれたハリウッド的でもなく、シンプルなイタリアスタイルの白ワインと赤ワインである。そう報告できて私もほっとしている。

**おすすめのワイン：
お気に入りのミシガンワイン**
米国、ミシガン

ペニンシュラ・セラーズアイランド・ビュー・ヴィンヤード（Peninsula Cellars Island View Vineyard）、ピノ・ブラン

ペニンシュラ・セラーズは、梨とリンゴの香りや、ほどよくキリリとしまった酸味のある、明るく輝くような美味しさのピノ・ブランを生産する。色がとても薄いのに、飲むと芳醇で驚く。コクがあり濃厚で、オイリーと言ってよいほど。ほのかな柑橘系の味わいが何層にも重なり、文字通り唾がわいてくる。アイランド・ビューは0.5haのブドウ畑で、そこから作られるワインは毎年たったの245ケース（約3,000本）である。

ペニンシュラ・セラーズマニゴールド・ヴィンヤード（Peninsula Cellars Manigold Vineyard）、ゲヴュルツトラミネール

マニゴールド・ヴィンヤードは1haのブドウ畑で年間たった300ケースのワインしか生産しないが、この少量生産ワインがとびきり素晴らしい。香りは濃厚かつ興味深く、ローズウォーター、メロン、桃、梨、スパイス、クリームの風味があふれる。後味に残る柑橘系の風味が素晴らしく、なめらかでねっとりとした口あたりがとても良い。

**シェイディー・レーン・セラーズ
スパークリング・リースリング**
（Shady Lane Cellars Sparking Riesling）

このワインを飲むと、もっと多くの生産者がリースリングで発泡ワインを作れば良いのにと思うだろう。爽やかで果実味があり、熟したリンゴのように香りが強く、ほどよい炭酸とともに花のような素敵な香りが広がる。シャルドネとピノ・ノワールで作った発泡ワインは世界でもっとも高価だが、リースリングの発泡酒はそれほど高くなく、しかも美味しい。

つるに実るまだ若い緑色のシャルドネ
(米国、カリフォルニア、ソノマにあるマクマレー・ランチ)

金曜日　138日目

フレッド・マクマレーの農場

　俳優フレッド・マクマレーは、1940年代に年3、4本の映画に出演して全盛期を迎え、現在はマクマレーズ・ランチとして知られ、ソノマ・ショーケース・グランド・テイスティング・フェスティバルの会場となっている土地を購入した。この頃にマクマレーが出演した映画は、『Too Many Husbands』(1940)、『Take a Letter, Darling』、(1942)、『Double Indemnity』(邦題『深夜の告白』、1944) など、やや不吉な雰囲気の映画が大半を占めている。マクマレーが映画からの収入の一部をソノマの小さな小屋と丘陵地にある農地に投資したことは、現代のワイン愛好家にとって幸運なことだ。

　彼は50年近く農業を続けた。1991年に亡くなった後は、近隣のガロ家(131日目を参照)が地所を買い取り、ブドウを植えた。

　現在マクマレーの娘のケイトが、敷地に父親が建てた小屋に住み、この銘柄の美味しいピノ・ノワールとピノ・グリのプロモーションをしている。

　毎年夏になると、この土地に大きなフェスティバル用のテントがあちこちに数多くたてられ、こざっぱりした白い小屋は小さくなったように見える。テントもまた、周囲を取り囲むオークやアメリカスギが茂る丘の影に隠れる。ワイナリーからワイナリーへとテイスティングしながらテントをはしごするのは、世界最高のワインショップの最高の「ソノマ」コーナーをうろうろと歩いているようなものだ。さらに良いことに、今すぐ直接ワインや美味しい食べ物を試すことができる。テントの周囲には、収穫を何ヵ月後に控えた、まだ堅くて緑色のマクマレー・ランチのブドウが辛抱強く立っている。そのブドウは、1年か2年たてばワインになる。

土曜日＋日曜日　139日目＋140日目

ワイン帳に書くこと（その1）

　そろそろ、あなたのワイン帳（これから始める人は90日目＋91日目を参照）は、ワインに関する記憶や思索でいっぱいになっているだろう。そのまま続ける意欲をかきたてる質問を、以下にあげてみよう。

- 新しいワイナリーを訪れたか？　その訪問について詳しく書こう。誰と会ったか。何を見たか。試飲した品種、それぞれの印象。興味深い事実、あるいはワイナリーの歴史に関するちょっとした知識。訪問の後、そこで作られるワインの印象が変わったか。その理由は？

- 会ってみたいワイン関係者はいるだろうか。それは誰？　理由は？

- 好きなワインに合う新しい料理に挑戦したか？　メモしておこう。

- 最近、ワインをテーマにした素晴らしいパーティに出たか？　そのパーティが特別に感じられたのはなぜだろう？

- ブラインド・テイスティングで驚いたことは？

- 良質なワイン関連の本を読んだか？　その感想は？

- 優れたワインリストのあるレストランを訪れたか？　それぞれの経験を詳しく書こう。

- これまで飲んだ中で、もっとも価値が高いと思うワインは何だろう？　その理由は？　飲んだことのない品種を来年飲むリストにしよう。定期的にこのリストを見直し、飲んだものに印をつけよう。

月曜日　141日目

必読書：『ワインと戦争──ヒトラーからワインを守った人』

『Wine and War（邦題：ワインと戦争──ヒトラーからワインを守った人）』という本の中で、ネットワークテレビのレポーター、ドナルド・クラドストラップとその妻ペティは、第2次世界大戦中におけるフランスのワイン産業とナチス征服者との、不安で落ち着かない共存について記録している。ワインと戦争という2つの力は、最終的には悲しくも共存し、戦争が場所によっては経済の失敗を引き起こすことを示した。

『ワインと戦争』は、ワイン醸造業者の英雄たち、恐れ怯える家族、ドイツ人が見抜けないほど巧妙な偽装工作で守られたワインを描いた話である。前線で何が起こっているか知っているのに、ワインセラーの方針だけを守ろうとするのは難しいことだ。このワイン業界の話は当時の風潮を映し出す鏡である。

クラドストップは、ブドウの出来が悪いのは戦争の前兆で、出来が良いのは戦争終結の見返りだ、という古い迷信を繰り返す。彼はワインにまつわる悲しい話をまとめて、出来が悪かった（最悪ではなかったが）1939年と結びつけると同時に、素晴らしさと持続性が今なお伝説的なワインの生産年が1945年（終戦の年）であることを強調している。

火曜日　142日目

シラーはシラー

ああ、なぜこれほどまでに、ワインの大物がマーケティングをするのだろう、と私は思う。カリフォルニアの大手ワイナリーは、自社のカリフォルニア・シラーをオーストラリア風の呼び名（とても流行している）であるシラーズと呼び始めている。しかしボトルの美しい印刷を眺めると（実際に目にしたのだが）、レイヴェンズウッドの銘柄としてオーストラリアン・シラーズが売られている。

このワイナリーの信用のために説明すると、レイヴェンズウッドはオーストラリア産のシラーズを実際に製造、瓶詰め、販売するという旧来の方法で、シラーズの流行に便乗している。他に、自社のシラーの呼び方を変えるだけの近道をする業者はたくさん存在する。論理的にいうと考え方はこうだ。私たちはシラーを生産するが、人々はシラーズを好む。私たちは私たちの作るワインを愛する人を愛する。したがって、私たちが生産するものすべてをシラーズと呼ぶのだ。

もちろん彼らを批判するのは難しい、と思うのは、売り場にシラーとシラーズが混在するのを最初に目にするまでだ。その後は批判しやすくなる。あるワイン生産者は、「時に我々はマーケティング屋を食い物にすることがあるが、マーケティング屋に食い物にされることもある」と嘆いた。

最近、数多くのワイナリーがシラーをシラーズと呼ぶようになったが、人気のあるこの名前の魅力に抵抗を続けているところも多い。それは、大規模なラベル張替キャンペーンと、広告における真実性の復活を求める動きのの違いに現れている。後者の登場は心強い。

フランスの食事：
昼食、夕食、チーズ、デザート

　アレクサンドル・デュマは、『料理大事典』（原題：Grand Dictionnarie de Cuisine、1873年）という本の中で、24品から36品あった正式なコース料理が、当時たった12品に減ってしまったことを嘆いている。だらだらと長引く食事（4品から6品以上）は、ヨーロッパの人々の忍耐力をしても長過ぎて、1930年にエドゥアール・ド・ポミアンの現代的なペースの早い食事に敬意を表する『French Cooking in Ten Minutes（10分でできるフランス料理）』の発刊につながった（47日目を参照）。

　このようなパラダイム・シフトがあっても、フランス北西部のロワール地方に訪れるワイン愛好家は、何十種類ものワインを試飲し、2回あるいは3回の食事をしっかり食べる。フランスでいう食事とは、数時間かけて何皿もの料理を食べて、辛抱強くコーヒー（そしてたばこ）の時間を目指すことを意味する。

　最初に運ばれてくるのはフランス語でアミューズ＝ブッシュ（直訳すると「口の楽しみ」）という、ひと口で食べられる小さくてエキゾチックな1品だ。その次がアントレという、少量の食材がきちんと並べられた、香り高く濃厚な料理。魚または鶏肉が来て、赤肉が続き、時にはシンプルなグリーンサラダが出される。最後にやってくるチーズ・コースは4-5種類のチーズが並んでいるのが普通だ。そしてデザートが続く。軽めが良いのだが。

　ワイン文化を持つ国の中でも独特なフランスのチーズコースでは、チーズのために選ばれたワインと一緒に出されることが多い（あるいは肉料理の時に残った赤ワインを少し飲むこともある）。

> **おすすめのワイン：**
> **ドメーヌ・ドゾンクロ・デュ・ソウ・オ・ループ シノン**
> （Domaine Dozon Clos du Saut au Loup Chinon）
> **フランス**
>
> 東西を白ワインの産地で囲まれたロワールの中央部で、シノンは濃厚な赤ワイン、カベルネ・フランを作っている。シナモン、オールスパイス、バニラのスパイシーな香り、キリっとした柑橘系の風味、14ヵ月の樽熟成で生まれる穏やかなトーストとオークの香りが感じられる。またわずかにタンニンが含まれる。豚肉または子牛の軽めの料理と一緒に飲むか、チーズコースまで待って飲むと良い。その頃にはしっかりと香りが開き、やわらかなタンニンがチーズに最高に合うだろう。

木曜日　144日目

協調の精神：
カンティーナ・ベアト・バルトロメオ

　ヨーロッパでは、ほとんどすべてのワイン生産者が近隣の生産者と協同組合を作っている。ワイン作りに興味が無い、あるいは施設を持たないブドウ農家は、協同組合にブドウを容易に販売できる。協同組合体はそのブドウを使ってワインを作り、地元地域で販売する役割を果たす。

　ヴェニスの西部約80kmにあるブレガンツェという小さな町の協同組合であるカンティーナ・ベアト・バルトロメオは、結成50周年を迎える2000年を祝うために、16万ヘクトリットル、つまりボトル約2200万本、約200ケースを超えるワインを産出した。組合の工場が瓶詰めできるのは1時間に1万本であるため、これだけの生産量を達成するために毎週平均50時間以上稼働しなければならないことになる。

　しかし、それは協同組合にとって特別な出来事だった。普段はワインのほとんどを瓶で販売するのではなく、ワイン愛好家が持ち込んだジャグ、樽、巨大な現代版家庭用アンフォラ（古代のワイン容器）に入れて持ち帰ってもらう。ワインは、協同組合の店先に並んだ、ガソリンポンプを小さくしたようなもので販売する。ブドウが違えば価格も違うが、総じてアルコール度数によって価格が決まる。アルコール度数が高ければ、価格が高いのだ。ただ赤か白かロゼかを選び、ポンプで容器に入れるだけでよい。

　ヨーロッパ全土にある協同組合の中には、とても安いワインを提供するところがあるが、通常は地元向けで、旅行者が訪れることはほとんどない。

金曜日　145日目

コルク抜きがない時

　そう、ワイン緊急事態が起きた。私たちワイン愛好家は、手もとに適切な道具がなくてもワインを開けられるべきだ。やればできる！

　基本的に、やり方は2つある。もっとも簡単な方法は、コルクをワインボトルの中に押しこむことだ。バターナイフの柄や短いねじまわしなど、先がとがっていないもので、ゆっくりと慎重にやる。ワインが飛び散ることに備えて（否応なくそれは起きる）、エプロンをつけるか体にテーブルクロスを巻きつけることを忘れないように。エプロンもテーブルクロスも無い場合は、体を離すこと。

　果物やチーズに使う小さなナイフを使ってボトルからコルクを引き出す、より洗練された方法もある。ゆっくりとしかし確実に、コルクの中にナイフの刃を十分に（2.5cmくらい）刺す。そしてコルクが動き始めるまでナイフをねじる。それからねじりながら引っぱりあげれば、コルクをしっかりとらえたまま抜くことができる。

　どちらも優雅な方法とは言えないが、あなたも一緒にいる人もワインをただ眺めているだけでなく、楽しむことができる。

マスタードの花に覆われた、ナパ・ヴァレーのブドウ畑

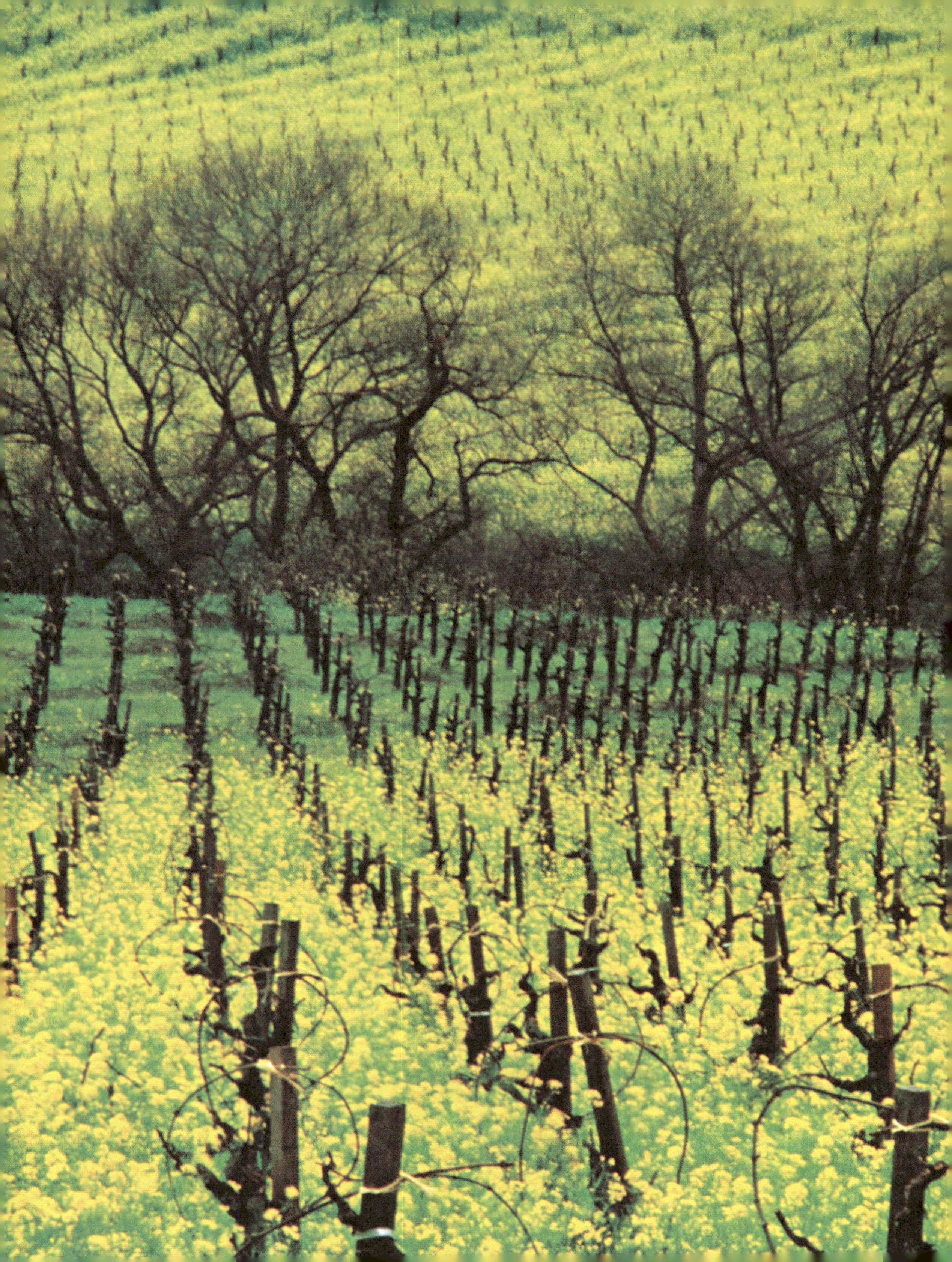

土曜日＋日曜日　146日目＋147日目

ワイン帳に書くこと（その2）

90日目＋91日目ではワイン帳の始め方、先週の139日目＋140日目では意欲をかきたてるテーマについて紹介した。

最初の頃にワイン帳に書いた内容を読み返したことはあるだろうか？　ぜひちらっとでも読んでほしい。いかに自分が学び、経験してきたかが分かるだろう。ワイン旅行やワインの名前、ひいてはワインの視野を広げるという目標まで、しっかり覚えているつもりでも書きとめなければ忘れてしまうことは多い。

書くことを続けよう。続ける意欲をかきたてる、さらなる質問を以下にあげる。

- これまで出会った、いちばん変わった味のワインは？
- ワインを使う飲み物を作ったことはあるか？　レシピを詳しく書きとめよう。
- レストラン、試飲会、友達といる時その他で、ワインのマナーで失敗したことは？　どうやって修復した？
- 特別な機会に誰かのために乾杯の発声をしたことを覚えている？　それについて書いてみよう。
- あなたの人生に欠かせない大切な人のために乾杯をするとしたら、それは誰だろうか？　どのようにその人を褒め称えるだろう？　その時に出すワインは何にする？　またその理由は？
- あなたはワインに関する質問を誰にするだろうか？　その人はあなたのワインへの関心にどのように影響を与えているだろうか？
- いつかコレクションしたいワインは？　その理由は？
- 開けずにおいてあるワインは何？　どんな機会に開ける予定だろうか？

月曜日　148日目

個人的な話：カナダの表現

　私の妻はカナダ人だ。そのため私は、彼女がいなければ知りえなかったことを多く知っている。有名な音楽家のうちどの人がカナダ出身か（たとえばジャズの天才ギル・エヴァンス）、「オー・カナダ」（カナダ国家）の歌い方（英語だが）、「お願いします（please）」「ありがとう(thank you)」「失礼(excuse me)」をしょっちゅう言うことなど。カナダ人は非常に礼儀正しく、穏やかな話し方をし、誰とでもうまくやっていこうという熱意がある。もちろんこれは一般論だが。

　私たちが最初に出会った時、私はこれをまったく理解していなかった。特に穏やかな話し方について。私が最初に彼女を食事に誘った時、彼女は「いいですね（That would be fine）」と答えた。私はこれを、態度を決めかねている一時しのぎの、選択の余地のある意味として受け取った。「いい」、しかし「嬉しい」のではないと。

　しかし時間がたつにしたがって、「いいですね」は実のところ、「鷲が飛び立つように心が舞いがっている」と解釈できることが分かった。その時から、私は自分が理解できるよう、意識的に彼女の話のボリュームとトーンを強めて聞いた。

　私の妻は自分なりにワインを評価するものさしがある。評価の低い方から順に並べるとこうなる。

　ノー（No）：飲まない。

　これはワインね（it's wine）：少なくともこのグラスに入っている分は飲む。

　飲むわ（I'd drink it）：もう一杯欲しい。

　美味しい（Yummy）：鷲が飛び立つように心が舞い上がっている。

　この「ものさし」に基づいて「美味しい」が最高の評価だと思っていたが、彼女がヴィオニエというブドウの品種を発見して以来、「あら、これは良いワインだわ（Now *that's* good wine）」も項目に加えようかと検討している。私は妻がワインが好きならそれで十分なのだが、もし彼女が実際にそう言葉にすることがあれば、そのワインをみんなに知らせようと思っている。

外に席があるビストロ
（カナダ、オールド・モントリオール）

火曜日　149日目

ブドウと天気

　ワイン用のブドウは、気まぐれで壊れやすい。日光を好むが、どんな日光でも良いわけではない。直射日光では焼け焦げてしまうので、まだらな日光が最高だ。ただし、たっぷりと降りそそぐ必要がある。気温は暖かいのが好きだが、日中は暑すぎず、夜間は涼しいのが良いが寒くてはだめだ。ブドウは水が必要だが、水とは雨のことだとは限らない。ごくわずかな雨でもタイミング悪く降ると、その年は壊滅的な生産年になり、たっぷりの雨がタイミング良く降ると神の恵みとなる。

　そのような理由から、2006年の冬の終わりから翌年の春の初めにかけてナパやソノマに大雨が降って洪水が起き、3人が死亡し一部の町が1.5m冠水したと聞いて、ワイン愛好家は当然ながらとても心配した。当時のカリフォルニア州知事アーノルド・シュワルツネガーは、この地域の損害を5000万ドルと見積もり、ニューヨークタイムズはカリフォルニア州は1億ドルの損失を負うと報じた。

　しかしブドウの木は、そして2006年という生産年は、洪水の影響を受けなかった。ブドウは基本的に冬の間に休眠するからだ。デカンター・マガジン誌は、ワイン生産者の伝説的人物ウォーレン・ウィニアルスキーの長期的な影響に関する言葉を引用している「ブドウ畑は洪水からたいした影響を受けないだろう」

　しかし2002年、南フランスにまさに最悪のタイミングで雨が降って洪水が発生した時、ブドウ農家は壊滅的な収穫量を経験した。最良の収穫時期を見定めようとしていたその矢先に、最良の時期は消え、暴力的な天候が多くのブドウを奪った。雨が降る前に収穫したブドウ農家は助かったが、それ以外は生き残ったブドウか、他から買ったブドウで代用した。ブドウの品質があまりに低いため、多くのワイナリーは赤ワインではなく大量のロゼを生産した。それは期せずして、その後数十年、世界中でロゼが復活するきっかけとなった。

水曜日　150日目

Recipe: ハーブ・ロースト・チキン

ロースト・チキンは簡単な料理だが、いくつかのテクニックやコツの相乗効果でぐっと美味しくなる（右の欄を参照）。あとは素晴らしいワインが1本あれば良い。

材料(4人分)

鶏肉	丸ごと1羽(1.8kg)
中くらいのタマネギ	1個(4つに切る)
綿のひも	
ベーコンスライス	2枚(角切り)
オリーブオイル	大さじ1
ドライローズマリー	大さじ1
ドライセージ	大さじ1
ドライバジル	大さじ1

作り方

1. オーブンを220度に予熱しておく。

2. 鶏の内臓を取り除いて洗い、尾と手羽先を切り落とす。4つに切り分けたタマネギを腹の中に入れ、足先をひもで結ぶ。胸や脚のまわりの皮の下に角切りにしたベーコンをはさむ。

3. 中サイズのローストパンかスキレット（鋳鉄製の鍋）に鶏肉を入れて、オリーブオイルをまわしかけ、ハーブを表面にかけて覆う。45分焼いたら170℃に温度を下げてさらに30分焼く。仕上げの料理時間は鶏肉の重さで調整し、1.8kgより重い場合は、450gごとに10分長く焼く。

ローストのこつ

トリミング：尾や手羽先は最後の関節のすぐ上を切る。熱いオーブンの中では、手羽先は焼け焦げてしまい、尾はある一定の温度になると嫌な匂いを出す。胴体も脂肪を取り除くこと。

スタッフィング：鶏の空になった腹にタマネギまたはセロリを詰めるのは、風味をつけるためではなく、鶏肉が外側から内側に向かって均等に焼けるようにするためだ。空洞があるとロースト中に中心部の温度が高くなり、鶏がぱさぱさになってしまうことがある。風味をつけたい場合は、皮の下に詰めること。

この料理に合うワイン：
プイィ・フュイッセ・ラ・ロシュ
(Pouilly-Fuissé La Roche)

フランス

プイィ・フュイッセ・ラ・ロシュは、フランス、ブルゴーニュの正統派白ワインで、シャルドネを100％使用する。軽いオークと果実味、強いミネラルの風味、すっきりとした酸味のある、フランス・スタイルのワインである。このワインを口にふくみ、チキンとハーブの料理をひと口食べると、魔法をかけたような美味しさだ。

木曜日　151日目

アルザス

　隣国のドイツの影響を強く受けているにも関わらず、フランス北東部のアルザス地方は、エレガントで辛口の特徴を持った、ドイツとはまったく違うリースリングを生みだす。一方、ドイツの白ワインはより甘く、アルコール度数も低い。あなたがアルザスに行けば、ザワークラウトを食べ、アルザス独特のフレンチ＝ジャーマンの魅力を感じるだろう。他にもクロスオーバーするものがたくさんあるが、アルザスが1871年から1919年まで実際にドイツの一部だったことを考えると自然なことだと言えるだろう。

　しかしワインに関しては、アルザスとドイツは違う言語を話す。収穫後からすべての手順が違っているのだ。アルザスでは、リースリング種のブドウを発酵させて、最後の1滴まで糖分を絞り出す。ドイツでは、自然な甘みをもつ未発酵のブドウ果汁を、（発酵させた）ベースワインに戻す。辛口のアルザス・リースリングのアルコール度数は11-12%だが、より甘いドイツ・リースリングのアルコール度数は8-9%である。アルザスワインの特徴を作りだすもう1つのものは、古い、不活性化されたオークの樽だ。ワインはこの樽の中で作られ、濃厚な風味を得る。

　アルザスは、リースリング、ゲヴュルツトラミネール、ピノ（クレブネール）、トケイ（ピノ・グリ）の4つの品種のブドウを使って、ほぼ白ワインだけを生産している。その他にはミュスカ（マスカット）や、エデルツヴィッカーを作るときにリースリングに混ぜてよく使われるシルヴァーナーなどがあげられる。赤ワイン用のブドウのピノ・ノワールは、クレレ・ダルザス（Clairet d'Alsace）やシラーヴァイン（Schillerwein）などのロゼワインを作る時や、ピノとリースリングのブレンドワインであるクレマン・ダルザス（Crémant d'Alsace）を作るときに使われる。

　細長い地形のアルザスの土壌は多様だ。ブドウ畑はヴォージュ山脈のおかげで乾燥し、冷涼な大西洋の気候から守られている。急角度で南向きの斜面には、岩だらけで浅い土壌にブドウが植えられている。丘陵地のブドウ畑の土壌は複雑でより深く、ミネラルが豊富で、同じように暖かい気温の恩恵を受けている。ライン川渓谷沿いの土壌はきめ細かい砂状で、比較的ブドウ畑が少ない。高地の土壌は酸味が少ないエレガントなワインを作り出す傾向があるのに対して、丘陵地の土壌は花のような香りが広がるワインを作りだす傾向がある。

　アルザスワイン街道（Alsatian Vineyard Route）を通って、アルザスの田舎を旅してみよう。街道は北のヴィッセンブールから南のタンへ、そして東はミュルーズにまで伸び、4つの地域に分かれている。ヴォージュ山脈の斜面に、中世の昔からワイン作りをしてきた村々があるのが見えるだろう。

金曜日　152日目

エミール・ペイノーと現代のワイン作り

　エミール・ペイノー（Émile Peynaud）は、影響力を持つワイン専門家で、最初はフランスにおいて、それから世界の他の国々において、ワイン作りを近代以前から近代へと移行させた。彼は専門家としての時間の大半をボルドー大学のワイン醸造学科で過ごし、世界第2次世界大戦後は、フランスのワイン生産者に、果実をなるべく熟成させ、タンニンをやわらかくし、新しいオーク樽を使うという、3つの変化を働きかけた。フランスの仲間たちは彼に賛成しなかったが、カリフォルニア、南米、オーストラリア、その他の新世界の生産者が何世代にもわたって彼の言葉に忠実に従い、現在の果実味が前面に出たオーク樽熟成のワインが、彼の構想の遺産として残った。

　ペイノーは2冊の重要な本を書いた。そのうち『Knowing and Making Wine』は、ワインの世界の聖書のようなものだが、一般的なワイン愛好家にとっては難解で学術的である。

　『Taste of Wine』はワインと人の関係をより深く掘り下げており、前者ほど「辛口」ではない。ワインは開けたその日こそ美味しくあるべきだ、というペイノーの考え方に従い、香り高く、フレッシュで、果実味が前に出たワイン作りが生まれた。ゆっくりと、低温で、管理のもとで発酵させて、ワインの中の果実の熟成度とジューシーさを保つ技術と、貯蔵室の衛生状態の管理という技術は、今では標準的であるが、彼はこれを最初に推進した人物である。

　2004年に92歳で亡くなったとき、フランスのワイン業界は新世界からの挑戦に苦労していた。新世界の生産者たちは、ペイノーの現代的なアプローチに最初から耳を傾け、ペイノーが対立していたヨーロッパの伝統主義者たちに対抗できるほど繁栄している。

シャトー・ド・ボーカステルの熟成室
（フランス、ヴォクリューズ、クルテゾンにある
ドメーヌ・ペラン・クルテゾン）

土曜日＋日曜日　153日目＋154日目

自転車で行くワインの旅

ワインの産地を自転車で旅すると、ワイン畑の景色にどっぷりと浸ることができる。感覚的な経験が車の旅とまったく違う。丘陵地やワイン畑の小道を、ペダルをこいでアップダウンする。野生の花の甘い香りを嗅ぎ、自然の音を聞く。2つの車輪の上で、ワイン産地を感じる。

もし1人で旅をしたいなら、多くのワイン産地にある自転車ツアーや自転車レンタルを提供する会社を利用すると良い。ガイド付きの団体ツアーに参加することもできるし、地図と試飲用のお金と万が一お腹がすいたときの食べ物を入れたリュックを持って1人で出かけても良い。一般的に、自転車ツアーの会社は難易度に応じていくつかのルートを用意している。自転車ツアーに慣れていない人に、ワイナリーに1軒寄っただけで疲れ果てるようなコースを選ぶことはないので安心できる。

ワインの産地を1人で旅行するための、自転車ツアーや自転車レンタルを予約する前に、検討すべきいくつかのポイントを紹介する。

地元の人に聞く

よく知らないワイン産地の場合、観光局に電話して自転車ツアーがあるか問い合わせる。通常は数件のツアー会社がツアーを提供しているので、おすすめを聞いてみる。

計画をたてる

自分で自転車を借りて日程を計画する場合、時間に余裕を持つこと。そうすれば小道を通ったり、いくつも寄り道をすることができる。気楽に誰かにガイドをまかせたい場合はツアーは頼りになる。（自力で行く場合は、自転車をこいでいる間も他にやることがある）

軽食を持っていく

おそらく、チーズ、パン、その他の軽食を売っている店があるだろう。ただし、あてにしてはいけない。自転車をこぎ続けられるように、念のために食料を持っていくこと。ワイナリーでお弁当を出してくれる自転車ツアーもある。購入したワインを預かってくれるサービスについても確かめること。すぐに利用できるはずだ。

時間をかける

景色の良いルートを選んだら、自転車に乗っている時間をたっぷりとろう。景色の中にひたり、ワイン帳にそのことを書きとめよう。そうすれば、何年か後でもこの経験をもう一度感じることができる。

月曜日　155日目

歴史と快楽主義

　一般的で常識ある人は、ワイン愛好家がワインを試飲するのを好奇心を持って眺める。この儀式の由来や意味は何だろう、と思いながら。実際のところ技術的なワイン・テイスティングの手順は、歴史に加えて快楽主義にルーツがある。

　私たちは、異常なほど清潔で衛生的な時代に生きている。それに世界経済は、地球上にそれほど多くの悪いワインを輸送していない（検証可能な数から判断して）。しかし今が1125年の中世だと想像してみよう。ホストがあなたに、地面の穴で7年熟成させた自家製ワインをすすめている。あなたはそのワインを無造作に口に入れることはしないだろう。慎重に扱うはずだ。

　疑わしそうで不安そうな態度。そして儀式のようにクンクンと匂いを嗅ぐ。そうすれば傷んだワインを口に入れることは避けられる。これが技術的ワイン・テイスティングの実用的な側面だ。しかし皮肉なことに、テイスティングはテストを通過する良いワインを嗅ぎ分ける感覚を磨くことにもなり、それはあなたの「快楽主義」を呼び覚ます一因となる。

火曜日　156日目

シャルドネ一考

　カリフォルニアのシャルドネは今、荒野をさまよっているように見える。ワイン愛好家はさかんにシャルドネを避けながら、毎年何百万ℓものシャルドネをがぶ飲みしている。カリフォルニア・シャルドネは厳粛なアートに求められる第1のルールを破った。人気を得過ぎたのだ。そして過去のワインになることなく、米国で好まれる白ワインの座に居座り続けている。

　シャルドネはただ飲むより、長期間飲まないでおいて、また飲み始めるとよい。しばらくシャルドネを断った後に最初に飲むシャルドネは、太陽と空、リンゴとバター、バニラ、クレーム・ブリュレを思わせる、最高の味がする。1杯か2杯飲むと、細胞レベルであらためて、なぜ人々がシャルドネを愛するのかが分かる。

おすすめのワイン：
ナパ・バレー・ヴィンヤーズシャルドネ
（Napa Valley Vineyards Chardonnay）

アメリカ合衆国（カリフォルニア）

コクがあり成熟し、ふくよかさと果実味、オークとバター、花やバニラの風味を感じさせる、明るいシャルドネ。多く人を引きつける魅力があり、シャルドネをひどく嫌っている人もその品質には感心するに違いない。ワインのことを何も知らないという人も、このワインの美味しさは分かるだろう。ラベルを見てワインを買う人なら、これほどひどいラベルには、真の良いワインしか入っていないことが分かっているだろう。
ほどよく冷やしたこのワインには、ホタテをベーコンと一緒にバターソテーするか、フェンネルとチェリートマトと一緒にケバブのようにグリルしたものがとてもよく合う。

水曜日　157日目

個人的な話：困ったときのデザートワイン

　友人を夕食に招いた時、食後のコースを用意していなくて困ったことはないだろうか？　食事とワインの猛攻撃の後、あるゲストが何気なくこう言う。「本当に美味しかった！　デザートが楽しみだ」デザート？

　ある夜、まさにその事態が私と妻に起きた。私たちは急いで台所に行き、甘くてクリーミーなフランスのチーズ「ブリー・ダフィノワ」、イタリアの牛、山羊、羊のミルクから作ったチーズ「ロビオラ・トレラッティ」、そしてイチゴを組み合わせ、バルサミコ酢とブラウンシュガーをふりかけた。

　さらにこの皿に、弁当には入れられないほどやや熟し過ぎた梨を2-3切れ添えた。そして最後の瞬間に、私は冷蔵庫にそれほど甘すぎないドイツのリースリングが1本あるのを思いだした。私たちは数時間前、ゲストが到着した時にこのワインを開けるかどうか迷ったのだ。今こそデザートワインとして開ける時だと思われた。

　1本あるいはハーフでも、甘くて面白みのあるデザートワインがあれば、それだけでデザートコースになることがある。ほとんどのワインは、食事や会話を友とする。デザートワインのおかげで、私たちが即興でデザートを出したことに誰も気がつかなかった。

木曜日　158日目

ニーム

　ショービジネスで20年苦労した末、一夜にして成功したエンターテイナーのように、誰も知らないワイン産地を世界が発見するまでに数世紀もかかることがある。南フランスにはこのように、あまり知られていない、無視された、あるいは過小評価された、私たちにとっては新しい存在のワイン産地がたくさんある。

　ニームは、南フランスの小さな町で、有名なコート・デュ・ローヌというワイン産地のはずれにある。町の外の丘陵地（コスティエール・ド・ニーム）は全体的に南向きで、グルナッシュ、シラー、カリニャンその他、素朴な赤ワイン用のブドウとして典型的な品種を栽培している。

　シャトーヌフ・デュ・パプ、ジゴンダス、リラックなど、非常に有名なワイン産地に地理的に近いため、コスティエール・ド・ニームは長い間、第2、第3、あるいは第4の選択肢とされていた。厳密にはラングドック地方に属するが、近隣のローヌ地方にも共通点が多い。カリニャンはもう認定品種ではなく、現代バージョンはローヌの赤ワインと同じように、シラーとグルナッシュをブレンドする。

> **おすすめのワイン：**
> **ニームのヴァライエタルワイン**
>
> **シャトー・ド・カンプジェコスティエール=ド=ニーム・ルージュ**
> （Château de Campuget Costieres-de-Nîmes Rouge）、フランス
>
> 暗い血のような色で、果実味があり、力強いこのワインは、シラーが主要品種である。背景に香り高い花と緑の森の香りがただよい、前面に程よいタンニンのグリップと肉厚な味わいが感じられる。
>
> **シャトー・ド・カンプジェヴィオニエ**
> （Château de Campuget Viognier）、フランス
>
> このヴィオニエは、濃厚でふくよかさがあり、みずみずしく熟し、がっしりとした味わいと、ストレートな果実味が感じられる。メロン、梨、はちみつ、ローズウォーターの風味が素晴らしく混ざりあう。

南フランス、ニームの町にある歴史的建物

金曜日　159日目

ポール・ドレイパー

　哲学者でワイン生産者であるポール・ドレイパーは、リッジ・ヴィンヤーズのCEOである。彼は優れたカベルネやシャルドネの生産者として、また手間のかかるジンファンデル生産の先駆者として知られている。ドレイパーはスタンフォード大学で哲学を学び、北イタリアに2年暮らした後、パリ大学に在籍してフランス各地を旅してワイン作りの経験を重ねた。

　実践的なワイン生産者である彼は、ワインに手をかけないアプローチを選んだ。生産過程になるべく介入せず、技術よりも自然と伝統に頼って、人々に認められるワインを作る。彼はチリの海岸山脈に実験的に小さなワイナリーを作り、優れたカベルネ・ソーヴィニヨンを作った。そして良いワインに関する知識と、伝統的なワイン作りの手法を手にカリフォルニアに戻り、1969年にモンテ・ベッロに加わった。

　モンテ・ベッロ・ワイナリーはカリフォルニアのサンタ・クララ・カウンティのサンタ・クルーズ・マウンテンにある。その地所には3階建の建物がたち、ブドウが好む土壌の階段状の斜面では、40年続けて優れたワインを生み出しているガイザーヴィル・ジンファンデルなど、素晴らしいワインを生む品種が育てられている。

　ドレイパーは、近隣のペロン・ワイナリーを取得し、再興させ、その品質を国際的に認められるレベルまで引き上げてモンテ・ベッロを拡大した。1991年にはソノマ・カウンティのリットン・スプリングスがリッジ・ヴィンヤーズに加わった。

　現在までにドレイパーとリッジ・ヴィンヤーズはまっすぐなワイン作りを続けている。このワイン生産者の目標は、力強く香り高いブドウを見つけて、必要な時以外は手を出さず、果実の独特の性質や濃厚な味わいを引き出して、ワインにすることである。

モンテ・ベッロ・ヴィンヤード（リッジ・ヴィンヤーズ）
（米国カリフォルニア州サンタ・クララ郡サンタ・クルーズ）

ワイナリー・ツアーに出かけよう

ワインの産地で1日中たっぷり過ごして、両手の指で数えきれないほどのワイン畑をめぐる。朝食の後に散策を始めることを計画したので、夜までにたくさんのワイナリーを訪れることができる。ワインの産地は実践的な学習の場だ。家から32kmあるいは3220km離れた場所に旅をすれば、人々、ホスピタリティー、ワイン文化の環境が、まったく違う世界に来たような気持ちにさせてくれる。

旅のすべての瞬間を満喫したい時、そして旅を一度も居眠りすることなく続けたい時、長い旅路を通じて以下のアドバイスに従うとよいだろう。

吐き出す。飲まない。
すべてのワイナリーで試飲するワインを飲んでいたら、本当に味わえるのは1種類だけになる。体内のアルコールが味を感知する能力を変えてしまうし昼食までに動けなくなってしまうだろう。ワイナリーには吐き出すためのバケツが見えるところに置いてある。それを使うこと。吐き出すのに抵抗を感じるなら、試飲用のワインをひとしずくだけすすり、後は残しておくこと。

ワインを捨てることをためらわないこと
あなたはワインの産地にいるのでワインが足らなくなることはない。テイスティング用のグラスに残ったワインは飲みきるのではなく捨てること。ほんの少しすすって、残りを捨てることは問題ない。すすって、味わい、吐き出すのはさらに好ましい。

最高の試飲は最後にとっておく
あなたはおそらく自分が称賛する特別なワイナリーに訪問し、試飲ではそのワインを飲む予定だろう。そのワイナリーは最後に立ち寄るようにしよう。そうすれば、その他のワイナリーでしっかりとテイスティングができる。覚えていてほしいのは、一度すすって飲みこんだら、そして飲み続けたら、テイスティングはそこで終了である。

それぞれのワインを経験する
数は忘れよう。訪れるワイナリーの数が多いほど、あなたの旅が意味深くなるわけではない。それぞれのワイナリーの人々、ブドウ畑、歴史を経験し、学ぶことは、忘れがたい思い出となる。私たちはいつも、ワイン生産者との会話や、ツアーの間に見たものは忘れないが、試飲したワインがどんな味だったかは正確に覚えていないものだ。ワイナリーへの訪問の1つ1つを満喫し、急がないこと。そうすればあなたの舌も回復する時間を得て、さらなる試飲に備えることができる。

食料を忘れない
車に軽食を積んでおき、ピクニックに良さそうな道路脇を探して休憩し、チーズ、パン、塩漬け肉など、ワイン・テイスティングに合う物を食べよう。走り続けているようなものだから、エネルギーが必要だ。

ディナーでワイン
ワイナリーでの試飲三昧の1日が終わったら、夕食を出すワイナリーか、地元のワインを出すレストランを最後の目的地とし、試飲したワインから1つ選んで飲んでみよう。この時はもうリラックスしてワインを楽しむことができる。その日いちばん良かったワイナリーについて語り合ったりしながら。

回すこと

ワインは、手のひらですくっても、プラスチックのコップでも飲むことができる。ボトルに直接口をつけて飲むことさえ可能だ。しかし大きなボウルのような形の適切なグラスなら、ワインを回してその香りを十分に解き放つことができる。ワインに関わる経験のほとんどは、香りと関係がある。

ではワインを回すとはどのような事で、なぜ優雅にワインの液体を回せるグラスが必要なのだろうか。こんな楽しみ方をする飲み物は他にはない。やはりそれには理由があるのだ。ワインを回すと、分子が移動する表面積が増え、アルコールの蒸発が起きて、より強い香りが後に残る。この作用はちょうど香水と肌の関係に似ている。肌がアルコールを吸収するから、香りが後に残る。ワインを回して香りを解き放ち、アルコールを蒸発させると、ワインを感覚的に楽しむ真の喜びを得ることができる。

うまくワインを回すためには、上部にいくらかの空間があるグラスが必要だ。グラスはワインによって選ぼう。赤ワインやがっしりとしたシャルドネのような白ワインには、地球儀のような形のグラスの中で空気に触れさせる必要がある。少なくとも行儀悪くこぼさないよう十分な高さがほしい。

ソーヴィニヨン・ブランなどのキリっとしたワインは、ワインが呼吸して香りを放つために、表面積を得られる大きなボウル型のグラスがもっとも適している。原則として、アルコール度数が高ければ高いほど、その味わいにこくがあり、香りを解き放つのにより大きなグラスが必要になる。

脚の無いグラス

ワイングラスの脚（ステム）があると、手をそこにおいてグラスを持つことで、ワインの温度を変えなくてすむ。ステムを持てば、白ワインは冷たいままで、赤ワインは必要以上に温まらない。

最近はやっている脚の無いグラスはどうだろうか。適切な使い方を守って、3分の1以上そそがないようにすれば、ワインを回す空間ができるし、上部を持てば温かい手でワインを温めてしまうことはない。

火曜日　163日目

個人的な話：Think Global, Drink Local（地球的視野で考え、地元のものを飲もう）

どんな原理主義でも、その勝利はワインにとって悪いニュースだ。そのことをほとんどのアメリカ人は分かっていない。

厳しい自己実現的世界観を持つ最初の米国の入植者らは、娯楽の無い新しい世界に移住した。ずっと南の地域では、トマス・ジェファーソンのような何世代も後の人達が、暑さの厳しいピードモント高原の真ん中でヨーロッパ種のブドウを栽培しようとしたが成果はあがらなかった。入植者や起業家らは、ブドウの栽培に適した土地を探すために、北米大陸を端から端まで横断しなければならなかった。彼らはその道中で、ワイン文化の多くを伝えた。こうして1850年頃に、北米で最初のワイン作りがカリフォルニアで始まった。第1次世界大戦後の禁酒時代には休眠したが、第2次世界大戦後に生まれ変わり、あらためて盛んになった。

この真っ只中に、私の両親はケンタッキーの山々とバージニアとテネシーのすべてが出会う、禁酒法が残っているが酒好きも多い郡で生まれた。その郡は今も禁酒法が残っている。数年前に車を走らせたときは、あるバージニアのワインを持ち帰ろうとして、リスクを冒した（つまり、罰金を支払った）。

私の母は、故郷であるケンタッキー州セコの外側に、セコ・ワインという新しいワイナリーがオープンしたと断言する。私が知る限りそれが、ここ何十年もの間この土地で公然と売られている唯一のアルコールである。ローカルルールでワインは、酒店ではその場で飲めないでボトル売りのみ、ワイナリーではグラス1杯しか販売できないと決まっている。そのため、私はそのワイナリーのワインをまだ飲んだことがない。

ブドウ畑でワインを確かめる男性（スペイン北西部、ガリシア州）

水曜日　164日目

低脂肪、高ワインの食事

　人気の高い雑誌や新聞社は、ワインに関する記事を数多く出しており、たいていは具体的な状況を例にあげて、ワインが健康に与える良い面と悪い面をかわるがわる伝えている。最近の良いニュースは、白ワインと赤ワインには同じくらい心臓疾患と血中コレステロールを改善する効果があることが発見されたことだ。その逆のニュースは、少しのワインの飲用が乳がんの発生率と関係があるという新しい研究結果が出たことだ。良くも悪くもない中間のニュースは、ワインが気持ちの悪い微生物を制圧するという報告が出たことだ。ゲテモノを好んで食べる人には良いニュースだろう。

　ワインの中に自然発生する亜硫酸塩が喘息発作に影響を与えることや、正確にワインの何が頭痛を起こすのかについて現在研究が行われていることから分かるように、ワインが健康に与える影響には矛盾が多く、結論が出ていない。

　注意深く観察すると、ワインが健康に良いとする研究結果は、慎重に適度なだけの飲用をすすめている。理論的に言えば、ワインを適度に飲む人はおそらく、何をするにも適度に行うだろう。私たちが実際に目にしている健康効果は適度な生活の成果である。ワインを少し、低脂肪の料理を少し、高脂肪の料理を少し……結局すべてのバランスがとれている。

木曜日　165日目

収穫時期の暑さ

　ワイン用のブドウは、皮肉屋で矛盾の多い生き物だ。環境が違うと、行動も違う。

　若いブドウで作ったワインは、年をとったブドウのワインとはまったく違う。同じブドウ畑のブドウでも、少し離れていれば、まったく違うワインとなり、価格も雲泥の差となる。南西向きの土地（北半球ではもっとも好ましい農地）で育ったブドウは、北東向きの土地で育ったブドウのワインより、はるかに優れている。

　地球上でデンマーク、ウェールズ、ロシアでワインが作られていないことを思い出してほしい。なぜフランス人がこの現象をテロワールと呼ぶのか、そしてなぜテロワールが、地球、そして太陽と空との関係からしか生まれないかが分かるだろう。

　ほとんどのブドウが、日当たりは良いが暑すぎない条件が好きだ。この矛盾のある環境は、直射日光がある土地の栽培者にとって非常に難しい問題である。

　光があふれる地中海沿岸では、夜になるとたえまなく吹く海からの冷たい風が陸地を冷やし、ブドウの乾燥を保って、日中にカビやうどんこ病が発生するのを防ぐ。地中海沿岸から北西数百kmにあるフランス西海岸でも、大西洋からの風が雲を追いやるうえに陸地を冷やし、世界でもっとも人気があって高価なワインを作りだす。

　イタリア半島の最南端にあるプーリアでは、安くて美味しいワインを生産し、すぐに飲める手軽な値段のワインとして人気が高い。

　2003年はヨーロッパ全土を酷暑が襲い、各地で人的被害が起きた。高齢者や体の弱い人を中心とする1万人以上のフランス市民が、何週間も続く38℃以上の高熱の末に亡くなったのだ。この悲劇の非常に皮肉なことは、ヨーロッパ全土で2003年がワインの最高の生産年となったことだ。ブドウの収穫が1ヵ月も早く行われたところもあった。これまでもっとも収穫時期が早かったのは1893年のフランスのボジョレー地域だが、2003年はその記録を1週間も更新したのである。

トーマス・ヴォルネイ・マンソン

　1873年に1人の大学教授から40品種を超えるブドウの房を渡されたことがきっかけで、トーマス・ヴォルネイ・マンソンはブドウの世界に入った。品種改良の潜在性があっというまにマンソンをとりこにして、ブドウ栽培とのロマンスが始まったのだ。

　ケンタッキー農工大学を次席で卒業すると、マンソンは自然と園芸に対する熱意を燃やした。それが生涯にわたるブドウ研究の重要な土台となった。彼は、「ブドウはもっとも美しく、もっとも有益で栄養価が高く、栽培できる果物のなかでもっとも頼りになり、利益をあげる果物だ」と語っている。

　実際にマンソンのブドウに対する評価は時間をかけて伝えられた。しかし1870年代初頭、彼のブドウに関する斬新な考えやその潜在性は、アメリカ合衆国では独特なものだった。彼は最終的にテキサスのデニソンの、テキサス・ヒル・カウントリー北部のレッドリーバーに移り住んだ。現在ここはワイン産地として知られている。ここで彼は、膨大な調査とブドウに関する執筆をした。1909年に書かれた『Foundations of American Grape Culture』は、現在もアメリカのブドウのもっとも実用的な解説書として認められている。

　マンソンのキャリアを通じて、ワインの世界は彼をブドウとブドウ栽培の権威とみなすようになった。彼はブドウを交配して300種類以上の品種を改良した。その功績が讃えられて、1888年にフランス政府から表彰され、レジオンドヌール勲章を与えられた。また虫害や病気に耐性を持つ台木を開発し、いくつかのフランスのワイン用ブドウの品種を、フィロキセラという虫によって絶滅するのを防いだ。

　マンソンはテキサス園芸協会の会長や、米国でもっとも古い果樹関連団体であるアメリカ果樹園芸協会の副会長など、園芸、ワイン、地域に関するさまざまな組織の職を兼務した。

　マンソンは1913年1月21日に70歳で亡くなった。世界中のどこでも、なかでもマンソンが研究を行ったテキサスで、ワイン愛好家はブドウの栽培に与えた彼の影響に敬意を表している。興味深いことに、マンソンはヘリコプターの原型を発明するなど、発明家の精神があることでも知られている。

土曜日＋日曜日　167日目＋168日目

アイスワインの収穫に加わろう

　寒波や凍えるような天候の到来は、ブドウが凍るまで収穫しないアイスワインの生産者には良いニュースだ。寒さは糖分その他の溶解固形物に影響を与えないが、水分を凍らせる。圧搾すると凍った水分が残り、非常に高濃度の果汁が取り出される。発酵前にブドウを凍らせると、少量のとても甘いワインを作ることができるのだ。

　カナダはアイスワインをもっとも多く生産するが、アメリカ北部やヨーロッパの一部のブドウ畑でも、この珍しい糖分の多いワインを作っている。生産量はとても限られているため総じて高価だ。

　それでもデザートにアイスワインをひと口飲むだけで、甘いもの好きは満足するだろう（アイスワインの詳細は128日目を参照）。

　ある地域では、ボランティアの手伝いとしてブドウの収穫に参加できる。この仕事にはいくつかの注意事項がある。まず収穫を行うのは、ブドウが凍ったまま昼間の日光に暖められない深夜が多いこと。凍えるような気温になるのはまちがいない。

　それでも静かな夜のブドウ畑で、凍ったブドウを急いで摘み取る時のワクワクとした気持ちや、1年に1度の珍しい行事であることを考えると、何か魅惑的だ。実際に、アイスワインの収穫は多くのブドウ畑にとってちょっとしたイベントだ（凍えながら収穫するより暖かいベッドにいるのが好きな人は、翌朝の新聞で収穫の記事を読むことができる）。

　アイスワインの収穫がとても特別なのは、気温が低いことと、必ずしも楽しいものではないことが理由だ。ブドウは堅く凍っており、それでも健康で熟した果実は枝からぶら下がっている。気温は-13℃から-10℃に下がらなければならない。またブドウは手で摘み取らねばならない。

　地元のワイナリーに連絡をとって収穫時期と収穫を一般公開しているかを確認しよう。ワイナリーのウェブサイトも便利なツールである（ただし最新の情報が掲載されているとは限らないので、電話がもっとも確実だ）。事前に電話すること（夏は特に）。収穫に参加したいなら、秋の終わりまで待っていてはだめだ。アイスワインについてもっと知りたい人は、オンタリオ州トロントのWarwick Publishingが出版しているジョン・シュライナーの著書『Icewine: The Complete Story』を読むと良い。

アイスワインの収穫で凍ったブドウをショベルですくうシュロルス・フォルラーツ（ワイナリー）の労働者
（ドイツ、ヴィースバーデン）

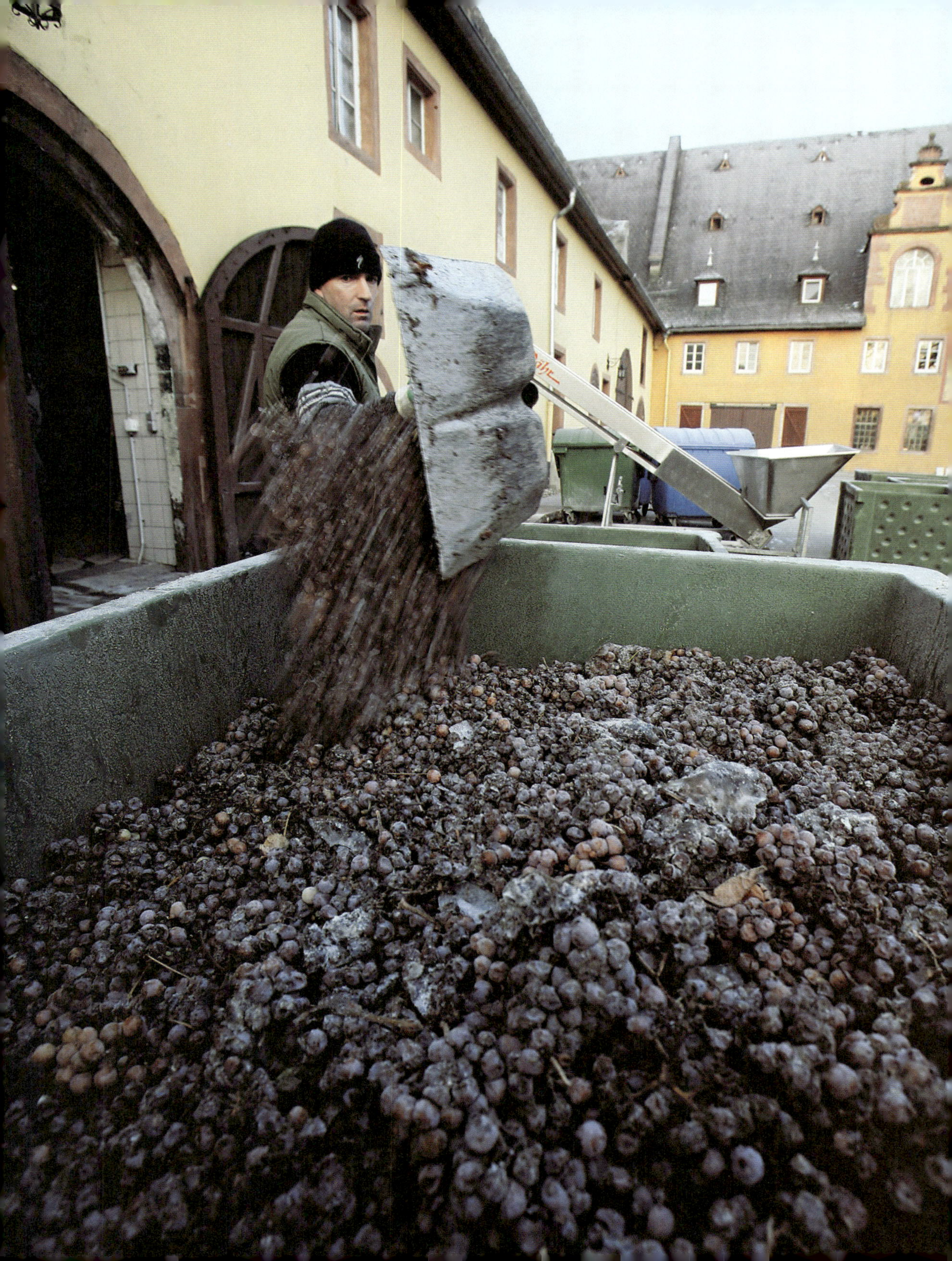

月曜日　169日目

グー・ド・テロワール（Goût de Terroir）

同じ品種のブドウでも、地域によっていかに味が違うかを理解するためには、フランスの深遠な言葉「グー・ド・テロワール（goût de terroir）」を理解する必要がある。テロワールは、おもには土壌の成分の神秘的な組み合わせを意味するが、太陽や気候条件もワインの風味に表れる。もちろんすべてのワインの特徴がそうであるように、これは「味わい」の問題であり、何がどう関わっているかを突きとめることは難しい。

フランスの赤ワインの産地エルミタージュは、ローヌ渓谷にある巨大な丘の斜面でブドウを栽培している。あなたはエルミタージュを飲むと、ブドウが暑い夏の日差しに焦がされた時間を味わうことができるだろうと想像するかもしれない。それはおそらく、エルミタージュの悪魔のような太陽と、それがこの有名なワインにもたらす影響について読んだことを、思い出すからだろう。

確かに、エルミタージュは焼いた穀物、ローストした肉といった、はっきりとした風味を持つことが多いが、それが単に太陽の下でブドウが過ごした時間から生まれると考えるのは強引かもしれない。もしそうなら、カリフォルニアの赤ワインはエルミタージュをしのぐエルミタージュになるはずだ（そして一般的にそうではない）。両者の違いは、エルミタージュは暑い地中海の太陽で熟成するが、冷涼な気候下にあるということだ。カリフォルニアのワイン産地より965kmも北にあり、カナダのノヴァ・スコティアとほぼ同じ緯度にあるエルミタージュは、カリフォルニアよりはるかに寒い。

暑さと寒さの気候の違いこそ、エルミタージュらしさである。そして簡単に言えば、それがテロワールである。

火曜日　170日目

ワインの本物のマリアージュ

ワインをブレンドすることは、素晴らしい味を作りだす芸術であり、何千本ものワインを同じ味にする科学でもある。現代の新世界のワイナリーは、単一畑の100％同じ品種のブドウでワインを作ることを楽しんでいる。確かに素晴らしいワインだが、ワイナリーはたくさんのワインを混ぜるという挑戦をすることも、手間をかけることもしない。

伝統的なヨーロッパのブドウ畑は、形式と必要に迫られてワインをブレンドする。トスカーナでは、ワイン生産者は10数種類のワイン用ブドウを組み合わせて、伝統的なキャンティを作る。ワイン生産者は、素晴らしい収穫年を最大限に利用したり、欠点を補ったりして、毎年ブレンドを調整することができる。やがて、安定し、特徴があり、再現可能なスタイルのワインとなる。

すべてのブドウがどこにでも自然に育つわけではない。ブドウ農家は時々違う土地に違う品種のブドウを植えて生産量を確保しなくてはならない。ワイン生産者らは、ほぼ最初の段階から、その土地から恵みを得るために、ブレンドワインを作らねばならなかった。

ボルドーのワインを例にとってみよう。作られているブドウのほとんどはカベルネ・ソーヴィニヨンとメルローのため、すでにブレンドする傾向が備わっている。メルローはカベルネをやわらかくし、カベルネはメルローを強める。それでもなおボルドーは、価格と品質の両方において生産年のばらつきが大きいことで知られている。

1種類のブドウだけを育てているワイン生産者はとても不安定だ。たとえば、もしシラーだけを栽培し、害虫の被害を受けたら、あるいはシラー独特の病気にかかったら、1度で収益を失ってしまう。他のブドウを育てることで、生産者は毎年ワインを作り、ブレンドするためのバランスのとれた材料を得ることができる。ある1種類のブドウが不作の年でも、すべてのワインが不作になるわけではなく、状況に応じてブレンドして調整することができる。

水曜日　171日目

Recipe: ステーキ・バルサミコ

　初心者のためのワインを使う料理の1つは、ワインでマリネした肉料理だ。ワイン、オイル、スパイス、そしてこのレシピではバルサミコで作ったマリネ液に肉をひたすと、料理する前に肉に風味を加え、柔らかくすることができる。

　忘れがたいほど素晴らしいワインと食事の組み合わせを作るコツは、料理にその日飲むワインを使うことだ。このレシピに使うのは、グラスに約1杯に相当する175mlの赤ワインだけである。

材料（6人分）

リブステーキ（骨つきが望ましいが骨なしでも良い）	約700g
バルサミコ酢	大さじ3
オリーブオイル	大さじ3
赤ワイン	175ml
バター	大さじ2
塩と黒コショウ	適宜
レモン汁	適宜

作り方

1. ステーキ肉をごく薄く（厚さ1cm弱）に切る。名刺大の薄切り肉が6枚くらいできる。肉屋で切り分けてもらっても良い。自分で切る場合は肉を1時間くらい冷凍庫に入れておくと、肉が堅くなり薄く切りやすい。

2. 浅めのボウルにバルサミコ酢、オリーブオイル、赤ワインを入れてステーキ肉を15-30分つけておく。ボウルから取り出してペーパータオルを何枚か重ねた上において水気をきる。

3. 大きめのスキレット（鋳鉄製の鍋）を中-強火にかけてバターをとかす。ステーキ肉に塩コショウをふっておき、バターが色づき始めたら肉をスキレットに入れて焼く。5分焼いたら上下を返し、レモン汁をかけ、中火にしてさらに4分焼く。

4. ルッコラかホウレンソウをしいた皿の上にステーキ肉をならべ、スキレットに残ったソースを少量かけ、食べる直前にレモン汁をかける。

この料理に合うワイン：
エリック・バンティ（Erik Banti）
モレッリーノ・ディ・スカンサーノ
（Morellino di Scansano）
イタリア

キャンティに使われて有名な赤ワイン用のブドウ「サンジョヴェーゼ」は、イタリアのいたる所で栽培されている。海岸地方のトスカーナのマレンマと呼ばれる地域には（マレ [mare] はラテン語で「海」の意味）、モレッリーノと呼ばれるサンジョヴェーゼの一種があり、その名前は酸味の強い茶色いモレッロというサクランボにちなんでいる。当然ながら、この地元の品種は自然な美味しい酸味が強い。トスカーナのワインの中には土の香りのする粗野なものがあるが、モレリーノは明るく晴れやかで果実味があり、バルサミコ酢の入ったマリネ液の中でもその風味は際立っている。

木曜日　172日目

リパッソ：ただ通り過ぎる

　スタイルを検証することは難しい。ある人のスタイルは、別に人にとって失敗かもしれない。誰かのスタイルを認めて賞賛することは、必ずしもそれが好きだと言う意味ではない。

　ワイン愛好家が「このワインにはスタイルがある」という言う時は、誰かが下した選択がワインの味に感じられるということだ。ワインでいうスタイルは、何をしたかだけでなく、何をしなかったかにも関連する。魅惑的なリパッソというイタリアの手法は、ワインのスタイルの究極の例だ。この手法の裏には、ヴァルポリチェッラのように平凡なブドウを使い、何かドラマチックなことをして、他にはない特別なワインを作ろうという発想（そして動機）がある。

　ヴァルポリチェッラという赤ワインは軽くて明るい味だが、そのままだと平板な味だ。一方、遅摘みのヴァルポリチェッラは、レチョート（甘いデザートワイン）とアマローネ（辛口で濁ったポルト酒のようなワイン）という高価で人気の高い２つのワインになることが多い。

　リパッソは「もう一度通り過ぎる」という意味だ。フレッシュなヴァルポリチェッラのワインを、レチョートとアマローネが入っていた樽に入れる。独特で香り高い有機残留物（リーズと呼ばれる）にふれて、ワインはわずかに再発酵する。樽から出すと、アルコール度数はやや高くなり、味は少し凝縮され、新しいコクのあるスパイシーな風味が満ちている。次にあなたが素晴らしいスタイルを持ったワインを探すときは、リパッソのワインを見つけてほしい。

金曜日　173日目

カリフォルニアワインの誕生

　アゴストン・ハラジーの地所は、世界最大のブドウ畑と宣伝された。彼の人生はあらゆる点で規模が大きかった。ワインの世界では、伝統的なヨーロッパの品種（ヴィニフェラ種）を1857年頃から商業規模で栽培してワインを作り、ワインの巨人と呼ばれるロバート・モンダヴィ、ヨハン＝ヨーゼフ・クリュッグ、ジョー・ハイツ、ジェイコブ・シュラム、グスタフ・ニーバムのワイン作りの基礎を作った。

　しかしハラジーの伝説的な地位はワインにとどまらない。彼は米国に永住した最初のハンガリー人で、ウィスコンシンで最初の町の１つを創設した。その町はウィスコンシン・リバー沿いのソーク・シティという。彼は最初の蒸気船を所有し、上流のミシシッピー川まで定期的に運航した。家族とともに西のカリフォルニアに移住した後も（金の発掘でチャンスをねらう時代のことだった）、彼は自分の経歴を飾り続けた。

　彼がソノマ・ヴァレーに移ったのは、ハンガリーを離れて（サンフランシスコで暮らした後）わずか16年後のことだった。この地で彼は、現在世界でもっとも活気のあるワイン産地を作った。彼は数百種類のヨーロッパの品種のブドウをカリフォルニアにもちこみ、何千エーカーものブドウ畑に植えた。彼は仕事に非常に熱心だった。ヨーロッパに出張し、カリフォルニアで育てるためのブドウの房を持ち帰り、カリフォルニアでのワイン生産に関する有名な本を書いた。彼がもっとも成功を収めた事業はソノマ郡のブエナ・ビスタで、最終的には売却された。

　多くの人がハラジーをカリフォルニア・ワインの父として賞賛する（異論を唱える人もいるが）。彼は大胆で、ふるまいが派手で、巧妙で、先見の明があると言われていた。しかし何よりもハラジーは野心家だった。

ワイン貯蔵室
（イタリア、ヴァルポリチェッラ、ヴェネト地方）

土曜日＋日曜日　174日目＋175日目

ワインと映画

週末にワインと映画で過ごすと決めて、ワインを盛り上げる映画をレンタルしてはどうだろう？　ワインは幾度も映画のテーマとして、あるいは、ストーリーに取りあげられている。そういう映画を観ると、新しい品種を試したくなったり、知らないワイン産地を訪れたくなったり、あるいは家で観ているうちにワインを開けたくなったりしないだろうか？

『ゴッドファーザー（THE GODFATHER）』

イタリアン・マフィアの古典ともいうべきこの映画では、ワインを飲み、ワインについて話し、ワインを褒め称える。結婚式のシーンでは、ドンがワインの喜びを語る。人が集まる時にはいつもワインが登場する。つまりイタリアはワイン無しでは語れないのだ。あなたもこれにならってみては？

『雲の中で散歩（A WALK IN THE CLOUDS）』

雲の意味を表す、ラ・ヌーブ（Las Nubes）というブドウ畑がこの映画の牧歌的な背景となっている。ここで若い女性が家族が経営するブドウ畑で収穫を手伝うために帰郷する。ブドウ踏みのシーンがあるし、随所でワインを飲むが、何よりもその舞台に想像力をかきたてられる。

『サイドウェイ（SIDEWAYS）』

もしあなたが、ワインが登場するとか、背景のニュアンスとして存在するだけでなく、ワインがストーリーそのものに関わる映画を観たいなら、この映画がぴったりだ。マイルズとジャックという友人が、結婚を前にしたジャックの独身最後の旅行にカリフォルニアのワイン産地に出かける。映画の中で、マイルズがピノ・ノワールが好きでメルローが嫌いだとはっきりと言ったので、映画公開後はピノ・ノワールの人気が急上昇した。この２人の友人がカリフォルニアのワイン畑をめぐってワインを味わいながら旅をするのを観ると、すぐにワイン産地への旅行を手配したくなる。飲んだワインのボトル、ワイン話の深さ、ゴージャスな風景は、ビール好きさえもグラスにピノをそそぎたくなるほど心をつかむ。

『ボトルショック（BOTTLE SHOCK）』

1976年にパリで行われたブラインド・テイスティングで、カリフォルニアワインが最高の評価を得たという有名な実話をもとにしている（フランス人のテイスターはとても驚き、また落胆した）。ブラインド・テイスティングの重要性とワインの世界にカリフォルニアの時代がやってきたことを教えてくれる。

『モンドヴィーノ（MONDOVINO）』

ワイン業界のビジネスとグローバリゼーションがいかにワイン生産者のワインの作り方を変えていくかに迫ったワインビジネスのドキュメンタリー映画。ワインの味わいに定義を与えるロバート・パーカーら批評家やミッシェル・ロランなどコンサルタントの影響にも焦点をあて、ワイン大手と伝統的なワイン生産者らが現在の環境下で必死に努力する姿を描いている。

月曜日　176日目

ワインに真実あり

　私が最初にワインについて書き始めたとき、賢明な友人で編集者であるベッツイ・ニーディッヒが、ブドウの葉のような形をした小さな銀のピンにIn Vino Veritasと彫られたものを見せてくれた。この古いラテン語の言葉を文字通り訳すと「ワインの真実の中に」となる。ローマ時代の人々は逐語的な人々で、この言葉はワインを飲むと真実を話すという意味である。夕食の時に、「In Vino Veritas!」と叫べば、はからずもゲストがお互いに酔うようにすすめ、ワインに真実を話させることになるだろう。

　アルコールを飲んだときの行動は、その人の人格を表すことが多い。これがこの言葉が昔から持っているもう1つの意味だ。あなたはワインを気がねなく飲みながらも、分別を失わないでいるだろうか？　それとも分別を持っていると、かえってはめをはずしたくなるタイプだろうか？

　ワイン生産者にとって「In Vino Veritas」は、ブドウの個性に忠実であり続けるという意味にもとれる。ピノ・ノワールをオーク樽に入れて風味をつけ、好みの味わいにすることはできるが、個性に忠実であり続けるということは、そのタイプや味をそのままに保つということになる。Veritasは、まっすぐに、昔ながらの方法で、いや歴史的と言ってもよいやり方で食事とワインを合わせるなど、地域のワインの伝統に忠実であるという意味でもある。

In Vino Veritasと書かれた、
ブドウを摘む労働者を描いたレリーフ
(ドイツ、トリッテンハイム、
ミルツ・ラウレンティウスホーフ醸造所)

火曜日　177日目

ピンク色のワイン

　白ワインは白ブドウで、赤ワインは赤ブドウで作られるのは当然のことのような気がするが、赤ブドウを優しく押してみると、やはり透明な果汁が得られる。とても有名なシャンパーニュ（ここでは白ワインとみなす）の中には、赤ブドウから作られるものがある。

　白ワインと赤ワインの違いはこうである。果汁を圧搾した後、赤ワインはブドウの皮と一緒に発酵する。白ワインは発酵時にブドウの皮を含まない。タンニン、色素、その他の化合物はすべて、ブドウの皮から生まれる。赤ワインが白ワインよりも力強いのはそのせいだ。その果汁には文字通りより多くの要素が含まれている。

　赤ワイン用のブドウを普通に圧搾すると、ピンク色の果汁が得られる。ブドウの皮を果汁に戻さずにそのまま発酵させると、ピンク色のワインができる。それは世界中でロザート、ロサード、ロゼ、グレイ、グリ・ピンク、そしてジンファンデルに至ってはホワイト・ジンファンデルと呼ばれている。ピンクのワインは本物の赤ワインを弱めた、柔らかくしたものだという型にはめて考える傾向があり、人によってはロゼを女性用（こう書くのも失礼だが）とさえ思っている。

　実際に、白ワインが好きな人はロゼワインに何かやましさを感じる固定観念がある。たいていの場合、白ワインや類似する赤ワインより安く、肩の力がぬけた美味しさがあり、夏には好きなだけ冷たく冷やすことができる。

おすすめのワイン：ピンクワイン

レ・ボー・ドゥ・プロヴァンスロゼ
（Les Beaux de Provence Rosé）、フランス
南フランスはロゼが美味しいことで有名だ。イチゴ、リンゴ、ラズベリーの風味が広がり、赤ワインとロゼの境界線は何だろうと思わず考えさせられる。ほどよく冷やすと良い。

ギガルタヴェル
（Guigal Tavel）、フランス
品質と信頼性が高いことで有名なギガルのロゼは、骨格、風味、バランスに優れている。素晴らしい旧世界のロゼの代表で、魚の煮込みやブイヤベースとよく合う。

レンウッドシラー・ロゼ
（Renwood Syrah Rosé）、アメリカ合衆国（カリフォルニア）
シラーはとても力強い黒ブドウで、ロゼもかなり肉付きがよくがっしりとしていて、果実の香りが濃厚で、赤ワインの酸味も感じられる。誰かがどこかでいまだに作っている質の悪いメルローの白ワインのことをすっかり忘れさせてくれる。

ピュピートル（澱を下げる台）に立てられた
ベル・エポック・ロゼのエナメル加工したボトル
（フランス、マルヌ、エペルネーの
シャンパーニュ、ペリエ・ジュエの貯蔵室）

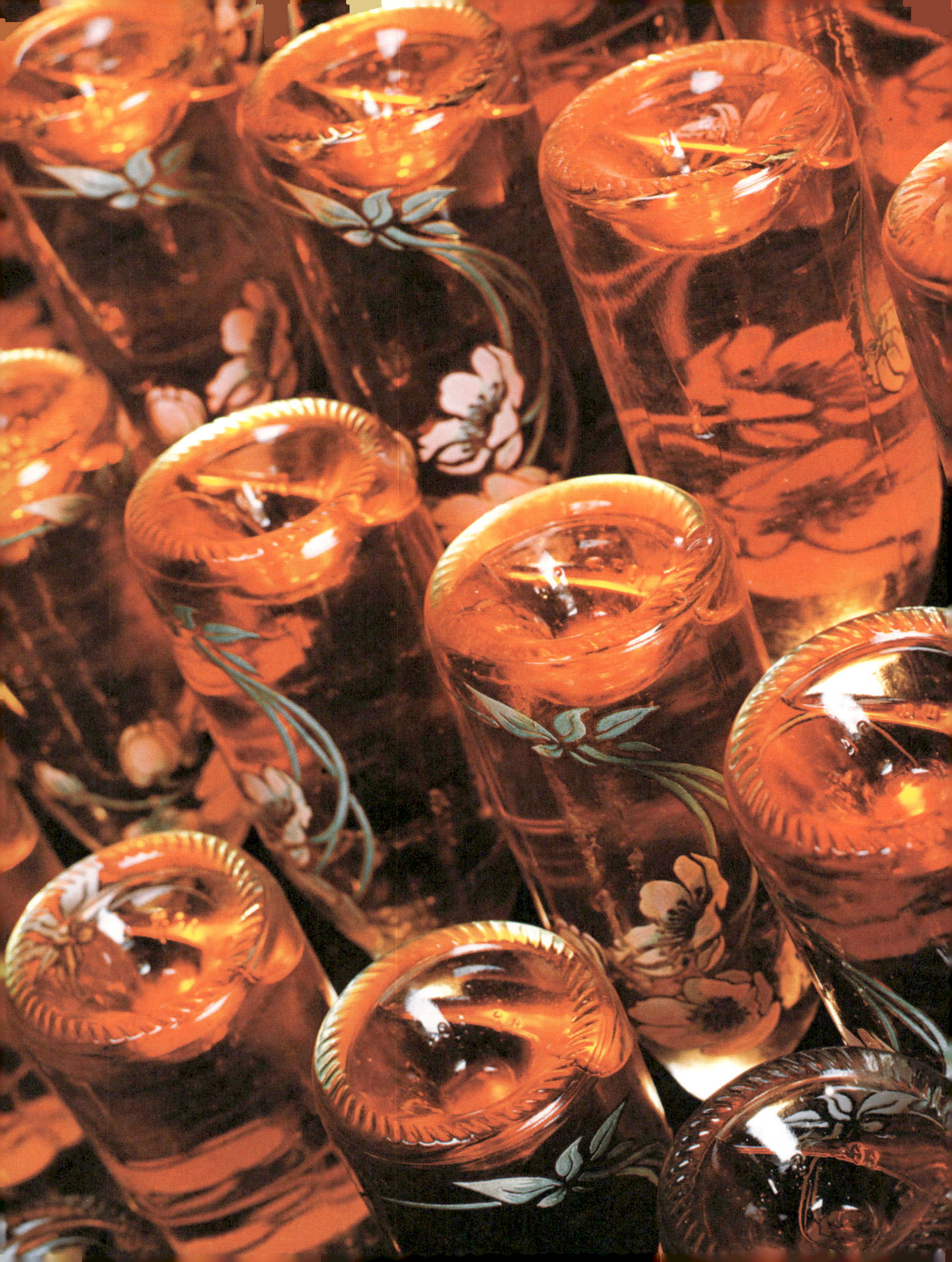

水曜日　178日目

Recipe: ステーキ・オゥ・ポワブル

この伝統的な料理では、レアで食べたい場合は、ロンドンブロイル（肩やわき腹の肉）かシェルサーロイン（あばら骨の後ろの背中の部位から腰肉を除いた部分）など、脂肪分のごく少ない赤身の肉を使う。ダン、あるいはウェルダンで食べたい場合は、脂肪を切り取ったものを使おう。脂肪はすぐに焼き上がるが肉の部分は時間がかかるからだ。

材料（4人分）

ステーキ肉	2枚
	（約2.5cmの厚さ2枚合計約460g）
辛口の赤ワイン	120㎖
バルサミコ酢	60㎖
オリーブオイル	大さじ2
挽きたての粗引き黒コショウ	30g
粗塩	50g
ローズマリー（細かくきざむ）	大さじ1

作り方

1. ステーキ肉をワイン、バルサミコ酢、オリーブオイルを合わせた中に浸して1-4時間マリネする。肉を取り出してペーパータオルで水気を拭き取る。マリネ液は使用しない。

2. グリルまたは鋳鉄製のスキレットをとても熱くなるまで予熱する。黒コショウ、塩、ローズマリーを混ぜて、ステーキ肉をおしつけて両面にまぶす。まんべんなくつけること。

3. ステーキ肉を片面3-4分ずつ焼いてレアかミディアムレアにする。焼く時間は好みに合わせて調整する。ソテーした緑の野菜（ブロッコリーかケール）とローストした小さなジャガイモを添える。

この料理に合うワイン：
ペンフォールドBin407
（Penfolds Bin 407）
カベルネ・ソーヴィニヨン
オーストラリア

ペンフォールドはBin407をとても高価なBin707の弟とみなしている。Bin707自体は、ペンフォールド社で最大級に有名なグランジに次ぐワインである。力強く、オークの香りがする赤ワインで、円熟しタンニンをたっぷり含む。

ソーミュール城とワイン畑（フランス、ロワール渓谷）

木曜日　179日目

ロワール川のワイン

　ロワール川は南フランスから出発して、まるでイギリス海峡を目指すかのように、北に向かって流れている。全長965kmの流れのちょうど中間あたりにあるオルレアンという町で、川は急カーブを描いて左に曲がり、西の北大西洋に向かう。

　この曲がり角の辺りからロワールの何haもの規模のワイナリーが何百軒も続く。この地域はフランスで3番目に広大なワイン生産地で、(パリとコートダジュールに次いで) 3番目に観光客が多く訪れる場所である。

　ロワールの白ワインは、ミュスカデ(マスカットとは関係無い)、シュナン・ブラン、またはソーヴィニヨン・ブラン(ボルドーの白ワインの品種としてより知られている)で作られる。幸運なことに、カベルネ・フランを栽培する地域もいくつかあり、深く黒っぽい色だが不思議なほどタンニンの嫌味が軽い、濃密な赤ワインを作っている。

　筋金入りのワイン愛好家なら、ミュスカデ・ド・セーブル・エ・メーヌ、サヴァニエール、ソミュール、シノン、ブルグイユ、ヴーヴレイ、サンセール、カンシー、プイ・フメその他多数の、ロワールの町や小地域の名前に聞き覚えがあるだろう。

　ロワールのワインは、現在私たちが好きな白ワインや赤ワインへの先入観や誤解に挑戦している。ただしこの挑戦は、その存在を価値あるものにするための挑戦だ。

おすすめのワイン：
シャトー・モンコントゥールヴーヴレイ
(Château Moncontour Vouvray)

フランス

シャトー・モンコントゥールは、ヴーヴレイ最大の113haのブドウ畑を持つ。このワインをグラスにそそぐと、最初は緑のハーブとミネラルウォーターの香りがする。ふくよかで、円熟した梨、リンゴ、メロンの風味がそれに続く。食事の後のチーズの時間まで待ってブリーと一緒に味わいたい。ロワールのシュナン・ブランを初めて知るのに最高のワインである。

金曜日　180日目

チャールズ・ショー

「2ドルワイン(Two-Buck Chuck)」と呼ばれるこのワインは、人気の高いワインは値段が高いという傾向を吹き飛ばした。このワインは人気が高くて安い。心をとらえるニックネームはその安さから生まれた。

ではこの不名誉な呼び名がつけられたワインの背景の話をしよう。

シカゴ出身の歯科医だったショーは、1974年にワイナリーを始め、ヴァルディギエ、ガメイ・ノワール、ピノ・ノワールといった品種から質の高いワインを作り、ブレンドして、ガメイ・ボジョレーあるいはナパ・ガメイとして販売した。チャールズ・ショーのガメイ・ボジョレーは、本当にボジョレー産のガメイ・ノワールを含んでいたので、当時は比較的良いブレンドワインの1つとされていた。

しかし事業は壁に突き当たり、ショーは苦労を強いられた。1991年には離婚して、ワイナリーの資産とブドウ畑をチャールズ・クリュッグに売却し、ブランド名の「チャールズ・ショー」はカリフォルニア州セレスのブロンコ・ワイン・カンパニーに売却した。11年後、ブロンコ社のフレッド・フランジアがこのブランドをセントラル・バレーのブドウを混ぜることで、割安なワインへと改良した。

このワインはナパにあるブロンコ社で瓶詰めされるので、ラベルには魅力的な「ナパ」という名前が含まれる。消費者は、チャールズ・ショーを本物のナパ・ヴァレーのAVA（アメリカのブドウ栽培地で栽培されたブドウで作ったワインのこと）だと思うことは気の毒だ。しかし、本当に飲む価値のある安いワインが分かる消費者には乾杯したい。

チャールズ・ショーは、全米で9つの州にしかない専門小売店トレーダーズ・ジョーでしか販売されていない。この店のチャールズ・ショーのボトルは棚から飛ぶように、ドアからはケースごと出ていくかのように、よく売れているという。実際に毎年何百万ケースが売れている。しかしこのバーゲン品を争って買う騒ぎは、歯科医でワイン生産者である我らがチャールズ・ショーを少しいらだたせている。少なくても、彼の名前を復活させて、彼の今の仕事より立派な評判を得るということはショーにとって問題だった。ショーはラベルを少し変えて、少量の本物のナパ・ヴァレーのワインを作り、私たちが知っている「チャック（2ドルワイン）」とは違うと言っている。ワイン愛好家の皆さん、このワインには引き続きご注目を。

土曜日＋日曜日　181日目＋182日目

リストを見ながらワイン好きのためにワインを買う

ワイン好きにワインを買うのは、ちょっとしたお土産でも特別なプレゼントでも、簡単ではない。「友達はワインが好きだけれど、何を買うべきだろう?」と思うとき、答えはコースターでもカラフェでもその他のワイン小物でもない。高価なコルク抜きはコルクで抜く人には価値があるが、相手にとって本当に必要かどうかが分からないときは避けた方が良い。

ささやかな秘密を教えよう。それはワイン好きはワインが欲しいということ。単純過ぎて忘れてしまうことがあるが、もちろんワイン通の友人にワインを買うことは、自分のために高価なワインを買うよりも頭が痛い。これでちょうどよいかな？　高すぎる？　安すぎる？

そんな心配を解消するには、高価で神経がすりへるような店のセレクションから選ばずに、中くらいの価格でお互いに相性の良いワイン2-3本を組み合わせることに焦点を合わせると良い。

例えば伝説的なシャトーヌフ・デュ・パープではなく、良質なコード・デュ・ローヌ、ジゴンダス、そしてボーム・ド・ヴニーズのデザートワインの素敵なボトルをまとめてギフトバスケットに入れる。生乳で作ったブルーチーズを切ったものや、素晴らしい味の大きなベルギーチョコレート（私が好きなのは手頃な価格でよく売られているカラボー［Caillebaut]だ）を添える。結局、節約はできないが、ワイン好きな相手は選択肢があることに喜んでくれるにちがいない。

市場で売られるワイン（フランス、ロワール渓谷、ロシュ）

月曜日　183日目

飲める分だけ飲もう

　ワイン・インスティチュート（Wine Institute）の最新の数値を読んだら、地球上のテイスティング・グラスが半分空だと気がつく。

　フランス、イタリア、スペインの三大国は、ワインの総消費量、1人当たりの消費量、ブドウ畑の広さ（ha）、輸出量など、ほぼすべてのワインのカテゴリーの上位を占める。ローマ時代のワイン醸造家がこれらの一流のワイン国にブドウの苗を植えたのは数千年前のことだ。今も西ヨーロッパでもっとも古い生産地として、世界をリードしていることは道理にとてもかなっている。

　ワインの総消費量でアメリカ合衆国は3位である。1人当たりの消費量は35位である。アメリカ人は1年間に1人11本、1週間にグラス1杯くらいのワインしか飲まないが、フランス人は1年間に80本、イタリア人は70本飲む。

　端的に言って、米国市場は2倍消費して、またその2倍消費して、さらに2倍消費しないとフランスと同じレベルにはなれないということだ。

　楽観主義者は、ヨーロッパの消費量はその他の国のワイン消費量の成長の可能性を示す例だと考えている（ただしルクセンブルグの1人当たりのワイン消費量が1週間に2本というのは異常値のようだ）。さほど驚くことではないが、ワインの最大消費国には2000年前からずっと、毎日欠かさずワインを飲むことを奨励する文化がある。新教徒と酒類密造者がアメリカ合衆国を建国したのは、ほんの数世紀前だ。そのことは、アメリカとワインの関係が改宗者的でやや両面性があると説明している。伝統を乗り越えることはできないと誰が言えるだろう。

火曜日　184日目

アルバリーニョ

　アルバリーニョ（Albariño）というブドウは、冷涼で、風が強く、雨の多い気候でよく育つ。それはスペインの北西部のガリシア地方でしばしば耳にする気象レポートと同じだ。そこがアルバリーニョの原産地である。ポルトガルでこのブドウはアルヴァリーノ（Alvarinho）と呼ばれ、ヴィーニョ・ヴェルデにブレンドされる。アルバリーニョへの関心が高まるにつれて、カリフォルニアやオレゴンのワイナリーで試験的な栽培が行われるようになった。

　冷涼で雨の多い環境で栽培するために、アルバリーニョは剪定され、トレリスなどの支柱で支えられ、支柱に沿ってかなり高いところまで誘引される。湿気がたまってブドウの実が腐ったり、白カビが生えたり、真菌性の病気になったりするのを防ぐためだ。

　しかし背の高いブドウの木に風が吹くと乾いてしまうため、その状況に耐えるためにブドウの皮が厚くなる。それがアルバリーニョの香りを強め、アーモンド、リンゴ、梨、柑橘類、花、草の匂いを生みだす。

　アルバリーニョのワインは酸味が強く、海鮮料理にとても合う。このワインは素早く飲むこと。熟成しても美味しくならない。瓶詰めして数ヵ月で香りは薄れてしまうだろう。

火曜日　184日目

Recipe: マッシュルーム、ベーコン、リースリングのスタッフィング

このレシピにはリースリングが必要だが、手頃なゲヴュルツトラミネールを代わりに使ってもよい。ターキーと土の香りがするマッシュルームとスモーキーなベーコンは、濃厚で香り高いゲヴュルツトラミネールと最高の相性だ。分量はターキー1羽2.5-5.5kg用だが、ターキーが大きい場合は倍量にするとよい。

材料(6-8人分)

ニンニク	4片(みじん切り)
スモークベーコン	110g (角切り)
オリーブオイル	60㎖
大きめのタマネギ	1個(みじん切り)
セロリ	100g (みじん切り)
生のマッシュルーム	140g (みじん切り)
サワドーブレッド*のクランブル	460g (1cm強の角切り)
*(手に入らない時は他のパンで代用可)	
海塩	小さじ1/2 (3g)
挽きたての粗挽き黒コショウ	小さじ1/2 (1g)
生のローズマリー	大さじ3 (5g) (みじん切り)
生のセージ	大さじ3 (8g) (みじん切り)
生のパセリ	大さじ5 (20g) (みじん切り)
リースリング	480㎖ (またはゲヴュルツトラミネール)

作り方

1. 大きめのフライパンにオリーブオイルを入れて、ニンニクとベーコンをきつね色になるまで炒めたら、タマネギとセロリを入れて透明になるまで炒める。マッシュルームを加えて中火で5分ほど、水分が出始めるまで炒める。

2. 火を中火にしてパンの角切りと塩とコショウを加える。5分ほどよく混ぜながら炒める。白ワインを加えてよく混ぜる。

3. 火を弱めてフタをして、弱火で30分時々混ぜながら煮る。しっとりとした状態を保つように必要に応じて時々ワインを加える。

> 色々な種類のマッシュルームを使うと、スタッフィングの風味や食感の幅が広がる。生のハーブが無いときは、ドライハーブを使っても良いが分量は半分にすること。ターキーの脚の周りと全体の上部の皮をもちあげて、下にスプーンでスタッフィングを入れる。腹の中にはリンゴやセロリを入れて乾燥を防ぐ。

この料理に合うワイン：
カステル=カステル(Castell-Castell)
シルヴァーナ(SIlvaner)
ドイツ

西ドイツで作られるワインのほとんどはリースリングだが、東南のババリアや最終的にはオーストリアを目指して旅をすると、いわば森の中から他の白ワインが現れる。シルヴァーナー(ラテン語で「森」の意味)が生産する土の香りのする辛口の白ワインは、こくのある料理にぴったりだ。

木曜日　186日目

個人的な話：GPSとワイン

　私が妻に会ったとき、彼女は自分はワインについて何も知らないし知ろうとも思わないと宣言したが、私はとにかく彼女と恋におちた。彼女は、料理、食事、生活の知識が豊かで、それを多くの人が良い暮らしと呼ぶ。実のところ彼女はワインのことも知っているが、多くの人と同じように、ただそれを知らないと思っているだけなのだ。

　夫婦となって料理や食事を共にするようになると、私は彼女がとてもシャトーヌフ・デュ・パープをとても愛していることに気がついた。有名な南フランスのローヌ渓谷の赤ワインである。第1の理由はまず、シャトーヌフ・デュ・パープは美味しい。これはどんなワインもまず目指すべきことだ。第2の理由はユビキタスであること。つまり、どのワイン店に行ってもどこを旅行してどのレストランに入っても、何らかのシャトーヌフ・デュ・パープが見つけられることだ。そして最後の理由は、もっと有名なボルドーのシャトーワインとほぼ同じ水準でありながら、比較的高価ではない伝統的なフランスワインであることだ。

　彼女にもっと私を好きになってもらおうと、ワイン店で夕食用のワインを探したことがある。店に勤めるワイン専門家チャック・エルドレッドが私を手伝ってくれた。彼は、「シャトーヌフ・デュ・パープがお好きなら、これを試してみてください」と言って、アラン・ジャグネット（257日目を参照）が輸入した赤ワインのボトルを渡してくれた。「隣の町のワインですが価格は半分です」と彼は言った。私たちはワインの産地が描かれた地図を広げた。確かにこのワインはシャトーヌフ・デュ・パープのある交差道路から2㎞ほど離れた交差道路にあった。

　その夜の夕食の席で、私の妻はそのワインをひと口飲んで「シャトーヌフ・デュ・パープは美味しいわね」と言った。私はこのワインは違うと言うと「いいえ、そうよ。特別な風味があるの。これはまちがいなくシャトーヌフ・デュ・パープよ」と彼女は答えた。その時、嗜好や食事に関する私たちの関係は完璧だと知った。地球全体を眺めても、1本のワインが作られた場所を1マイル以内の誤差で示すことができるであろう女性と私は恋に落ちたのだ。

早朝のワイン畑
（アメリカ合衆国、カリフォルニア州、ナパ・ヴァレー）

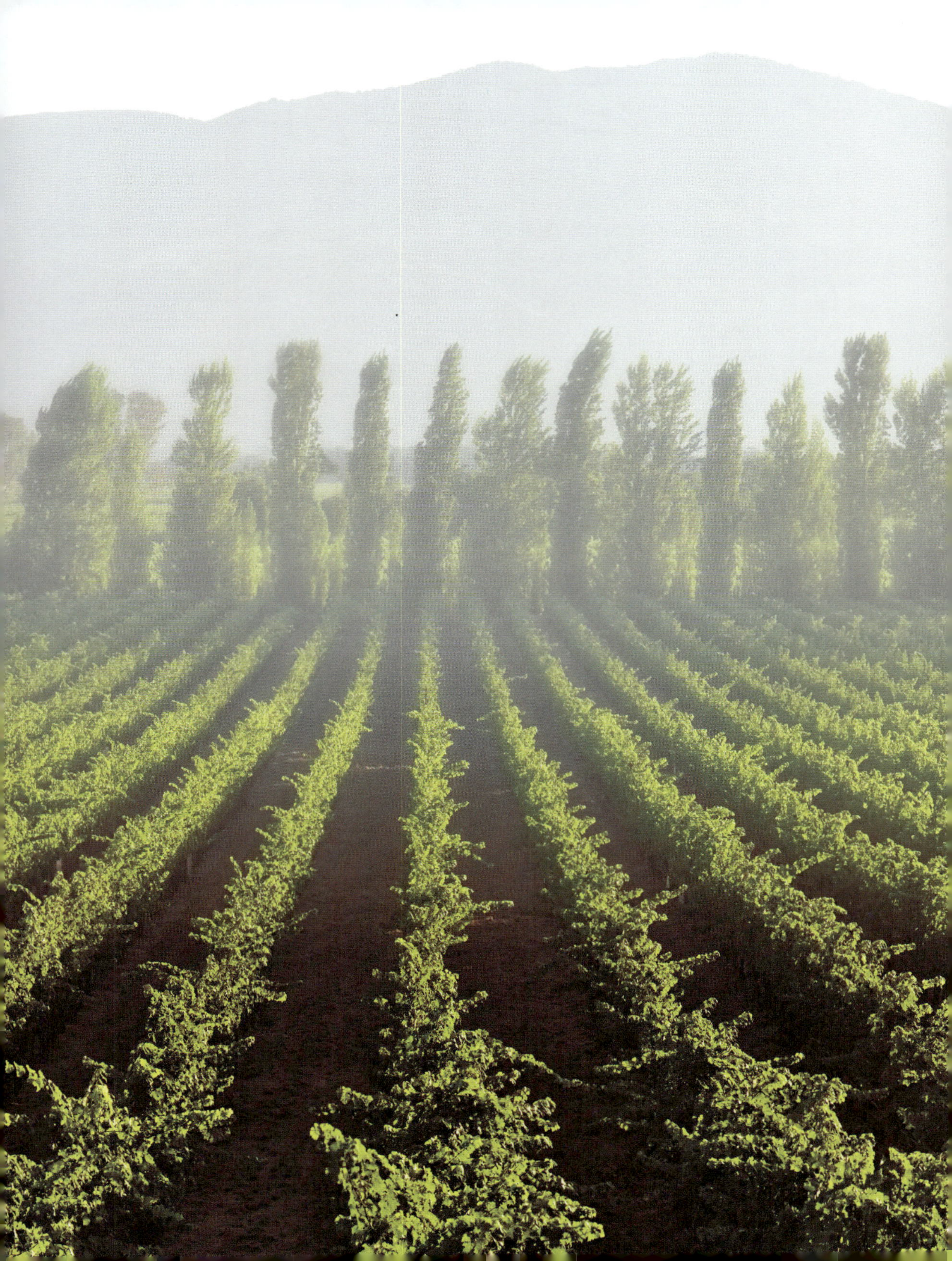

金曜日　187日目

ジニー・チョー・リー

　ジニー・チョー・リー（Jeanne Cho Lee）はアジア出身者としては初めて、マスターズ・オブ・ワイン協会が4日間かけて行う難関なことで有名な試験に合格して、マスター・オブ・ワインの称号を授与された。リー氏は韓国のソウル生まれ。スミス・カレッジの交換留学生としてオックスフォード大学で学んでいる時にワインへの興味が生まれた。ハーバード大学に進み、公共政策修士課程を修了すると、ブドウに熱意を持つアジア系女性としての役割を強調しながら、ワインの世界の開拓を始めた。

　卒業後、彼女はニューヨーク市にあるウィンドウズ・オン・ザ・ワールド・ワイン・スクールに通った。またコルドン・ブルー・パリの料理の認証を取得し、1998年にはワイン・アンド・スピリット・エデュケーション・トラストの学位免状を取得した。しかし彼女の最初のキャリアはビジネス・ジャーナリズムで、「アジア・インク」、「ファー・イースタン・エコノミック・レビュー」、「ザ・アセット」などのビジネス誌に寄稿した。その後、クアラルンプールの「サン・ニュースペーパー」の毎週のワインコラムを担当するほか、「ワイン・スペクテーター」「デカンター」「ワイン・ビジネス・インターナショナル」「ラ・レビュー・デュ・ヴァン・デ・フランス」といったワイン雑誌に寄稿している。

　現在リー氏は、国際的なワインの審査員、ライター、講演者、コンサルタント、認定ワイン教育者を務めている。また『Asian Palate』と『Mastering Wine』の2冊の本を執筆している。

　リーはアジアのワイン市場の潜在的な成長について、2007年の「ワイン・ビジネス・インターナショナル」の記事にこう書いている。「すべての中国人が1年にボトル半分でもワインを飲んだら、ヨーロッパのワインの湖はまばたきをする間に枯れるだろう」しかし彼女は需要が増加するにしたがって、国内の生産量も増えるとみている。（中国市場に関しては263日目を参照）ワイン業界は、さまざまな傾向をジャーナリスティックに深く掘り下げ、ワイン産業への深い造詣を持つ、リー氏を頼りにして良いだろう。

土曜日＋日曜日　188日目＋189日目

ブランチで飲むワイン

　優雅なブランチは、それが祝日であろうとなかろうと特別な時間であることは間違いない。贅沢でもシンプルでもよい。食事を楽しむには、食事を引き立たせ、このイベントを輝かせる（時には文字通りきらめかせる）飲み物が必要だ。そう、ぴったりなアルコールを！　まだその日が始まったばかりなので、アルコール度数に気を配り、さわやかな軽めのワインかワインを混ぜた飲み物にすれば、パーティを早々にお開きにして昼寝の時間にすることもないだろう。

　ミモザは、ブランチにぴったりなクラシックな飲み物。輝くように泡のたつ発泡ワイン（またはシャンパーニュ）とオレンジジュースを合わせたミモザは、ブランチの食事にとても合う美味しさだ。基本的にプレーンなオレンジジュースに特別なものを少し加えるだけで作ることができる。アルコールは少ししか含まれていないので、ゲストにも後で喜ばれることだろう。

　ベリーニはイタリアの飲み物で、発泡ワイン（またはシャンパーニュ）と桃のピューレを使う。これもミモザと同じように、華やかで、泡立っていて、朝食にとても合う美味しさで、ゲストも満足してくれる穏やかなアルコール度数、という原則にしたがっている。

　ワインを混ぜた飲み物だけに限らなくてもよい。前述の基準にとらわれず、その日の食事に合いブランチに適したワインを用意しよう。たとえばスペインのカヴァはさわやかな発泡ワインで、スモークサーモンなどブランチのビュッフェに出すようなシーフードを引き立てる。発泡酒の代わりに美味しいリースリングを用意してもよい（スモークサーモンにトマトを添えるとなお良い）。実はリースリングと相性が良い料理は多い。また他のワインと比べてアルコールが低いものが多い。最後におすすめするのは辛口のロゼだ。軽めで朝食に合うが、個性的でもある。

月曜日　190日目

ワインの熟成

　ワインについてもっともよく聞かれる質問は、ワインの年数、熟成、熟成能力である。人々は、ワインが熟成しているか、年数とともに良くなっていくのか、もしそうなら、白ワインと赤ワインでは熟成の仕方が違うのか、といった事に自然に興味を持つようになる。ワインの不思議な魅力の1つは、何十年も前に作られたワインが、まるでマッドサイエンティストが作ったタイムマシーンに乗って、美味しさとともに現代にやってきたような気がするところだ。

　出来あがって数ヵ月以内に消費されないワインは地球上に数パーセントしかない。そのため、熟成したワインといえば、希少で、誇り高く、高価な赤ワインを意味することになる。

　確かに赤ワインと白ワインの熟成の速度は違う。白ワインは、出来たてで、若く、活力があり、果実と花の風味がある方が美味しい。ほとんどの赤ワインにも同じ美味しさがあるが、少なくとも5年から7年たっても味がおちないことが多い。もちろん若さが過ぎ去るのは早く、若さこそ白ワインの美味しさだ。熟成させたワインに関しては、白ワインは果実と花の風味、赤ワインは皮、種、骨格が、美味しさを決める。

　経験からいって、赤ワインは7年くらいが美味しい。それより若いものも良い。それより古いものついては、皆さんに判定をお任せしよう。

火曜日　191日目

ネーロ・ダヴォーラ

　ネーロ・ダヴォーラはシチリア島でもっとも人気のある赤ワイン用のブドウで、他のよりマイルドなワインの味を高めるために、フランスや北イタリアで長く使われている。アルコール度数は最大18％と群を抜いて高く、力強い存在感があり、生産者が収穫や加工の時に気を配らないと他を圧倒する。近年はこの力強過ぎる（そしてアルコール度数が高過ぎる）ワインの調子を緩める技術が導入されている。例えば、夜に収穫してブドウを冷たい桶に入れて早期発酵を促せば、シラーに匹敵するふくよかなワインになる。

　ネーロ・ダヴォーラはシチリアの温暖で陽の光があふれる気候でよく育っている。その土壌は、他の場所では得難い、シシリーらしい個性を与えてくれる。カラブレーゼとも呼ばれるネーロ・ダヴォーラは、まさにシチリアの味で、他の品種のブドウと混ぜないヴァラエティワインは、どっしりとしていて果実味がある。多くのワイン愛飲家がボリュームのある肉料理に合わせるときに探し求めるような、正統派の赤ワインである。

水曜日　192日目

夏のワイン

　冬の間に気にも留められない白ワインは、夏になると人気者になる。ヴェルナッチャ・ディ・サン・ジミニャーノは、水のように透明で風味がほとんどなく、夏の飲みものとして最適だ。冷たく冷やすと、はじけるような酸味と刺激が口に広がり、生の魚介、グリルした海老、肉厚なアンコウのマリネなど、夏の食事ならほとんど何でもよく合うからだ。

　夏の赤ワインの問題は２つある。まずバーベキューの濃い味に合わせるのが難しい。それはマシンガンにワインを合わせるようなものだからだ。それほど強いものに対抗できるのは何か？　私の経験では、炭火で焼いた料理と正面衝突して生き残れるのは、最上級に力強く、赤ワインらしいワインだけだ。

　第２に、赤ワインは白ワインほど冷やさずに飲むのを好む人が多いが、それでも少しは冷たい方が良い。温まった赤ワインほどひどいものは無い。ピクニックや屋上での温度管理方法は書くまでもないだろう。

　私の考えでは、夏の間はテラスに出るまで赤ワインを安全に冷蔵庫で冷やしておくしかないと思う。暑い日は、氷のように冷やしてはならないが、冷蔵庫で冷たくしておけば良い状態で飲めるだろう。

> 種なしブドウ（緑、黒、ピンク、なんでも良い）を１房買って、洗い、実を茎から外す。それを凍らせて、ワインを冷たく保つ氷として使う。ひとつかみの凍ったブドウを白ワインのグラスに入れれば、とても冷たくなる。赤ワインならグラスに１つか２つ入れておけば、ほどよい冷たさを保てるだろう。

ネーロ・ダヴォーラのつる

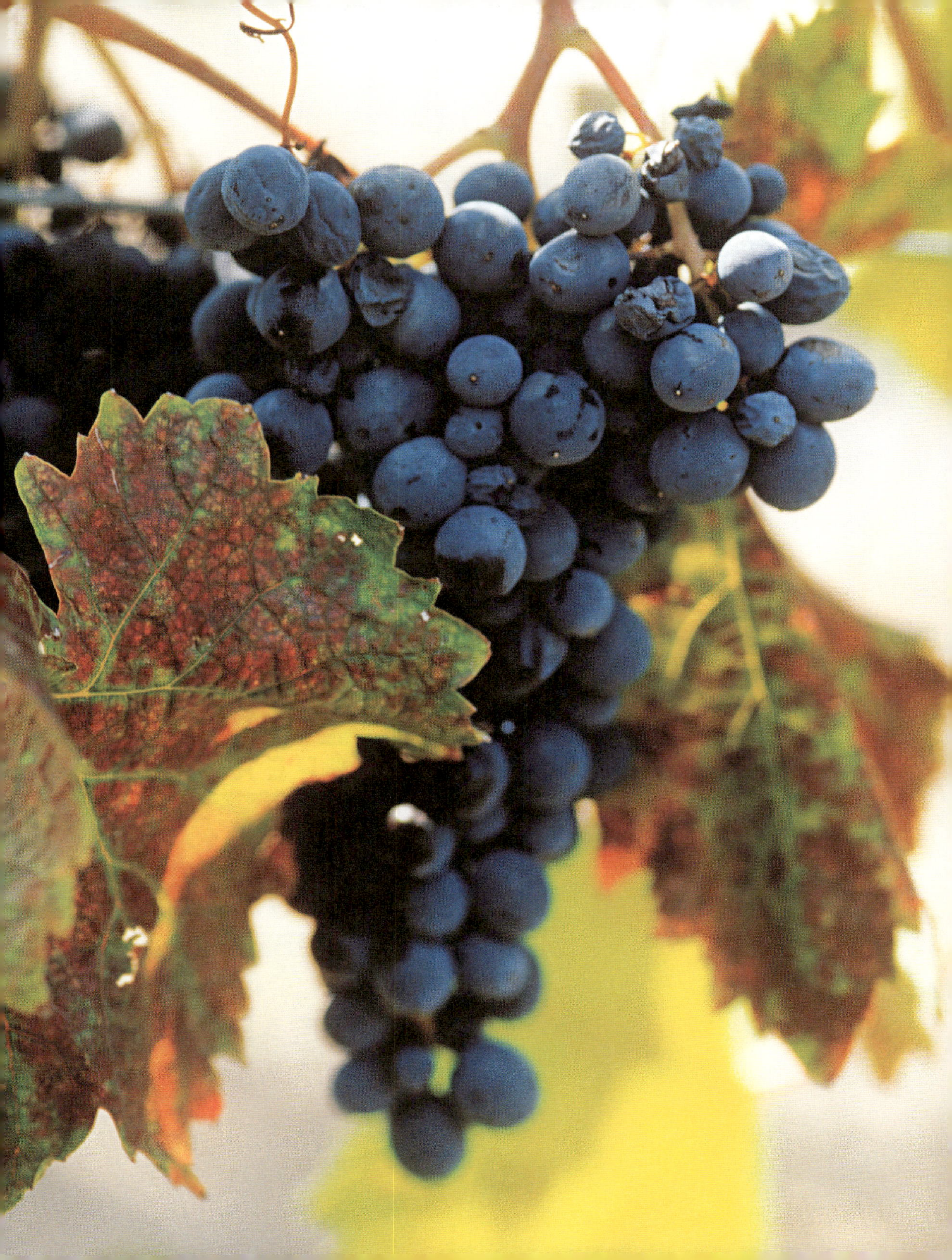

木曜日　193日目

シャンパーニュ

　パリから160㎞東のシャンパーニュ地方で作られた発泡ワインだけが、シャンパーニュと名乗る権利があり、その名前に私たちは金を払う。その他の泡のたつワインは発泡ワインと呼ばなくてはならない。

　フランスのシャンパーニュのブドウ畑の大半は、ランスとエペルネの町の間にある。そのなだらかな丘陵地にはブドウが海のように広がっている。ここはヴーヴ・クリコ、モエ・シャンドン、ルイナール、クリュッグ、ポメリー、ドン・ペリニヨンの生産地である。実はドン・ペリニヨンは、完全に発酵する前に瓶詰めすると泡が出るのに気がついて、酸味の強いシャンパーニュのワインに輝きをもたらせた人物だ（ドンペリニヨンの伝説については23日目と89日目を参照）。自然発酵で生まれた二酸化炭素がシャンパーニュの輝きを作っている。

　シャンパーニュは、ピノ・ノワール、ピノ・ムニエ、シャルドネという品種のブドウから作られる。上質なボトルには、R.M.（Récoltant-Manipulant：レコルタン・マニピュラン）または S.R（Société de Récoltantes ソシエテ・ド・レコルタン）と書かれている。これらのイニシャルは、自家農場で作られたブドウを使ったシャンパーニュで、ブドウ栽培者が醸造、瓶詰め、販売していることを意味する。

　シャンパーニュを旅していると、シャンパーニュの他にルテルの「ブダン・ブラン」（白いソーセージ）、シャンパーニュとマルス酒に浸したクリーミーな「シャウルス」や「ラングル」といったチーズ、ビスケットの「ローズ・ド・ランス」など、この地域の美味しい食べ物を味わう機会に恵まれる。

　シャンパーニュ＝アルデンヌ地域は、一般的に、フランスの歴史に満ちている。ランスではノートルダム大聖堂を訪れてほしい。この大聖堂はゴシック建築の傑作でフランス国王の戴冠式が1000年前から行われている。また、マルク・シャガールがデザインしたバラ窓と呼ばれる円形のステンドグラスや一列に並んだステンドグラスを見ることができる。

シャンパーニュの有名な町、エペルネ、シュイイ、アヴィズ、クラマンを示すフランスの道路標識

ミリェンコ・"マイク"・グルギッチ

ワイン業界の革新者マイク・グルギッチは、2つの飛躍的進歩をもたらしたことで、2008年にカリフォルニア州から生涯功労賞を授与された。まず1つは低温殺菌とマロアクティック発酵の利用法を開発したこと。もう1つはいかに樽が適切な熟成を促すかを世界に示したことである。

おそらく彼の最大の業績は1976年のパリテイスティングだろう。彼がカリフォルニアのシャトー・モンテリーナのために作ったシャルドネは、会場のフランスで最高のワインの1つに選ばれ、ナパ・ヴァレーを一躍有名なワイン生産地にした。「私たちの勝利はカリフォルニア、特にナパ・ヴァレーのワイン産業に、新しいエネルギーを送りこんだ」と、グルギッチは語る。「そしてアルゼンチンやチリなど、世界の他の地域のワイン生産者に活力を与えた。彼らは、私たちにできるなら自分にもできると気づいたのだ」と彼は続けた。

グルギッチは、クロアチアのワイン生産者の祖父と父を持つ、まさにワイン業界に生まれた人物と言える。11人兄弟の1人で、水と赤ワインを半分ずつ混ぜたものを飲んで母乳を卒業した。3歳になるとブドウを踏んでいた。最終的にはビジネスカレッジに進み、化学、ワイン醸造学、微生物学、土壌生物学、果物、ブドウについて学んだ。若い頃から自分自身の冒険的事業の準備をしていたのだ。

グルギッチは1954年にユーゴスラビアの共産主義体制を逃れて西ドイツに渡り、最終的にはカナダに進んだ。彼はカリフォルニアのワイン産地のことを耳にして、小さなスーツケースを持ってナパ・ヴァレーにやってきた。いくつかのワイナリーで働いた後、ボリュー・ヴィンヤードで9年を過ごした。その後、彼はロバート・モンダヴィ・ワイナリーのチーフ・エノロジストになった。

彼の作ったワインは、カリフォルニアやパリのブラインド・テイスティングで審査員から賞賛を受け続けた。1977年にナパ・ヴァレーのラザフォードでグルギッチ・ヒルズ・セラーを始める頃には、キング・オブ・シャルドネというニックネームをつけられるほどになっていた。1996年には母国クロアチアに戻り、グルギッチ・ヴィーナ(Grgic Vina)という新しいワイナリーを開き、古い国に現代的な技術をもたらした。

グルギッチは2006年にワイナリーの電気を太陽光発電に切り替えるなど、今も新しい技術をとりいれてワイナリーを前進させ続けている。その翌年には完全に自家栽培のワイナリー、つまりグルギッチの地所で育ったブドウだけを使ったワインを作るワイナリーになった。その成果をもってワイナリーはその名前をグルギッチ・ヒルズ・エステートに変えた。現在、彼の地所には広さ148haの5つのオーガニック農法とバイオダイナミック農法を行うワイン畑がある。ワイナリーは7万ケースのエステートワインを生産している。

土曜日＋日曜日　195日目＋196日目

あのワインを開ける夜

大切にとっておいた特別なワイン、ボルドーから持ち帰った1本、ワイン生産者が素敵な話を聞かせながらサインをしてくれたワイン、贈られたワイン、決して開けないと決めたワイン。

そんなワインを開ける完璧な機会は無いような気がする。ほこりをかぶったコレクションに加わると、セレブリティの地位におさまり、それを開けるほど重大なイベントが想像できなくなる。そのワインを開けることを考えると何となく落ち着かない気持ちになる。同じようなワインは2度と手にできないと分かっている。

リラックスして自由になろう！　何ヵ月あるいは何年も憧れてきた特別なワインをいつ味わうかを悩むストレスから逃れる言い訳ができたのだ。2月28日は年に1度のオープン・ザット・ボトル・ナイト（あのボトルを開ける夜）の日だ。これこそ本物の祝日だ！

人々を特別なワインから解放するこのイベントを思いついたのは、ウォールストリート・ジャーナルのコラムニストであるドロシー・ゲイターとジョン・ブレッチャーだ。友人（そして彼らの大切なワインも一緒に）をこの儀式に招いて特別なワインを開ければ、後悔することはない。すべてのワインには分かち合うべき思い出がある。

2月28日まで待てない、ちょうど過ぎてしまった、あるいは翌朝に早朝会議がある、などの理由で実現できないこともあるだろう。自分で日を決めてパーティを開こう。つまりは、ワインを永遠にとっておくべきではないということだ。ワインがピークを過ぎてしまえば、もっと早く開けるべきだったと思うだろう。

空になった瓶を記念に取っておけば、思い出を失うことは無い。特別なワインを開けてかけがえのない思い出を分かち合えば、新しい思い出、おそらく新しい習慣を作り出すことができる。次に特別なワインを買うときは、3本買おう。そうすれば予備ができる。

171

月曜日　197日目

商売道具

ワイン生産者は、カーメカニックのように独自の道具や技術を持っている。彼らが毎日することはたいだい決まっている。ワインを試飲し、ラボで検査し、1つの容器から別の容器に移し、繰り返し洗浄する。これは世界中どこでもだいたい同じで、生産者が決まった手順を中断し、道具箱を取り出してワインに何かをすることはまれである。

ワインの生産工程でこのように思い切った手段に出る時のことを考えたり話したりできることは、ワイン生産者の世界や、それぞれのワインで表現しようとしている風味について理解するのに役立つだろう。

ポンプオーバー

発酵の間に、果汁をゆっくりと、しかしひっきりなしに発酵タンクの底から上まで循環させ、膜や固形物が浮かぶ表面の上に文字通りポンプで送りだす。このポンプオーバーは、ブドウからより均等かつ着実に色や風味を抽出し、なめらかで均一の色合いを持つワインを作るのに役立つ。

パンチダウン

赤ワインを作る時は果汁と皮を一緒に発酵させるが、皮は自然に表面に浮かんで発酵タンクの上部を覆い「果帽」となる。この果帽を壊して、発酵中の果汁の中に引き戻す必要がある。普通は1日に3回行うこの手順を、パンチダウンという。次にテイスティングをする時には、「果帽のパンチダウンを1日3回以上すると味の違いが感じられるよ」などと言えるだろう。

冷却固定（コールド・スタビライゼーション）

ワインには少量の酒石酸が含まれている。普通は風味や色が無く、目に見えない。ワインを凍りそうなくらい冷やすと、この酸が結晶化して瓶の底に落ち、砂のように見える。ワイン生産者はおもに見た目と品質管理のためにこの冷却固定を行う。家の冷蔵庫で瓶を静置したら、恐らくたいていの消費者は、おりがあると言ってワインを買った店に返品しようとするだろう。

濾過または非濾過

ワイン生産者が瓶詰めの前にワインを濾過するおもな目的は、ワインに残って生存している酵母菌を取り除くことである。すべて取り除かないと、瓶の中で発酵が起きて、味が悪くなったり瓶が割れたりしてとても残念な思いをするかもしれない。しかし濾過すると、そのつもりがなくても良い成分をも除去してしまうかもしれない。ラベルに書かれた「非濾過」という文字は、生産工程の1つの手順をやめてより高い品質を得ることに対して、より高い代金を支払うことになる、という意味だ。

火曜日　198日目

ボナルダ

　最近までボナルダがアルゼンチンのワインのほとんどを占めていた（現在はマルベックが生産量で上回っている）。一般的にボナルダは、大量生産のテーブルワインによく使われる。もちろん常に例外はある。またワインの世界には、「本物のボナルダ」と言われている品種に異論を唱える人もいる。

　ある専門家は、アルゼンチン・ボナルダがイタリアを原産地とする本物のボナルダ・ピエモンテーゼだと言うが、イタリアではほとんど栽培されていない。別のピエモント原産のブドウの品種であるボナルダ・ノヴァレーゼ、別名ウヴァ・ララが本物だと主張する人もいる。

　この2つに加えてその他の品種もボナルダと呼ばれることがある。アルゼンチンワインの権威がはっきりさせたことが1つある。クロアチアのロンバルディア州原産のブドウも、ボナルダ・オルトレポ・パヴェーゼと呼ばれるが、イタリア原産のボナルダではないということだ。

　意味論はさておき、ボナルダのワインは軽めのボディで果実味がある美味しいワインだ。プラムとチェリーの味がして、タンニンが強すぎない。オーク樽熟成させると、コクと色の深みが増し、イチジクやレーズンの香りがする芳醇な味になる。

水曜日　199日目

Recipe: ハーブ・ビーン・スプレッド

　赤ワインが好きなベジタリアンは、より巧妙に食事の組み合わせを求める必要がある。料理にはたんぱく質を含む食材を使って、ワインに含まれるタンニンをまろやかにしよう。濃厚なイタリアの豆のスプレッドなら、軽めの赤ワインにぴったり合う。

材料(6-8人分)

カネリーニ豆（白いんげん豆）の缶詰め	1個（約430g）
生のパセリ	30g
大きめのニンニク	1個
塩	小さじ1/2 (3g)
生のタイム	小さじ1 (1g)
ケーパー	水をきって小さじ1 (3g)
レモン汁	大さじ1
オリーブオイル	大さじ3

作り方

豆の水をきりすすぐ。オリーブオイル以外のすべての材料をフードプロセッサーに入れてなめらかになるまで混ぜる。フードプロセッサーが回っている時にオリーブオイルを加えてよく混ぜる。食べる日の前日に作るのがベスト。ブルスケッタに厚くぬり、食べる直前に上質なオリーブオイルをたらす。

この料理に合うワイン：
ジェイ・ロアー・エステート
(J. Lohr Estates)
ワイルドフラワー・ヴァルディギ
(Wildflower Valdiguié)

アメリカ合衆国（カリフォルニア）

このブドウがどうやってカリフォルニアにやってきたのか誰も知らない。同じ名前を使っていたので、何年もの間ボジョレーの赤ワイン用のブドウであるガメイと同じだと思われていた。しかし遺伝子検査により、南フランス原産の赤ブドウ、グロ・オクセロワと分かった。カリフォルニアではジェイ・ロアーがこのブドウで濃い色のワインを作っている。その強い色みに関わらず、味わいは軽く、タンニンが少なくて飲みやすい。ヴァルディギはチェリーにとても似た味わいで、ごくわずかにクランベリーの風味がある。

木曜日　200日目

スペイン、リオハ

リオハのワイン畑はローマ人がスペインに移住する前に植えられた。ワインの生産量は他の国の方が多いが、ブドウ畑の広さは、スペインがもっとも広い。この理由の一部は、数世紀にわたる厳しい規制と、収穫されるブドウの一貫性の保護に配慮していることにある。リオハ規制委員会（Consejo Regulator of Rioja）のウェブサイトによると、1635年には振動が果汁や熟成過程の妨げになることをおそれて、馬車が貯蔵庫の隣の道路を通ることが禁じられていたという。

リオハには3つのワイン生産地区がある。リオハ・アルタは西の高地にあり、旧世界のワインを作っている。リオハ・アラヴェサはアルタと似た気候を持ち、より力強いボディとより酸味を持つワインを作っている。リオハ・バハのブドウは地中海性気候の影響で、アルコール度数の高い（18％前後）ワインになり、通常は他のリオハワインにブレンドされる。

この地方で生産されるワインのほとんどは赤ワインで、テンプラニーリョ（優しく、ベリーの風味）、ガルナチャ・ティンタ（コショウのような風味）、グラシアーノ（ブラックベリーの踏み）、マスエロ（タンニンが強い）といった品種から作られる。リオハの白ワインはヴィウラ（酸味がある）、マルヴァジーア（ナッツの風味）、ガルナッチャ・ブランカ（ずっしりと思い）から作られる。ボデガ（スペイン語でワイナリーの意味）を運営するのは家族か協同組合だ。

リオハのワインを飲んでみたい時は、「リオハ・カリフィカーダ（Rioja Calificada）とラベルに書いてあるものを探そう。リオハはこの表示ができる唯一のスペインワインで、その意味は、ブドウの生産地区内で瓶詰めされたことを示す。

ブドウの収穫時期の労働者（スペインのリオハ地方）

エリック・アシモフ

何年もの間、エリック・アシモフが担当していたニューヨークタイムズ紙のコラム欄は、ニューヨークの人々が安い料金で、前菜、メイン料理、デザート（飲み物と税金とチップは含まれない）といった贅沢な食事を楽しむのに役立っていた。この人気の高いコラムはアシモフの最初の著書にまとめられた。タイトルは『A Guide to the Best Inexpensive Restaurants in New York』（ニューヨークでもっとも手頃なレストランガイド）(Harper Collins 1995-98) という。その後2004年より食事の液体の部分に注力した。具体的にいうと、アシモフは2004年にタイムズ紙のワイン批評の責任者になったのだ。

アシモフは現在、「The Pour」(*pourとは注ぐこと)と「Wines of the Times」（ワイン・オブ・ザ・タイムズ）の２つのコラムを担当している。彼は大麦やホップ（つまりウィスキーやビール）を除外しない。彼のコラムは時に「Beers of the Times」（ビア・オブ・ザ・タイムズ）に大きくギアチェンジすることがある。彼は自分が何を飲みたいかを知っている人だ。

彼はわかりやすく知識を披露し、言葉を駆使して味わいを解き、読者はそのワインを飲んで味覚の幅を広げたくなる。アシモフは、流行をとり入れずに自分が飲みたいものを作る、情熱とビジョンを持つ生産者を賞賛する。彼は色々な形でこの生産者に対する考え方を文章の主題にしている。

もしあなたがワインを愛するなら、アシモフの文章を読むとワインの新しい世界が見えてくるだろう。彼の文章を通じて世界を旅し、家にいながら世界中のワイン生産地を経験しているような気持ちになる。そして、自分のコレクションに新しいワインを加えたくなるのはまちがいない。

アシモフは、ニューヨーク・タイムズ・ベスト・セラー・リストの編集者である妻のデボラ・ホフマンと、ジャックとピーターという２人の子どもと一緒に、マンハッタンに住んでいる。1980年にウェスレアン大学を卒業した後、オースティンのテキサス大学でアメリカ研究を学んだ。1984年に全国ニュースの編集者としてニューヨーク・タイムズに入社する前は、シカゴ・サン＝タイムズで働いていた。アシモフはそこで家庭欄や「Styles of the Times」など、さまざまなポストで働いた経歴を持っている。

定期的にワインの知識を紹介する彼のブログを訪れ、ブックマークに加えて欲しい。http://thepour.blogs.nytimes.com

土曜日＋日曜日　202日目＋203日目

世界中をめぐるワインパーティ

ゲストにそれぞれ違う国のワインを持ってくるように頼んで、一晩で世界中のワインめぐりをしよう。それぞれの国に由来するアペタイザーを用意し、全員がコレクションを試飲できるよう、テイスティングスタイルのパーティにする。工夫をこらしてパスポートに似た招待状を作り、試飲した国のスタンプを押せるようにすると面白い。

このパーティのテーマを成功させる方法は…

- それぞれのゲストが違う国を担当して、色々なワインが集まるようにする。

- 食べ物はホストが用意するか、ゲストに選んだワインに合う補助的な料理を持ってくるよう頼む。定期的に開いているディナーやワインクラブの催しなら、全員がホスト役を順番に果たすことを了解しているので、持ち寄りパーティを理解し、喜んでくれるだろう。

- 正式なテイスティング形式にして、ワインを袋に入れて全員が試飲してからラベルを見せる（ブラインドテイスティングの開催の仕方については125日目＋126日目を参照）、または各ゲストにワインを見せて説明することを頼むだけにするかを決める。

- 家を片づけて世界をテーマにした飾りつけをする。国旗、祝日にふさわしいカクテルナプキン、またはワイン・チャーム（244日目＋245日目を参照）を用意して、それぞれの国を表現しよう。

- 大使つまりホスト役を務め、パーティで出されたすべてのワインの名前を書いたワインリストを用意する。このリストはゲストにプレゼントする。購入した場所のリストも用意すれば、ゲストは気に入ったワインを自分で手に入れて自宅で楽しむこともできるだろう。

月曜日　204日目

ワインの色

私たち人間は立体的に物をとらえる生きもので、視覚にとても左右されやすい。ワイン好きが気に入ったワインを持って集まると、必ずその見ためをほめそやす。見ためを表現するために色を表す言葉は、白ワインの「水のように透明」から赤ワインの「インクのように黒い」まで、実にさまざまである。

白ワインは、銀色、金色、緑色、つやがあるまたはどんよりとしている、明るいまたはきらめいている、と表現できる。ロゼワインは、ピンク、サーモンピンク、時にはローズピンクと表現できる。ルビー、ガーネット、スカーレットといった表現は、赤ワインについて色だけでない意味を含んでいる。実際にブルゴーニュ（バーガンディ）は、色とワインの両方の意味がある。

ワイン生産においては、色はつまるところブドウに左右される。赤ブドウの果汁はピンク色で、ロゼやホワイトジンファンデルなどを作りだす。生産者がピンク色の果汁を取り出し、赤ブドウの皮の中に戻して一緒に発酵させると、赤ワインができあがる。

色は知りたい事のすべてを教えてくれるわけではないが、何らかの予想をすることができる。ピノ・ノワールのように繊細で皮の薄いブドウからは、より軽めの赤ワインができるし、シラーのような色が暗くて濃いブドウは深い赤ワインのベースになる。ヴェルナッチャの色はよくイタリアの水と表現される。グルナッシュはグラスの中では紫色でベルベットのように見える。ムールヴェドルは黒くにごっているように見える。

もちろん変則ボールも飛んでくる。とても暗い色の赤ワインの味がさらりとした味だったり、水のように見える白ワインが途方もなく強いコクと香りを持っていたりすることもある。

このような例外はあるが、色の濃さは通常、風味の濃さの良い指標になる。

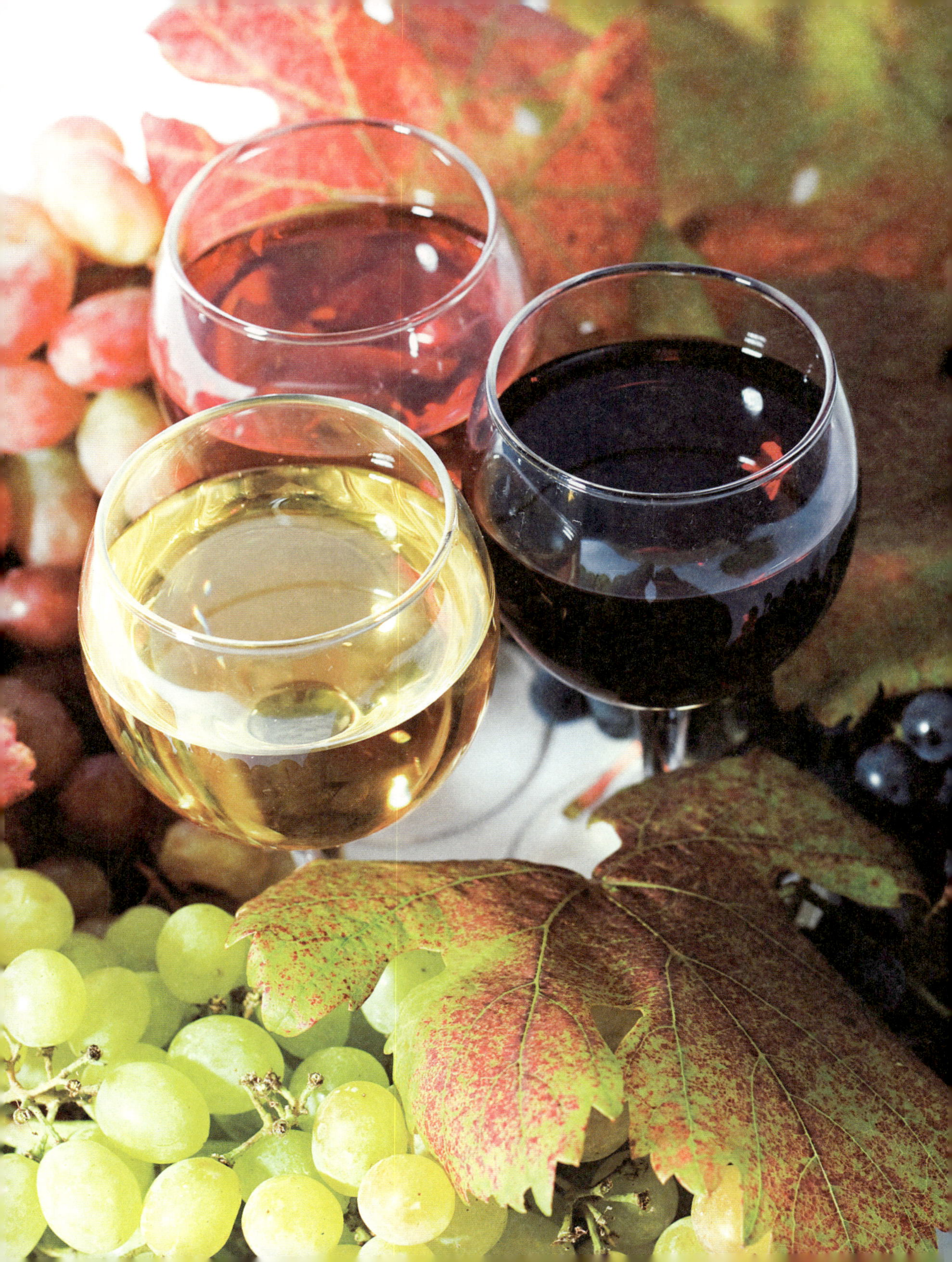

火曜日　205日目

ポルトガル

　ポルトガル(Portugal)は、その名前から想像できるように港(port)の国である。実際にポルトガルは何世紀も前から、大西洋に向かうときのイベリア半島の玄関口となってきた。それが前世紀のポルトガルでもっとも有名な（そして高価な）ワインと英国人の習慣が結びつく背景となった。歴史または伝説によると、18世紀のポルトガルのワインは輸送に耐えられなかったため、生産者はブランデーをたっぷり加えて酒精強化した（とにかく傷んでいることを分かりにくくしたかったのだろう）。すぐに英国人がこのアルコール度の高い混合飲料を気に入り、私たちが知っているポルトワインを誕生させたという。

　北半球に冬がやってくる頃、火が燃え盛る暖炉に合う良いワインを見つけよう。伝統的なチョイスはポルトだ。主流のポルトは力強い遅摘みの赤ブドウのデザートワインにブランデーが混ぜられている。暖かい季節に、コクのある濃い色のポルトは合わない。特に高いアルコール成分が温められて急激に立ちのぼり、鋭い風味となると飲みにくい。しかしポルトは寒くなると冬眠から覚める。凍えそうな寒い夜は、ポルトの豊かで濃密で凝縮された風味を味わうためにあるかのようだ。

ワインの箱の白いペンキのしるしは、保存するときは「この面を上にすること」という意味である。ポルトには普通、ある程度の澱（おり）が含まれている。いつも同じ方向に向けて保存しておけば、ワインの澱をかき混ぜることが無い。

**おすすめのワイン：
キンタ・デ・ロリスヴィンテージ・ポルト**
(Quinta de Roriz Vintage Port)

ポルトガル

素晴らしいワインのキンタ・デ・ロリスは、おもにナツメや、イチジク、チェリー、そして少しクランベリーも含む、美味しいドライフルーツの風味が感じられる優れたバランスのワインだ。アルコール度数は約20%と高いが、舌を刺すような味ではなく、砂糖とは違う遅摘みのブドウの甘みがある。深い豊かな黒ブドウの風味は、力強く広がるタンニンとバランスをとっている。地質学的に言えば、このワインは単なる港ではなく、フィヨルド（氷河に浸食されてできた複雑な地形の湾、入江）と言えるだろう。

水曜日　206日目

Recipe: ブール・ブルー(青いバター)

フランス産のすべてのチーズの中で（その多くが古くから存在する）、ブルー・ドーヴェルニュは比較的新しいチーズで、1800年代半ばに開発された。このチーズを考案したアントニー・ルッセルは、ニードリングという工程も考え出した人だ。この工程ではチーズの表面を針でさす。穴に空気が通って青カビがまんべんなく生えるとともに、青カビが生える時に発生する強烈な匂いが外に出る。その結果、青カビがびっしりと生えつつもとてもマイルドなチーズができあがる。バターと混ぜても最高の味だ。

材料(225g)

無塩バター 約110g

ブルー・ドーヴェルニュ 約110g

＊その他のクリーミーなブルーチーズで代用可

作り方

バターとチーズを室温に戻す。大きめのボウルに材料を入れて、ややなめらかだがブルーチーズやバターの小さな固まりが全体的に残っている状態まで、ざっと混ぜる。薄く切って香ばしく焼いたバゲットを添える。

この料理に合うワイン：
ドメーヌ・ド・ロラトワール・サン=マルタン
(Domaine de l'Oratoire Saint-Martin)
レゼルヴ・デ・セニョール
(Réserve des Seigneurs)、
ケラーヌ(Cairanne)
フランス

ケラーヌは南フランスの南ローヌ渓谷にある小さな町で、もっと有名な隣町のジゴンダスやシャトーヌフ・デュ・パープよりも、評価が低く、影が薄い。このワインは、太陽を感じるシラーと果実味のあるグルナッシュに、スモークと木の香りが重なる素晴らしい風味の優れたブレンドワインである。バターをひきたてるほどに軽めだが、ブルーチーズと相殺できる力強さも備えている。

木曜日　207日目

🌿 ヨハニスベルク：マジックマウンテン

リースリングを発見したと主張していることで有名なワイナリーがある。リースリングは、若々しく果実味があるワインで、遅摘みのブドウから作られる。ドイツのラインガウ地方のワイン生産地にあるシュロス・ヨハニスベルクのワイナリーは暗黒の時代から約1200年にわたり、ワイン作りをしている。1100年にベネディクト派の修道士がこの地をワイン作りに理想的な土地だと判断した。彼らがロマネスク調のバジリカ教会を建築すると、その丘はヨハニスベルク（Johannisberg）と呼ばれるようになった（Johnの山と言う意味。"John"はバプテスト派のこと）。

この地所は幾度の戦争、改築、持ち主の変化を生き抜いた。第2次世界大戦中の1942年のマインツへの空襲は、この建物をほぼ完全に破壊した。しかし現在、このドイツのリースリング生産地では、宝石のように豊かにブドウ畑が実っている。

シュロス・ヨハニスベルクは単一品種を栽培している。シーズン中は熟成度の違うブドウから適正なものを抽出して収穫するため、十数回も収穫を行わなければならない。これは途方もない仕事量で、ほぼ手作業で行わなければならないが、他にはない個性をもったワインを作ることができる。梨、白桃、グアヴァの濃厚な風味があり、まるではちみつのような味わいで、きりりとした白い麻のような香りがするワインだ。

シュロス・ヨハニスベルクで作られた、30年たった今も生き生きとして香り高い熟成したワインを飲みたければ、1971年TBA（完熟ブドウを選択して収穫したという意味）を選ぶと良い。そのブドウは文字通りレーズンのようになるまで樹で完熟させてから収穫される。

このブドウを圧搾してとれた、甘く、濃厚で、ねっとりとした果汁から、同一のワインが作られる。驚くことに、このブドウを使ったワインは30年以上たった今も、甘いマルベリーのように、若々しく、果実味がある。金色であることと、石を感じさせるミネラル分だけがワイ

> **おすすめのワイン：**
> **リースリング**（Riesling）
>
> **1975年シュロス・ヨハニスベルクリースリング**
> （Schloss Johannisberg Riesling）
>
> **シュペトレーゼ**（Spätlese）（遅摘み）、コレクターズ・アイテム、ドイツ
>
> この白ワインは、ほとんどのワインに出来ないことをする。ブドウのつるから瓶へ入り、貯蔵庫で10数年過ごす旅を経てもなお、生き生きとして新鮮で個性的な味わいを保っているのだ。古いワインがややシェリーのような匂いがするのは珍しいことではないが、このワインもほのかにこの匂いがする。おもには熟した金色のリンゴや梨の風味が感じられる。
>
> **1971年シュロス・ヨハニスベルクリースリング**
> （Schloss Johannisberg Riesling）
>
> **トロッケンベーレンアウスレーゼ**
> （Trockenbeerenauslese）（完熟摘み取りワイン）、コレクターズ・アイテム、ドイツ
>
> 本当に甘いデザートワインは、シロップのように濃い濃度のおかげもあって、時の試練を耐えることができる。他の物質をほとんど通さないため、自らが密閉容器となって長期間熟成する。この古くからあるリースリングは甘くてマルベリーの風味が濃厚で、軽いメープルシロップのようなボディを持つ。デザートと一緒にではなく、デザートとして楽しみたい。

ンの年数を示している。この若々しくて辛口のワインは、良いワインとはどのようなものかをめぐる多くの考え方に根本的に挑戦するものである。そして純粋に快楽主義的な喜びを与えてくれる私の最高の10本のリストをゆるがしている。

シュロス・ヨハニスベルク（ドイツ、ラインガウ地方）

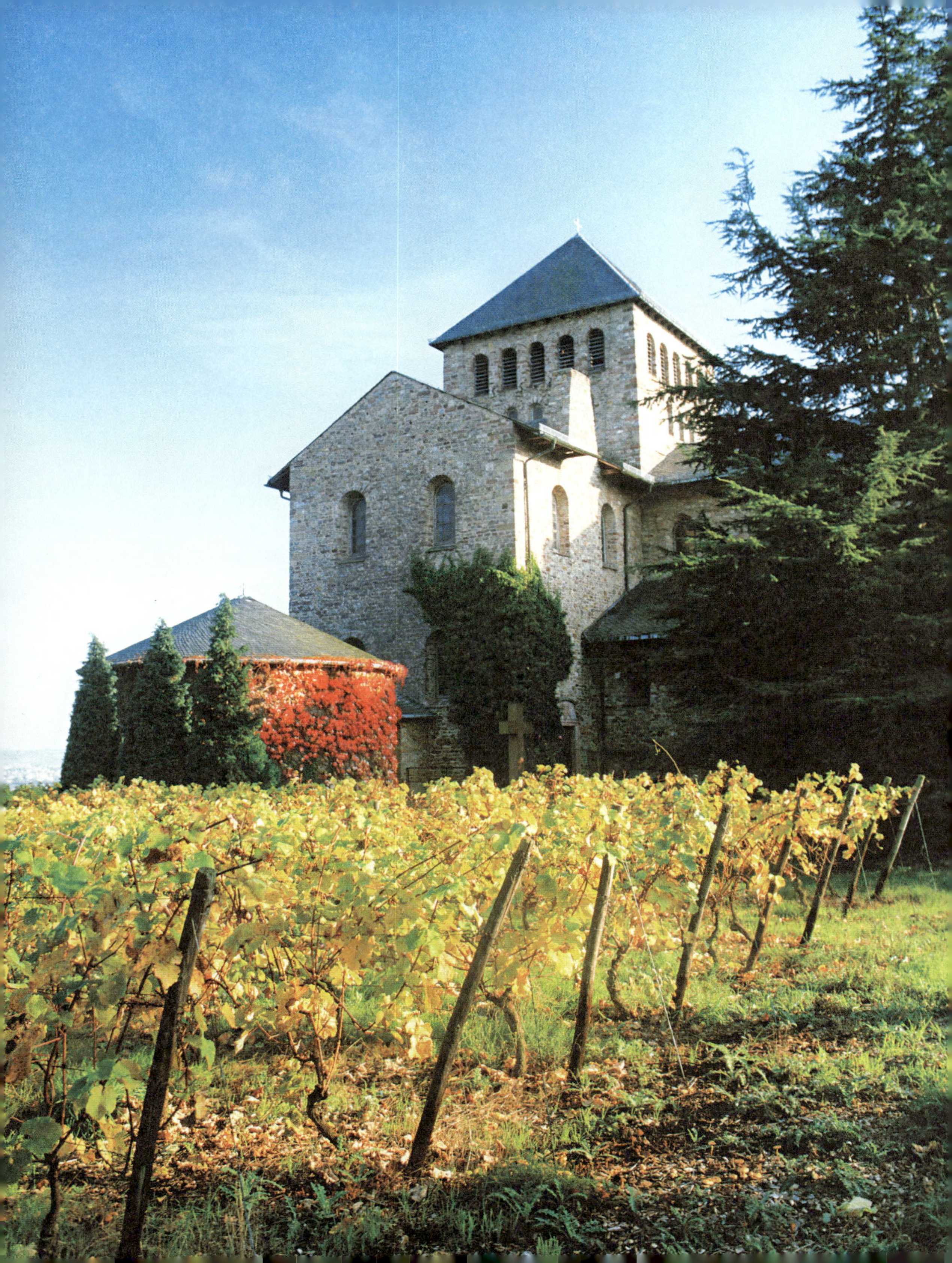

金曜日　208日目

ジョルジュ・デュブッフ

ルドルフ・チェルミンスキーは著書『I'll Drink to That: Beaujolais and the French Peasant Who Made It the World's Most Popular Wine』（私も賛成だ：世界でもっとも人気の高いワインを作ったボジョレーとフランスの農家）の中で、ボジョレー帝国の繁栄と衰退、そして予想できる繁栄（彼に何かできるとした場合）を表している。またボジョレー地方の王であり、独力で毎年恒例のボジョレー・ヌーボー現象を生みだした、ジョルジュ・デュブッフについて書いている。

田舎育ちの少年だったデュブッフは、自分より年上で、影響力と人脈がある人々を魅了した。彼らは、デュブッフのワインを賞賛し、名門の出ではない農民兼醸造家であることを気にかけなかった。不思議なことに、当初注目を集めたのはボジョレーではなく、デュブッフ家のプイイ＝フュッセだった。チェルミンスキーはインタビューでこう話している。「1951年、18歳だった彼は家族が作る2種類のワインにこだわってビジネスを始めた。それは興味深いことに、ボジョレーではなくプイイ＝フュッセだった。彼は自転車の荷台にワインを入れて、隣町のミシュランの2つ星を獲得した有名レストラン、ル・シャポン・フィン（Le Chapon Fin）に向かった。シェフのポール・ブランはデュブッフのプイイ＝フュッセを気に入り、"この白ワインと同じくらい良い赤ワインを持ってきたらそれも買うよ"と言ったのだ」

ボジョレーは比較的小さなワイン産地で、ボルドーのワイン畑が114,930ha、ラングドックはさらに広い242,811haもあるのに対して、ボジョレーは10,520haしかなく、主に小さな私有地で構成されている。

最初は誰もデュブッフの努力を真剣に取り合わなかった。当時、今と同じように、大手の販売業者がボジョレーを支配していたが、デュブッフは違うアプローチを選んだ。「当時、栽培者は販売業者のもとへ行かなければならず、販売業者は栽培者のところへは来なかった」と、チェルミンスキーは語る。「収穫後、試飲用のワインが準備できると、栽培者はボジョレー南部の2大都市であるヴィルフランシュやベルヴィルに出向き、おもなワイン販売業者にワインを届けなければならなかった」栽培者と販売業者の関係は官僚的で、独裁体制に近かった。

「ワインを販売業者に渡すと、販売業者は"月曜日にまた来たら、我々が買うかどうか、価格はいくらかを教えよう"と言っておしまいなのだ」とチェルミンスキーは続ける。ワインを買った販売業者はその販売業者自身の銘柄で瓶詰めして販売する。しかしデュブッフは、それぞれの農家のワインを記した個々のラベルをつけて販売し始めた。この方法は、特に優れたテロワールの出来の良いワインについて、今も続けられている。

デュブッフは現在、販売業者を買い取ってこの地方で最大かつ単独のボジョレー供給業者となった。ボジョレーで作られるワインの約20％、年間約3000万本のワインを取り扱い、700万本を米国市場に送っている。

デュブッフはボジョレーの美味しさと手に入りやすい価格を維持していることに対して賞賛を得ている。「彼のいちばん安いワインは必ずしも頭痛がする代物ではない。それどころか良質で誠実なワインだ」と、チェルミンスキーは語った。ボジョレーはピノ・ノワールと混同されやすい。ボジョレー・ヌーボーは通常11月末に解禁されて、祝日のテーブルにぴったりな贈り物になるが、1ケースか2ケース買えば1年は十分楽しむことができるだろう。

ワインのコレクションを始める

ワインのコレクションは知らないうちに始まることがある。最初は気になったワインを買い、まもなくさまざまなワインを集め始める。その本数は1回のパーティ、または数ヵ月で飲みきる数をはるかに上回っていく。あなたのコレクションが偶然であろうと意図的であろうと、そのバラエティを広げるのに役立つコツをご紹介しよう。

まず調査

地元のワイン店から1種類1本ずつというアプローチで買い集めて、ケースを埋めるのではなく、ワインに関する本を読み、試飲会に参加して、自分が本当に好きなワインを発見する。レビューを読み、ワイナリー（またはウェブサイト）を訪れ、さまざまなスタイルに詳しくなること。

自分のペースを守る

コレクションを始めたばかりなら、ワイン投資のリスクを負い過ぎないように、あまり高価でないワインを買おう。ワインを学ぶほど、自分の好みが分かり、コレクター用のワインに散財したくなるが、コレクションは一生の趣味だ。あわてて豪華なワインを並べようと思わなくてよい。

買いたいワインのリストを作る

どのワインを買うか予定をたて、コレクションに加えたいワインのリストを作る。1度に全部を買うことはできない。あの特別なワインをいつか買おうという期待が楽しみを倍増してくれる。リストを作れば、ワインを品種ごとに分類することになり、バランスの良いコレクション作りに役立つ。

古いワインと新しいワイン

熟成させて時間の流れを楽しむワインもあれば、買った日に友人と開けたいと思うワインもある。すぐに開けるカジュアルなワインや、何ヵ月か何年も寝かせてから味わう特別なワインまで、幅広い種類のワインを揃えるようにしよう。

スターターリスト

以下は、コレクションを始めるのに役立つカテゴリーのリスト。それぞれのカテゴリーにあてはまるワインを1本（または数本）選ぼう。それぞれを味わい、ワインのことをもっと理解すれば、ワインに関する視野が広まる。

白ワイン
- シャルドネ
- ピノ・ブラン
- ピノ・グリージョ
- ソーヴィニヨン・ブラン

赤ワイン
- バルベーラ
- カベルネ・ソーヴィニヨン
- キャンティ
- メルロー
- ピノ・ノワール
- ジンファンデル

月曜日　211日目

夏の休暇に何を飲んだか

ワイン作りが農業に似ているところは、本質的に季節性があることだ。栽培、収穫、瓶詰めは、1年のある時期に行い、販売は1年中行う。多くの人は農家の季節性と縁遠いだろう。しかしワイン愛好家は、季節が移り変わるとともに自分の好みも自然に変化するのを発見する。

夏が来ると自然に白ワインが欲しくなる。白ワインは普通、冷たくすると美味しく感じられるし、もちろん冷たいものを口にしたい時期だからだ。春の終わり頃を過ぎたらモンスターレッド（深みのある赤ワイン）を飲むべきでないと言いたいわけではない。夏になるとアウトドア料理が大切な役割を果たすが、コクのある赤ワインは味わい深い赤肉やジュージューという炭の香りと完璧な相性だ。

実は最後に白ワインを飲んでから半年もたっていないのに、白ワインを再び飲み始めると、「会いたかったよ！」と思う瞬間がある。他の多くの道楽と同じように、時々間をおくことは、新鮮な気持ちを保つのに役立つ。

白ワインは若々しくエネルギーにあふれる感じがする。レモンやライムのような柑橘系の酸味は、レモンソーダやシャーベットのような清涼感を醸し、白ワイン特有の明るさや爽やかさといった印象を与える。

ワインの好みの変化は、ワインの持つ季節性の1つだ。ブドウ畑から瓶に入るまでのワイン作りの基本的なリズムがあなたと結びついたことになる。

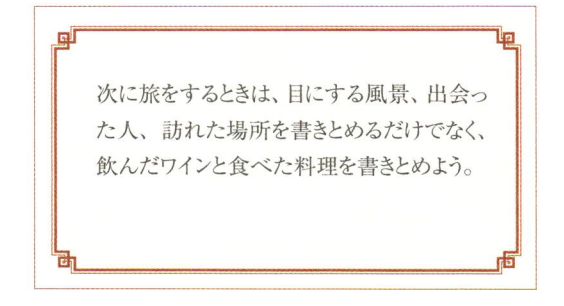

> 次に旅をするときは、目にする風景、出会った人、訪れた場所を書きとめるだけでなく、飲んだワインと食べた料理を書きとめよう。

火曜日　212日目

ボジョレー：場所、ブドウ、ワインの名前

ボジョレーは、旧世界ワインのブドウ、ワイン、フランスの地理的地域、といった3つの名前を同時に表している。品種としてのボジョレーは、ガメイなど他の品種と混同されやすい。地方地域としてのボジョレーは、さらにモルゴン、フルーリー、サンタムールなど、少なくとも10余りの地域や区域に分けられるが、そこに住んでいない限り覚えるのは難しい。

ワインとしてのボジョレーは2つの理由で有名だ。まずはヌーボー（「新しい」という意味）というバージョン。これは1年のうちの同じ時期に作られ収穫後数週間で解禁される。価格は安い。本当に安い。今すぐ買いおきしたくなる価格だ。ボジョレーで最高のワインでも、もっと有名なフランスの地方で作られるワインより手頃な価格である。

ヌーボー現象はボジョレー地方やフランスにとどまらない。ワイン生産者が収穫を祝うために最初の頃に絞った果汁を少し吸い上げ、簡単なワインを手早く作ることはよくある（したくない人もいるが）。南フランスのローヌ渓谷では、ほとんど知られていないがとても美味しいヌーボーを作るし、イタリア北東部の多くのワイナリーは、テロルデゴと呼ばれる無名のブドウを使って独自のノヴェッロ (novello) というワインを作っている。

ボジョレー・ヌーボーの到着を知らせる垂れ幕
(フランス、パリ)

水曜日　213日目

Recipe: 牛すね肉のシチュー

　この美味しいシチューは、下準備に30分、オーブンに入れてから4時間かかる。

材料(4人分)

横に切り分けた牛すね肉	4本(1.2-1.6 kg)
上質なトスカーナの赤ワイン	1本
	(手順に従って分けておく)
塩コショウ	適宜
エクストラバージンオイル	60㎖
	(半量ずつ分けておく)
ニンニク	4片
トマト缶	1個(410g)
ローズマリー	7g
野菜スープ	240㎖
イタリアンパセリのみじん切り	30g

作り方

1. 骨から肉をとりはずして5-8㎝に切り分ける。骨はとっておく。これで刃物を使う手順は終わり。ワインを開けてよい。1つのグラスになみなみとワインを継いだら、半分は飲んで半分は近くに置いておく。

2. 肉に塩コショウをする。大きくてぶ厚いフタ付きの鍋にオリーブオイルの半量を入れて中-強火で熱し、肉を片面3分ずつ、焼き目がつくまで焼く。

3. ニンニク、トマト、ローズマリー半量を入れて混ぜ、瓶に残った残りのワインをそそぐ。火を中-低火に弱めて少し煮たち始めたら、ごく弱火にしてフタをして3-4時間煮る。グラスに残ったワインを飲み、リラックスしよう。時々チェックが必要だが、混ぜてはいけない。水分が無くなり始めたら、火をさらに弱めて水を少々加える。

4. 食べる1時間半前にオーブンを200℃に予熱する。中-小サイズのスキレット(鋳鉄製の鍋)に残りのオリーブオイルを入れて火にかける。骨に塩コショウをして髄の部分を下にして10分焼く。

5. 骨の上下を返し、残りのローズマリーをふりかけ、野菜スープを加えて火を中火に弱め、時間をかけて沸騰させたら、骨にスープをかけ、鍋をオーブンに入れ、30分たったら骨にスープをかけて温度を180度に下げる。30-45分、または髄が軟かくなって外れるまで加熱する。

6. めいめいの皿の中央に骨を置く。鍋からニンニクをすべて取り出し、それぞれ骨の上に取り分ける。穴あきレードルで肉を取り出して骨の周りに置く。パセリをあしらう。

この料理に合うワイン：
カペッツァーナ・コンティ・コンティーニ サンジョヴェーゼ
(Capezzana Conti Contini Sangiovese)
イタリア

コンティ・コンティーニはトスカーナらしい素朴で粗野でぴりっとしたバイン・チェリーの風味がある。まさにスーパー・トスカーナと呼ぶにふさわしい。香りはハーブと、ほのかなローズマリー、ディル、そして黒コショウの香りまで感じられる。(スーパートスカーナについてもっと知りたい場合は299日目を参照)。

木曜日　214日目

ナパ・ヴァレー

　カリフォルニアのナパ・ヴァレーには300以上のワイナリーがあり、フランス、イタリア、スペインとともに、優れたワイン産地のリストに名を連ねている。サンフランシスコの湾岸からすぐ北にあるナパ郡を曲がりくねって通りぬける道をドライブすると、古風な家族経営のワイナリーと大規模な生産者、緩やかに起伏するワイン畑、野の花やマスタードの草原の風景が目に入る。

　ナパ・ヴァレーはカリフォルニだけでなくアメリカ合衆国の中でも、最高のワイン産地の1つである。チャールズ・クリュッグ、シュラムスバーグ、シャトー・モンテリーナ・ワイナリー、ベリンジャーなど、19世紀に作られた最初のワイナリーの中には今でも繁栄しているところがある。また世界屈指の人気の高いワインには、ナパ・ヴァレー産のものがいくつか含まれている。

　ロバート・モンダヴィは、家族が経営するチャールズ・クリュッグの地所を離れて自分で起業した（モンダヴィの詳細については12日目を参照）。

　アーネスト・ガロとジュリオ・ガロ、そして彼らのワイン帝国は、今でも強大である（131日目参照）。ナパやその地域で作られるワインを探し求め、たくさんのワイナリーを訪れて、自分で味わってみよう。この地域にあるフレンチ・ランドリー（French Laundry）をはじめとする世界的に有名なレストランで、美味しい料理に夢中になるのも良い。

　ナパでは現在、シャルドネ、メルロー、カベルネ・ソーヴィニヨン、ジンファンデルなど、色々なブドウを栽培しているが、これまでの歴史にはワイン作りの継続が危ぶまれる障害があった。その1つが1920年の禁酒法の施行である。それからフィロキセラの蔓延だ。この虫のせいで多くのブドウが枯れた。多くのワイナリーが閉店し、ワイン産業のリーダーとしてナパの成長は第二次世界大戦後まで鈍化した。戦後に産業が復興して以降、ナパ・ヴァレーには最高のワイン産地を目指す何百万人の観光客が毎年訪れる。

金曜日　215日目

ワインと体重管理

　代謝されると糖分になるアルコールは、ワインのカロリー量をほぼ決定する。甘いワインには砂糖が残留していてカロリーを引きあげている。

　一般的に、辛口で低アルコール（アルコール度数10%未満）のワインがもっともカロリーが低く、グラス1杯あたり75-100カロリーである。軽めのイタリア産白ワイン（ピノ・グリージョ、オルヴィエート、ヴェルナッチャなど）とポルトガルのヴィーニョ・ヴェルデは、低アルコールで低カロリーなワインとしては完璧だ。

　非常に凝縮したアルコール度数の高い赤ワインは、最大14%かそれ以上である。カリフォルニアのジンファンデルのアルコール度数は18%と発表されているが、この程度になると、体重増加をする必要が出る前に、意識がなくなるほど酔っ払ってしまうだろう。

> グラス1杯のワインの平均的なカロリーは125calで、大さじ1杯のオリーブオイルやバターとほぼ同じである。

187

土曜日＋日曜日　216日目＋217日目

ワインセラーを設計する

あなたはワインのコレクションを始めた。ストックは増えるばかり。家の中のあらゆる隙間や隅っこにはワインが入っている。クローゼット、食器棚、這ってしか入れない狭い空間にも…。あなたの家をワインが支配しているようだ。そろそろ注文するべき時期がやってきた。あなたには家庭用のワインセラーが必要である。

自分でワインセラーを作るなら、そのための本が売られている。専門家に助けを求めても良いだろう。どちらにしても、ワインの保管場所を計画する時は以下を検討してほしい（家庭における工夫を凝らしたワインの保管場所については6日目＋7日目も参照）。

場　所

ワインの保管と熟成に適した条件を整えられるなら、家のどこにワインセラーを作っても良い。ただし例外がある。給湯器など熱を出す機器の近くを避けること。重機やトラックが通過すると揺れる場所など、振動がある場所を避けること。洗濯機の近くもだめだ。温度や湿度の調整が最小限で済む、暗くて涼しい場所が理想的である。

湿度と温度の管理

地下や地面の上など、ワインセラーの場所によっては温度や湿度を調整してワインが美しく熟成できるようにする必要があるだろう。断熱は必須だ。ワインのために作る微気候は継続的でなくてはならない。理想的な湿度は60-65%だ。空気が乾燥するとコルクも乾いてしまう。地下室はすでにこの条件に合うことがある。あてはまった人は幸運だ。それでも、断熱は必要である。断熱材のガイドラインは以下の通り：壁はR-13以上、床と天井はR-19以上。（R値は断熱性を示す）

十分なスペース

必要な広さの3倍を計画しよう。2,250本のワイン瓶がおさめられるワインセラーを作るというと多すぎるように聞こえるかもしれない。しかし1年に150本のワインを集めるとして5年たつと750本になる。このペースで収集を続けると数千本のボトルが入る家が必要になる。棚を用意したり壁を作るのは後でも良いが、ゆとりをもたせて規模が大きくなることを想定すること。

フレキシブルな棚

棚はさまざまな瓶のサイズに対応できるようにすること。熟成に最適なサイズはマグナムで、標準的な瓶の2倍のサイズがある。デザートワインは通常、ハーフボトルに入っている。ボルドーを収集するなら、オリジナルの木箱で買うことになるだろう。それらの戦利品を保管する特別な場所が必要になる。

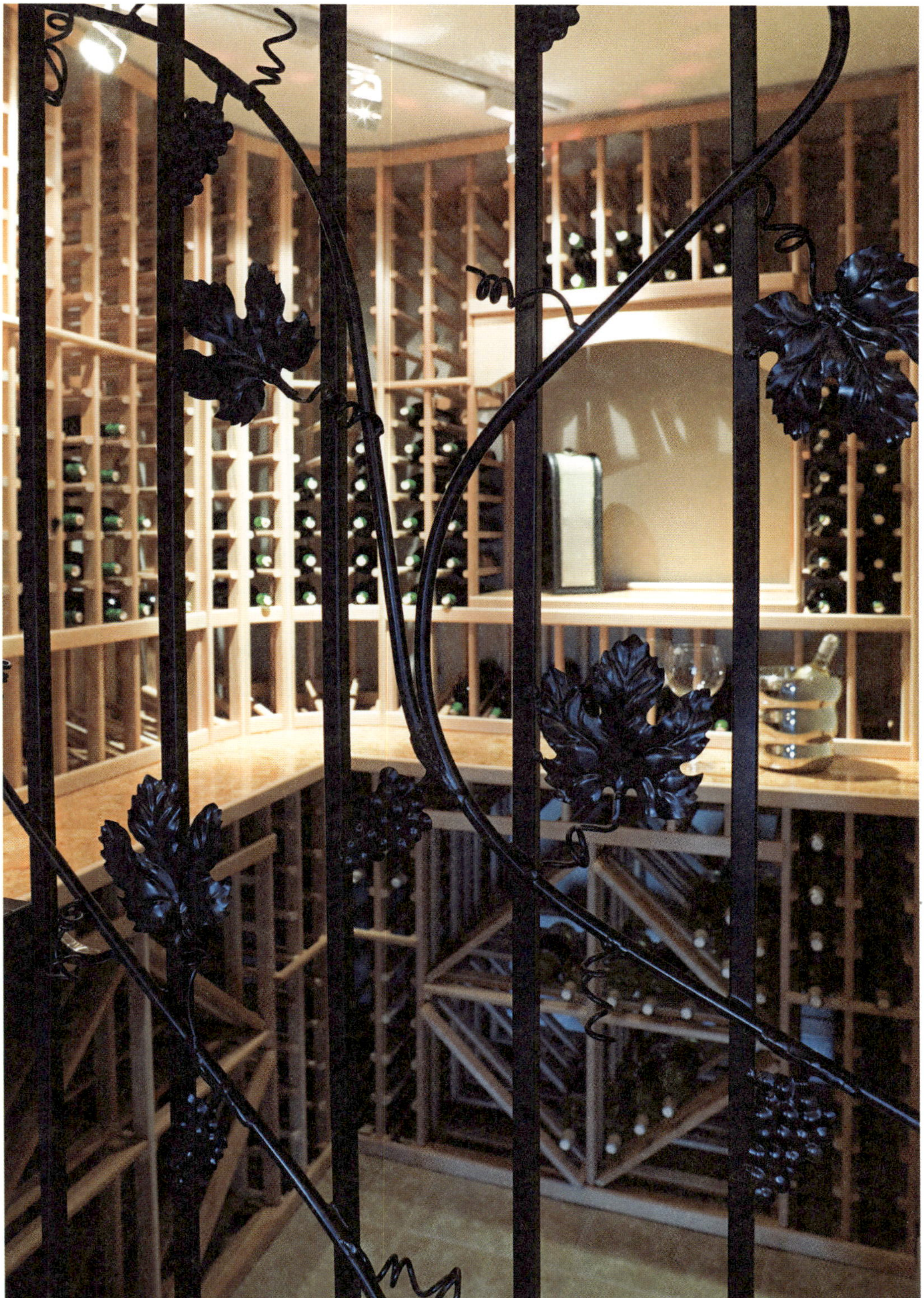

月曜日　218日目

共感覚

ロシアの作曲家、アレクサンドル・スクリャービンは、楽譜によって違う光や色を文字通り「見た」と言われている。神経科学者はこれを共感覚現象と呼ぶ。ビートルズのアルバムやLSDによる幻覚にもこれと同じ現象があふれている。色を味わう、音に触れる、万華鏡の目をもつ女の子、など。

ワイン愛好家が新しいワインの今まで味わったことのない変わった風味に出会った時、共感覚的な風景を探し、自分が慣れ親しんだ味と結び付けようとする。

ギリシャ人はレッチーナとよばれる、複雑かつ歴史的な理由で松ヤニを使って風味をつけた白ワインを作った（81日目参照）。大工なら切りたてのモミの木の心材の素晴らしい香りを思い浮かべるだろう。しかし私たちには「塗料のシンナー」のように全く別の連想をするだろう。

ワインの風味の主流はリンゴ、梨、桃、メロン、レモンやライムなどで、どれも素晴らしくワインの味を高めてくれる。しかし普段と違う個性的な風味は、そのワインを忘れがたいものにする。

火曜日　219日目

すべてのジンファンデルの母

カリフォルニア、ソノマのペドロンチェッリ家は、ブドウ畑を安く簡単に買うことができた禁酒時代にワイン事業を起こした。それ以来この家族は、70年以上もワインを作り続けている。

ペドロンチェッリ家のワイナリーには、「クローンの母（Mother Clone）」と呼ばれるブドウ畑が1区画ある。ブドウ畑を広げる時は、ペドロンチェリの生産者たちはこの区画のブドウを接ぎ木して数多くの新しい区画を作った。文字通り他の畑の母なのである。

**おすすめのワイン：
ペドロンチェリマザー・クローン・ジンファンデル**
（Pedroncelli Mother Clone Zinfandel）

アメリカ合衆国（カリフォルニア）

このワインはジョン・ペドロンチェッリが土地を買った1920年代末に植えられた、オリジナルのジンファンデル種のブドウの樹から作ったワインである。ペドロンチェッリの生産者によると、ふくよかで濃厚な味わいと、かすかなブラックベリーとプラム、そして黒コショウの風味が感じられるという。

水曜日　220日目

ハーブ・ド・プロバンス

　プロバンスの風景を求めて、何世紀も前から人々が繰り返しここに足を運ぶのは、南フランスに数えきれないほどの素晴らしい魅力があるからだ。太陽を崇拝する人にとっては、明るいと同時に柔らかな他にはない昼間の光だ。その他の人にとっての魅力は、フランスの海岸地方からイタリアやスペインにまでつながる暖かな地中海性気候だ。ワイン愛好家にとっては、私たちがまだ発見していない、あっという間に心を奪われてしまうほどショッキングで過小評価されているワインである。

　ワインに加えて、どこにでもあるハーブの低木が不揃いに生えるガリーグ*の香りが、南フランスを特徴づける。ティモシー（牧草）、メヒシバ、タンポポの代わりに、ローズマリー、タイム、タラゴン、ラベンダー、ミントが雑草のように地面に生えている草原を思い描いてほしい。ガリーグの草原を歩くと、さまざまなハーブが混じった香りが空中にたちのぼり、あっというまに服や髪などすべてのものにしみつく。

* 地中海沿岸に広がる、たくさんのハーブに覆われた石灰質の荒々しい土地。

ファーマーズ・マーケットで売られるハーブ・ド・プロヴァンス、その他のハーブ、スパイス
（フランス、プロヴァンス、コートダジュール、サン・マキシム）

　ガリーグを容器に入れたものがハーブ・ド・プロバンス。料理に使えるハーブをすべて混ぜたものだ。1部を好きなドライハーブ、半分をドライ・ラベンダーに変えて、自分のブレンドを作ってみよう。ハーブ・ド・プロバンスを使った料理のレシピは24日目の「肉の煮込み、ガーリックソース」、80日目の「ローズマリーとマッシュルーム詰めたラム」を参照のこと。

おすすめのワイン：
ドメーヌ・クラヴェルレ・
ガリーグコトー・デュ・ラングドック
（Domaine Clavel Les Garrigues Coteaux du Languedoc）
フランス

スパイシー、濃厚、スモーキー、木の香り、そして美味しそうなハーブと花の香りに満ちたこのワインは、価格をはるかに上回る価値があるが、内緒にしておいてほしい。ローズマリーの風味をつけたラムの足をローストしたものと一緒に飲めば、夏の気分にさせてくれる。

木曜日　221日目

ラインワイン

　ドイツのワイン産地ラインにある急勾配の丘陵地のブドウ畑が、きりっとした味わいのリースリングの故郷だ。ライン川に沿って車を走らせると、または船で川を下ると、おとぎ話に出てくるような風景に出会う。連なるブドウ畑と点在する何世紀も前に建てられた教会、モニュメントや細い路地のある豊かな文化を持つ町を想像してほしい。

　ライン渓谷に南から流れてくる暖かな空気は、ブドウの栽培に理想的な気候を作る。特に冬でも暖かく、春が早く晩秋まで長く栽培時期が得られるのは、リースリングにとって理想的だ。この地域にひどい霜が降りたことはほとんどない。これもブドウにとって良い。川はこの地方の気温をコントロールするのに役立つ。

　ライン渓谷のもう1つの良さは、粘板岩の土壌だ。これはリースリングの栽培において最高の基盤となる。ワインを飲む人にとっては、この土壌がワインに繊細な香り、酸味、ミネラルのニュアンスといった、ラインラントのワインに典型的な特徴を生むことを意味する。

　この地を訪れるなら、ライン川を船で下るとパノラマのような景色を見ることができる。自動車で（または急勾配の丘陵地をのぼる自信があるなら自転車で）曲がりくねった山道を走っていては得られない景色だ。立ち寄りたい町は、コーヘン(Cochem)、ベルンカステル(Bernkastel)、リューデスハイム(Rüdesheim)、ハイデルベルク(Hidelberg)、コルマール(Colmar)、ストラスブール(Strasbourg)である。

金曜日　222日目

ハイジ・ピーターソン・バレット

　ワインのファーストレディと呼ばれるハイジ・ピーターソン・バレット(Heidi Peterson Barret)は、ワイン作りに芸術と科学をブレンドする能力を持ち、高い評価を得ている。カリフォルニアのセント・ヘレナにあるワイン産地のビューラー・ヴィンヤーズがバレットをワイン生産者と認めた時、彼女はまだ25歳だった。彼女はその後、シルバー・オークのジャスティン・メイヤーや、フランシスカン・ヴィンヤーズで働いた。さらにラザフォード・ヒルや、オーストラリアの生産者であるリンデマンズ・ワインズでクラッシュ（収穫）の仕事をした。

　カリフォルニア大学デービス校の発酵科学の学位を持っているバレットは、ビューラー・ヴィンヤーズの生産量を6,000ケースから20,000ケースに増やして有名にした。5年後にはワインコンサルタントになり、1988年にオークヴィル東部の丘陵地のワイン産地でとれたブドウを醸造するために、グスタフ・ダラ・ヴァレに加わった。1996年までそこで過ごし、カルトワイン「マヤ(Maya)」を作った。このワインは独占所有権のあるカベルネのブレンドワインで、有名なワイン評論家ロバート・パーカーが2回も100点の評点をつけた。（57日目参照）

　ワインのファーストレディは、それからスクリーミング・イーグルに移った。評判の良いカリフォルニアのワイナリーで、彼女の最初のヴィンテージワイン1992年は、パーカーから100点の評価を得た。このワインの6ℓ瓶は売上が50万ドルに達する記録を作った。

　バレットは1994年に自分自身のブランド「ラ・シレナ(La Sirena)」を始めた。最近のプロジェクトは、アミューズ・ブーシュという、ジョン・シュワルツとの共同ワイン事業である。彼女のワインはフルーティでありながら濃密で、洗練されており、バランスが良い。正反対の特徴を組み合わせる才能は、バレットと他のワイン生産者の間に一線を画している。そして彼女は成功を続けている。『Wine & Spirits』誌はこう伝えている。「ハイジ・バレットはナパのカルトワインの王国の女王である…バレットはしなやかで、エレガントで、優しい風味を持ち、完璧に近い落ち着きを持った素晴らしいワインを作っている」

乾杯の発声

結婚式、記念日、退職、ビジネス、公開の会合、そして（ここにあなたが思いつく行事を書いてください）など、大切な行事で、乾杯の発声をするようにと言われたとする。名誉なことだけれど、さてどうしよう？ あなたは主役の存在の大切さ、やり遂げた事などなどを、適切な言葉で表現しなくてはならない。あなたは乾杯をする方なのだから、される人のことをよく知っているに違いない。もしそうでないなら、やるべき宿題がある。

良い乾杯の仕方を書いた本はたくさんある。もちろん聴衆が忘れられないような力強い乾杯（スピーチではない）をするのは1つの技術だ。あなたが多くの人々を促して乾杯のグラスを掲げる役を果たすために、役にたつヒントを以下にあげよう。

聴衆のことを考える

誰が出席するだろうか？ あなたが語りかける相手は、年配の聴衆、仕事仲間、大学時代の古い仲間、家族？ 聴衆は、あなたの乾杯の雰囲気を作る。フォーマルかカジュアル、どちらになるだろう。

慎重に言葉を選ぶ

その場を特徴づけるいちばん大切な気持ち、重要な業績1つに焦点をあてよう。1度の乾杯のために、あなたとの関係を総括したり、主役の40年間の経歴を並びたてたりしないように。

主役に焦点を当てる

その場で注目を集めるのはあなたが、この乾杯はあなたのためではない。「私が」「私に」という言葉を避ければ安全だ。その代わりに「私たち」を使い、聴衆に変わって主役のことを話そう。

簡潔にする

これは乾杯でありスピーチではない。短い時間で主役を認め、讃える時であり、身の上話をする時ではない。乾杯の言葉を書きとめ、表現したいポイントのリストを作ろう。もっとも大切なポイントを3つ選び、そのポイントを分かりやすくする逸話を加える。それでおしまい。主役を讃えて終わりにすること。

大きな声で言う

メモを大きな声で読んで練習しよう。覚えられない場合は、メモを読んでも、手の中にメモを入れておいて順調に進んでいるかを確かめても構わない。本番並みのリハーサルを事前にすることだけは忘れないように。

乾杯が終わるまでワインは飲まないでおこう。グラス1杯の赤ワインを飲んで気持ちを落ち着かせたくなるところだが、そつなく乾杯の発声をしたいなら、頭のキレを良くしておきたい。

月曜日　225日目

最初のひと口：「オフ」かどうか

あなたが高級レストランで1本のワインを注文した。ソムリエがあなたにワインを見せ、コルクを抜く。彼は試飲用に、少しだけあなたのグラスにそのワインを注ぎ、承認を待ってあなたを見ている。あなたは落ち着かない気持ちでグラスを持ちあげ、回し、よく見て、この選択が正しいことを願う。それにしても気疲れすることだ。

味わい、ソムリエの方を見る。彼はあなたの答えを待っている。さて、ここで多くの人がポイントを見失う。ソムリエはあなたにそのワインを気に入って欲しいわけではない。今まで飲んだどのメルローより美味しいかどうかを聞いてるわけではない。ましてや「あぁ…イタリア旅行したことを思い出すよ」などという感想が聞きたいわけではない。

ソムリエはこの素敵な感想をにっこり笑って受けとめ、丁寧に応対するだろう。しかし本当に知りたいのは、このワインがオフ（OFF）かどうかである。オフはワインのコンディションを表現する言葉だ。味が損なわれていないか？　よい状態で保存されているか？　保管温度が高すぎなかったか？　コルクが傷んでいるんじゃないかと感じるか？　あなたがワインを選んだのだから、あなたには選択の責任がある。レストランはあなたが選んだワインを質の良い状態で提供する責任がある。

ワインが傷んでいるかどうかを判断するのは難しいことではない。そのために専門的な訓練は一切必要ない。ワインが傷んでいるのは以下の場合だ。

- 顔をそむけたくなるような匂いがする。
- 湿った新聞か濡れた段ボールのような匂いがする。
- カビ臭い。

なぜこのワインが「オフ」になったのかは重要ではない。その謎を解くのはあなたではない。あなたがすべきことは、丁寧にソムリエに「このワインは傷んでいますね。まったく同じワインで別のボトルを持ってきてもらえますか？」と言うことだ。そうすれば、あなたがワインの選択に疑問を投げかけているのではなく、このボトルの状態に満足していないことが分かる。

素早く取り替えてもらう間、細かな動きに配慮するように。ここに書くドラマは全部あわせても1分以内に起きることだ。もしあなたがソムリエにうなずいたら、あなたはそのボトルを買ったことになる。それで終わりだ。ワインに関して話すときは、まぎらわしい表現を避け、分かりやすく話そう。たとえば、あなたが「このワインはよくない」と言い、それがワインの状態（ぬれた新聞のような匂いがする）のことだとしても、ソムリエはあなたが自分の選択を気に入らないのかと勘違いするかもしれない。

標準レベルに達していないワインなら、はっきりと「傷んでいる」と言おう。そうでなければ、うなずいて、グラスに注いでもらい、楽しもう。

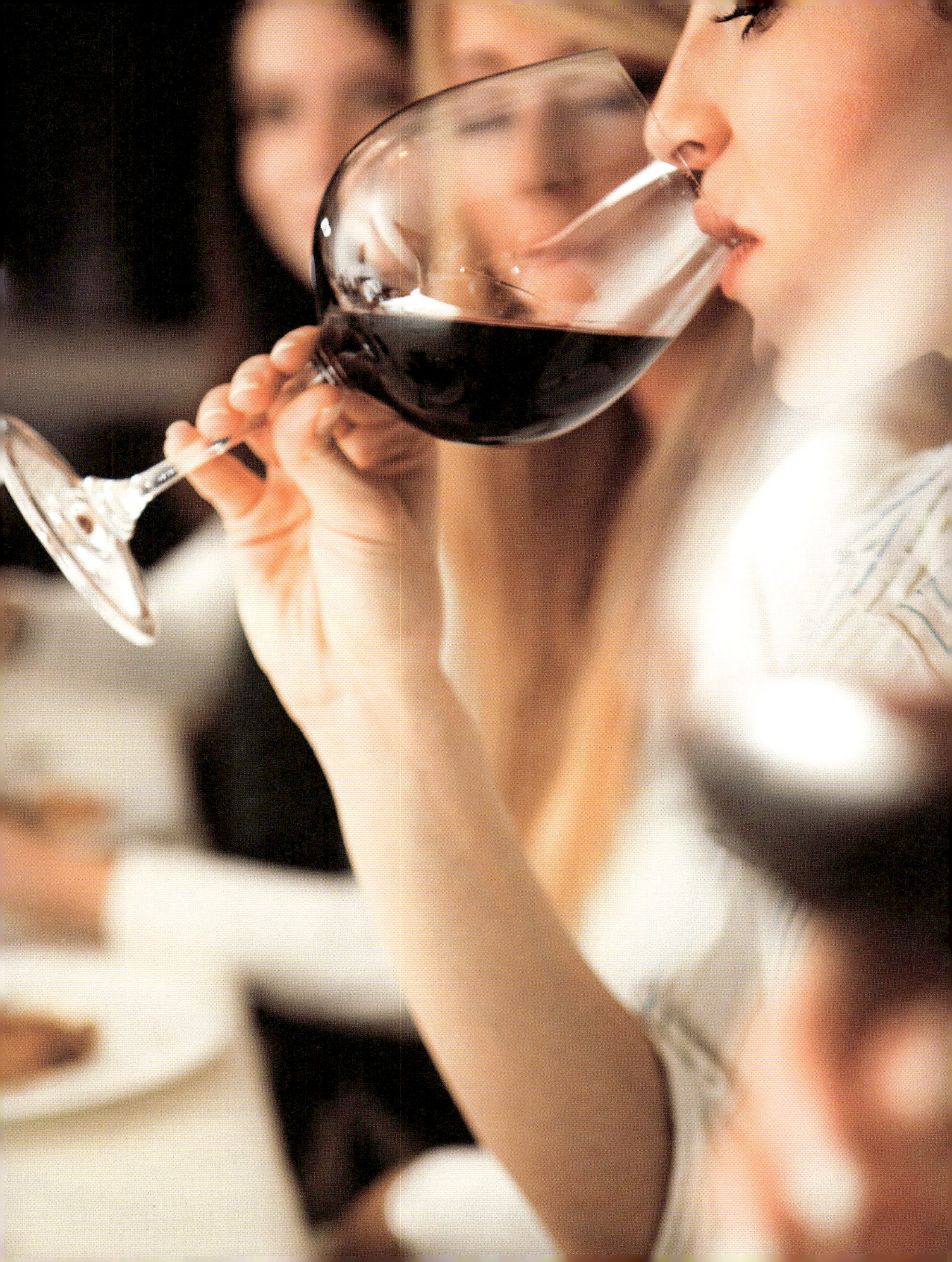

ネッビオーロ

ネッビオーロ（Nebbiolo）を栽培し質の良いワインを作ろうとする人が経験する苦労はすべて、力強い印象を残すワインの完成で報われる。これほど暗い色で、タンニンが強く、アルコール度数が強いワインはほかにほとんど見当たらない。未完成のピノ・ノワールのように気まぐれだという人もいる。

おもな生産地はイタリアのピエモンテで、そこでは高貴なワインとみなされている。ブドウにはたくさんの蝋粉とよばれる白い粉状のものがつき、まるで霜がおりたようにみえる（Nebbiaはイタリア語で霧を意味し、ネッビオーロという呼び名の由来の1つとされている）。イタリアではこのブドウを、スパンナ（Spanna）、ピクトゥネール（Picoutener、キアヴェンナスカ（Chiavennasca）などと呼ぶ地方もある。

イタリアでこのブドウが栽培されているその他の唯一の地域は、ロンバルディア地方のアルプスのふもとにあるヴァルテッリーナ（Valtellina）である。しかし数多くの生産地の醸造家が何ヘクタールもの畑でネッビオーロを植えてきたが、ネッビオーロで作ったバローロ、バルバレスコ、ガッティナーラのような品質に至らない。興味深いことに、ネッビオーロはバローロに3%しか含まれていない。

ではなぜネッビオーロはそれほど栽培するのが難しいブドウなのだろう？ まず土壌に敏感で、砂地より石灰質を好む。そして場所によって成育の仕方が変わる。この2つの変動要因が少し変わっただけで、ボディ、タンニンのレベル、酸味がまったく違うワインが生まれることがある。ネッビオーロはシーズンの終わり頃に熟成し適度な日光を必要とする。

というわけで、ネッビオーロ種を使ったワインのコルクを開けたら、サクランボ、リコリス、トリュフの香りを楽しみ、どっしりとした肉料理やチーズを組み合わせよう。ネッビオーロは、他の品種のワインなら圧倒されてしまうような料理を引き立てることができる。

Recipe: ツナ・プロヴァンサル

プロヴァンスではあまり白ワインを生産しないため、人々は魚料理に赤ワインやロゼワインを合わせるという、他の地方ならためらうような組み合わせに慣れている。標準的な原則では、白ワインは白身魚に、赤ワインは赤身魚に合わせる。一般的な習慣に従ってもマグロの料理には安心して赤ワインを合わせることができる。

材料

オリーブオイル	大さじ3（45ml）(半分ずつに分けておく)
タマネギ	160g（みじん切り）
ニンニク	1片（みじん切り）
プラムトマト	220g（粗みじん切り）

*無ければ普通のトマトで代用できるがプラムトマトより水分が多めになるので加熱時間を調整する。

フレッシュバジル	40g
ケーパー	大さじ1.5（ゆすいで水をきっておく）
マグロの切り身	2枚(140-170g)
塩コショウ	適宜

作り方

1. ぶ厚い中サイズの鋳鉄製のフライパンにオリーブオイル大さじ1.5を入れて中火で温める。タマネギを加えてやわらかくなるまで5分ほど炒める。

2. ニンニクを加えてきつね色になるまで炒めて、トマト、バジル、ケーパーを入れる。フタをしないで弱火で時々かき混ぜながら水分をとばす。

3. その間に、残りのオリーブオイルを別の分厚い大きめの鋳鉄製のフライパンを中-高火にかけてあたためる。マグロに塩コショウをしておく。フライパンにマグロを入れて、端が軽くキツネ色になるまで、片面3分ずつ焼く。この時点でマグロにミディアムレア程度に火が通っているようにする。トマトソースを注ぎ、マグロに完全に火が通るまで(あるいは好みに応じて)、5分煮る。

> **この料理に合うワイン：**
> **サン・タンドレ・ド・フィギュールキュヴェ・フランソワコート・ド・プロヴァンス**
> （Saint André de Figuière Cuvée François Côtes de Provence）
>
> **フランス**
>
> 典型的な南フランスの例にもれず、このワインにはシラー、グルナッシュ、サンソー、カベルネ・ソーヴィニヨンなど、さまざまなブドウがほぼ同じ比率で使われている。その結果、きめが細かく柔らかい、食事に合うワインとなっている。フィギュールとはフランス語で「イチジクの栽培者」という意味で、凝縮されたドライフルーツの風味を感じずにはいられない。

木曜日　228日目

バロッサ・バレー（オーストラリア）

　世界的に有名なシラーズを探しに、オーストラリアのバロッサ・バレーに行こう。ここはトスカーナ、ボルドー、ナパ・バレーと並ぶ、上質なワインの産地と評価されている。バロッサ (the Barossa) と呼ばれるこの地区は、アデレードから車で約1時間の場所で、アンガストン (Angaston)、リンドック (Lyndoch)、ニュリウッパ (Nuriootpa)、タナンダ (Tanunda) という4つの小地区と、小さな村落の集まりからなる。その暮らしには他のオーストラリアの町と違い、英国やプロイセンの移民の本物の遺産が残っている。

　ワイン作りの歴史は1857年にバロッサが発見された年にさかのぼる。農業のために苦労して土地を開拓した家族たちは、教会や学校を建築し、ブドウを植えた。6世代を経た現在、小規模なブドウ畑の中には当時と同じ名前の家族が管理しているものがある。

　バロッサの暦は祝祭でうまっている。この地を訪れたら、手作りの肉屋やパン屋を訪れ、この地方の美味しい料理を楽しもう。こちらもバロッサのワインと同じくらい評判が高い。ワイナリーを訪れた後は、ブッシュウォーキング（低木地帯のピクニック）にぜひ行くべきだ。

オーストラリア、バロッサ・バレーのブドウ畑

ジャン＝ミシェル・カーズ

「ワインを作ると友人ができると私は常に確信している」と、ジャン＝ミシェル・カーズは「Fine Wine」のレポーターに話したことがある。フランスのワイン生産者であり保険会社の幹部だった彼は、AXA Millesimes（アクサ・ミレジム）のワイン関連の資産を2000年まで、カーズ家の地所を2006年まで運営していた。

しかしカーズは、家族の地所を売却し、ボルドー地方の有名なシャトー・ランシュ＝バージュを進歩的で現代的なワイナリーに育てる前に、テキサス大学で石油工学を学び、IBMフランスの営業部長になり、パリのSTAD（アンパン＝シュネーデル・グループ）の社長を務めた。

カーズがワイン業界に時間と資金をつぎ込んだのは、彼が30代に入ってかなりたってからだった。カーズの名前の由来でもある祖父が亡くなると、カーズの父親のアンドレは家族の地所の売却について相談した。結婚して4人の子どもと共にパリに住んでいたカーズは、キャリアや人生に区切りをつけ、1973年に故郷のポイヤックに戻った。当時ボルドーは、過剰なワイン投機と石油危機で困難な時期を迎えていた。

意を決した若いカーズは、家族経営のワイナリーを現代化し、エンジニアとしての経歴を生かしてステンレスの樽による発酵を導入した。ダニエル・ローズに協力を求め（彼は今もカーズが信頼する醸造家である）、ランシュ＝バージュのワイン作りを全面的に少しずつ改善していった。

1980年代初め、ランシュ＝バージュはついに世界的な名声を得た。カーズは他のボルドーの生産者とともにアメリカ合衆国に出向いてワインディナーを主催し、新しい市場に自分たちのブドウを紹介した。彼は大切な支持者をさまざまな形でフォローした。1975年産のランシュ＝バージュのボトルは宇宙にまで届けられている。

1990年になると、カーズは中国でのワインの販売を実験的に始めた。2008年には、ランシュ＝バージュのワイン生産量の5%が中国で消費されるようになった。またミシェル＝ランシュという、10万ケースのワインのブランドを作った。そして時間をかけて、フランスの不動産やポルトガルとハンガリーの地所に投資して、ワインポートフォリオを作った。

家族の遺産だったランシュ＝バージュは、ワインスクール、近隣の豪華なホテル、革新的な料理の才能が有名なシェフのティエリー・マークスが率いるミシュラン2つ星のレストランを備えるまでに拡大し、観光地となった。カーズは形の上では引退したが、シャトーのオフィスはそのままだ。息子のジャン＝チャールズはワイナリーの日常業務を行っているが、カーズのエネルギーを知っている彼は、次の行動に備えてあまり遠くにはいかない。

土曜日＋日曜日　230日目＋231日目

ワインの飲みすぎ

昨夜ははめをはずし過ぎた。正直に言おう。ワインを飲み過ぎ、節度をドアから追い出し、それから寝酒を飲んだ。現在朝の6時半。目覚まし時計が鳴っているのにベッドに寝たまま動けない。月曜日の朝だ、出勤しなければならない。頭はずきずきしてまるでバスドラムが中に入っているようだ。外は凍えるほど寒いのに汗をかいている。口の中は乾いていてディナーに靴下を食べたような気分だ。これは良くない。

友よ、あなたは最悪な二日酔いだ。どうやらワインをひと口ずつ味わって飲まなかったのだろう。「あと一杯だけ」と言ったもう一人の自分を責めよう。とにかく早く回復する必要がある。次回はこの過ちを繰り返さないようにしなければならない。ここにその方法を紹介しよう。

水分補給

頭が痛いのは、水ではなくアルコールを飲むことを選んだからだ。アルコールには利尿作用があり、基本的に体から水分を奪うので役に立たない。したがって水を飲もう。しかもたっぷりと。電解質とナトリウムを含むスポーツドリンクも加えると、エネルギーが回復し、疲れた体をいやすだろう（スポーツドリンクは糖分も含むので飲みすぎないように）

体に活気を与える

オレンジジュースは、肝臓がアルコールを分解するのを助ける。肝臓が痛いのはつらいものだ。それからバナナを食べるのも良い。アルコールはカリウムも減らすが、バナナにカリウムが豊富に含まれている。

こっそり昼寝をする

アルコールは睡眠パターンを乱し、ワインでいっぱいになった膀胱は役に立たない。多分昨夜はよく眠れなかったはずだ。もしできればこっそり昼寝をしよう。無理をしてはいけない。

コーヒーを避ける

すでに水分不足になっていることを忘れないように。カフェインはアルコールと同じように体から水分を取り除く。かわりにジュース、スポーツドリンク、水を飲もう。二日酔いを迎え酒で治そうと思わないこと。何の役にも立たない。

次回は以下を実践してみよう。

- ワインを飲む前に食べ物を食べよう。飲んだ後も定期的に何か食べること。

- 脱水状態を防ぐためにワインを飲みながらたっぷりと水も飲もう。

- ワインを飲むのをやめるべきタイミングを知ろう。視界がぼやけたりふらふらする前に、今夜はもう終わりだと決意しよう。

- ワインを味わおう。ワインの香りに浸り、美味しい食事と一緒に味わって、ゆっくりと時間を過ごせば、もっとワインを楽しめるはずだ。そんなふうにワインを飲めるなら、ここに書いた二日酔いの応急処置など必要ない。次は自分に責任を持てることを祈って、乾杯！

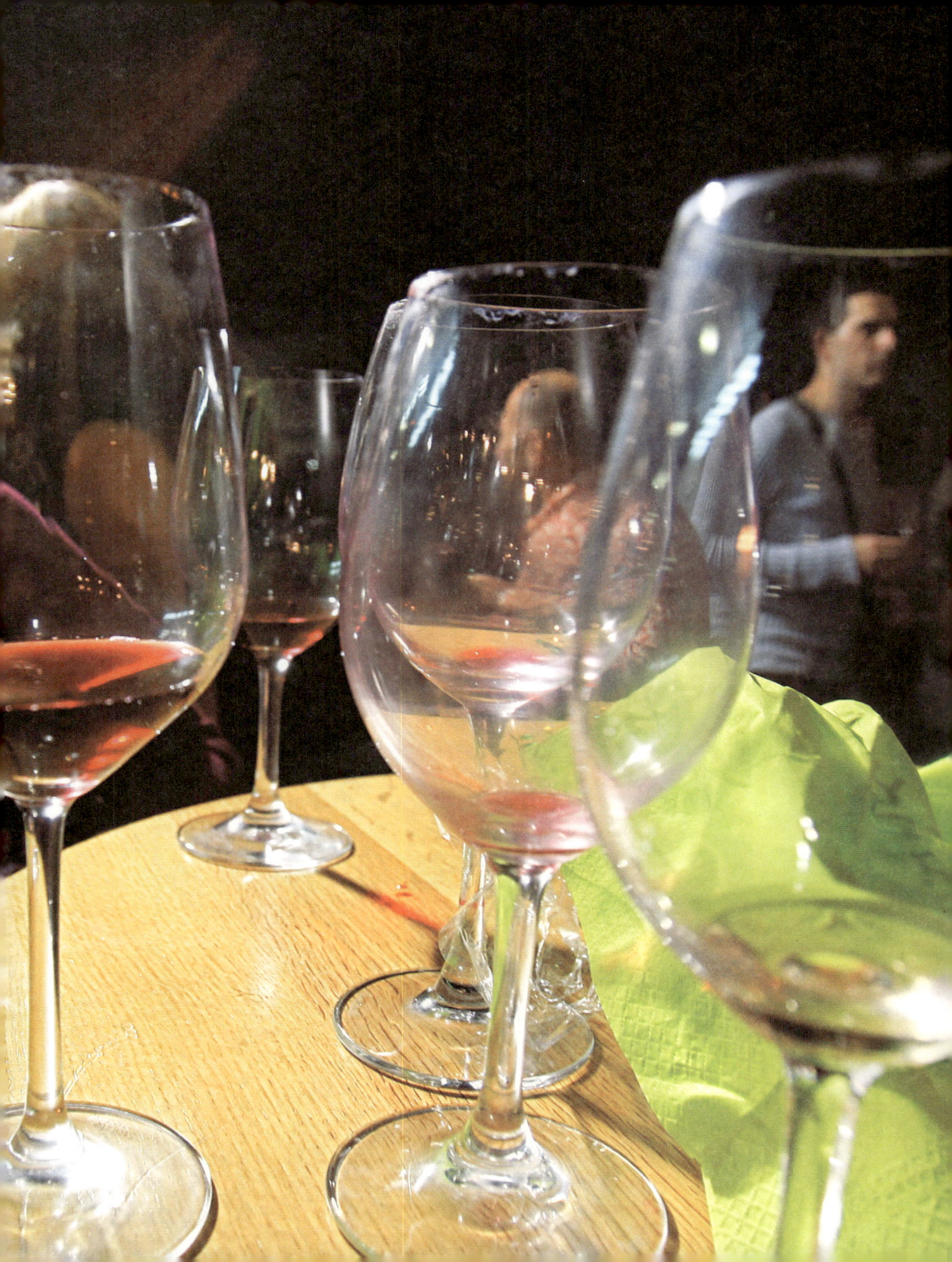

月曜日　232日目

ワインテイスティングのエチケット

　ジェスチャーも言語であり、言葉と同じように非常識になることもあれば優雅になることもある。

　NBCテレビの2003年の実話もののシリーズ「The Resutaurant」は、思いがけないことが起こるコントロール不可能な場所の中にカメラを入れた。ある時はワインテイスティングクラスの最後に、なんとウェイターの1人が吐き出し用の容器を一気に飲み干した。仲間が数百ドルを賭けていたことは、彼の動機を完全に説明しない。しかしテイスティングの間に、彼は吐き出し用のバケツ分くらいのワインをすでに飲んでいた。

　1年後、ワイン好きの映画「Sideways（サイドウェイ）」で、ポール・ジアマッティが演じるマイルズが、はめをはずしにドライブに出かけ、さっきのウェイターとまったく同じことをする。あの映画でもっとも見たくないシーンの1つであることは間違いない。嫌な気分が過ぎ去ると、本当に誰かが同じことをするんじゃないかと心配になり始める。

　安心してほしい。吐き出し用の容器を飲む機会を与えられたとして、本当のワイン愛好家がそれをする可能性はほとんど無い。あなたは良い仲間に恵まれている。

純粋なリースリングへの評価

火曜日　233日目

　果糖がきらきらと光る円熟したリースリングは、砂糖菓子の砂糖をなめているような味がする。辛口の白ワインやコクのあるがっしりとした赤ワインが主流の世界で、甘くて飲みやすいリースリングは場違いに思われる。21世紀初め、ドイツでもっとも品質の高いリースリングを作る生産者が、自分たちのワイン作りの技術を、とびきり辛い、糖分の含まれていないリースリング作りに生かし、世界の素晴らしい白ワインと肩を並べようとした。

　ドイツのワイン生産者がワインの糖分を抑制すると、フランスのシャブリやその他の白のブルゴーニュを思わせるほど、ブドウの風味に深みが生まれ始めた。肥沃なラインガウのリースリングには糖分がほとんど含まれていないが果実味が豊富に含まれ、ソーヴィニヨン・ブランやシュナン・ブランに匹敵するほどだ。

　辛口のリースリングは次のビッグワインになろうとしてる。その味わいにあなたの好みのふりこが揺れることに心の準備をしておこう。

おすすめのワイン:辛口のリースリング

ドクター・ローゼンリースリング
(Dr. Loosen Riesling)、ドイツ

アーンスト・ローゼン博士は、200年前から家族が営むワインエステートという、考えうる限り最高の舞台で、ドイツのリースリングの革命をやりとげた。甘くはない。そして土の香、井戸水、香りが全開になると樹液やトロピカルフルーツの風味、というように、彼のワインは香りのスペクトルをすべて含む。現在、世界中でローゼンといえばリースリングを意味する。またローゼンは米国ワシントン州のワイン大手、サン＝ミッシェルとパートナーを組み、米国でワイン作りをしている。

ライツ・ドラゴンストーン・リースリング
(Leitz Dragonstone Riesling)、ドイツ

このワインの正式なドイツ語の名称は、Leitz Rudesheimer Drachenstein Riesling（ライツ・リューデスハイマー・ドラッケンシュタイン・リースリング）といい、現代的、国際的な顧客に紹介するには長くて複雑すぎるため、ワイナリーが名称を変更した。ドラッケンシュタインはドラゴンストーンの意味で、ブドウ畑で発見された化石と大きな恐竜の足跡らしきものに敬意を表している。辛口で、すっきりとして爽やかなドラゴンストーンは、アメリカ人の好みに合わせた新世界のリースリングといえる味わいだ。このワインが楽器だとしたら高音を奏でるだろう。その風味もキリリとレモンのようで、高らかに鳴り響く。

水曜日　234日目

大豊作とワイン、チーズ、オリーブオイル

　ワイン、チーズ、オリーブオイル。これらの不朽の食物はすべて、作物の収穫量が多い時に農夫や栽培者が抱える同じジレンマ、つまり大豊作という幸運に恵まれたものの、収穫した大量の作物をどうしたらよいだろう？　という悩みを解決してくれる。冷蔵庫が登場するまでの時代に、人々は多様で興味深い解決策をあみだした。

　ブドウは他の果物と違う。摘み取った後は熟さないのだ。摘み取った瞬間から、ブドウは容赦なくどんどん腐敗と分解に向かって進んでいく。ブドウの果汁からワインを作ることは、その劣化のスピードをぐんと遅くする。生のブドウの果汁を室温においておくと、コルクが破裂するまで1週間くらいはかかる。ワインになれば何年も、場合によっては何十年も保存できる。

　チーズは何リットルものミルクから作った、簡単に持ち運べる大きさの美味しい食物だ。しかも後で、場合によってはかなり後で、食べることができる。同様に、オリーブオイルは保存がきくうえ、最大限にカロリーをひきだしたものだ。オリーブの果肉にはオリーブのオイルと果汁が含まれるが、オリーブオイルの30%は堅い種を砕いて圧搾してとったものだ。おりと水分を分けて浄化する抽出の手順によって、オリーブオイルは長期保存ができ、劣化に耐えることができるようになる。

　ワイン、チーズ、オリーブオイル、そして必須のパンが、まとめて別世界から来たかのように相性が良いのは不思議なことではない。多くの宗教でこれらの食べ物や飲み物は神を表した。古代ローマの酒の神バッカス、穀物の女神セレス、あまり知られていないがチーズ作りとオリーブ栽培をつかさどる、ギリシアの神アリスタイオスなど。

木曜日　235日目

ワシントン州

　相対的に言って、ワシントン州はワインの世界の新人だ。ワイン用のブドウ栽培が始まったのは1825年だが、ピュージェット湾のストレッチ・アイランドに北西部最初のワイナリーができたのは禁酒法時代の後だった。その後1938年までに、42のワイナリーができた。最初の大規模栽培が始まったのは1960年代である。このような努力の積み重ねが、シャトー・サン・ミシェルなど有力ワイナリーの誕生の基盤となった。現在ワシントン州では30を超える品種のブドウが栽培され（赤ワイン用と白ワイン用のブドウの比率はほぼ50%ずつ）、作付け面積は12,950haを超える。

　ワシントン州はワインを重要な産業と位置付けている。ブドウはこの州で4番目に収穫量が多い作物だ。また最近、観光客がワシントン州のさまざまなブドウ栽培地域を訪れてワイン経済を元気づけている。主な栽培地域は、ワラワラヴァレー、ピュージェット湾、ラトルスネークヒルズ、コロンビアゴージなど。

　大西洋北西部のこのワイン栽培地域の成長は早く、新しいワイナリーが約2週間おきに開業している。そしてこれらのワイナリーのワインは国際的に高く評価されている。イタリア、オーストラリア、その他のワイン産地の生産者がワシントンの地形的に理想的なブドウ栽培地にワイナリーを設立し始めている。ワイン関連のメディアからはこの地域は一貫して高い評価を得ている。ワシントン州のワインから目を離さないように。

グース・リッジ・エステート・ヴィンヤーズ・アンド・ワイナリー
（米国ワシントン州コロンビアヴァレー）

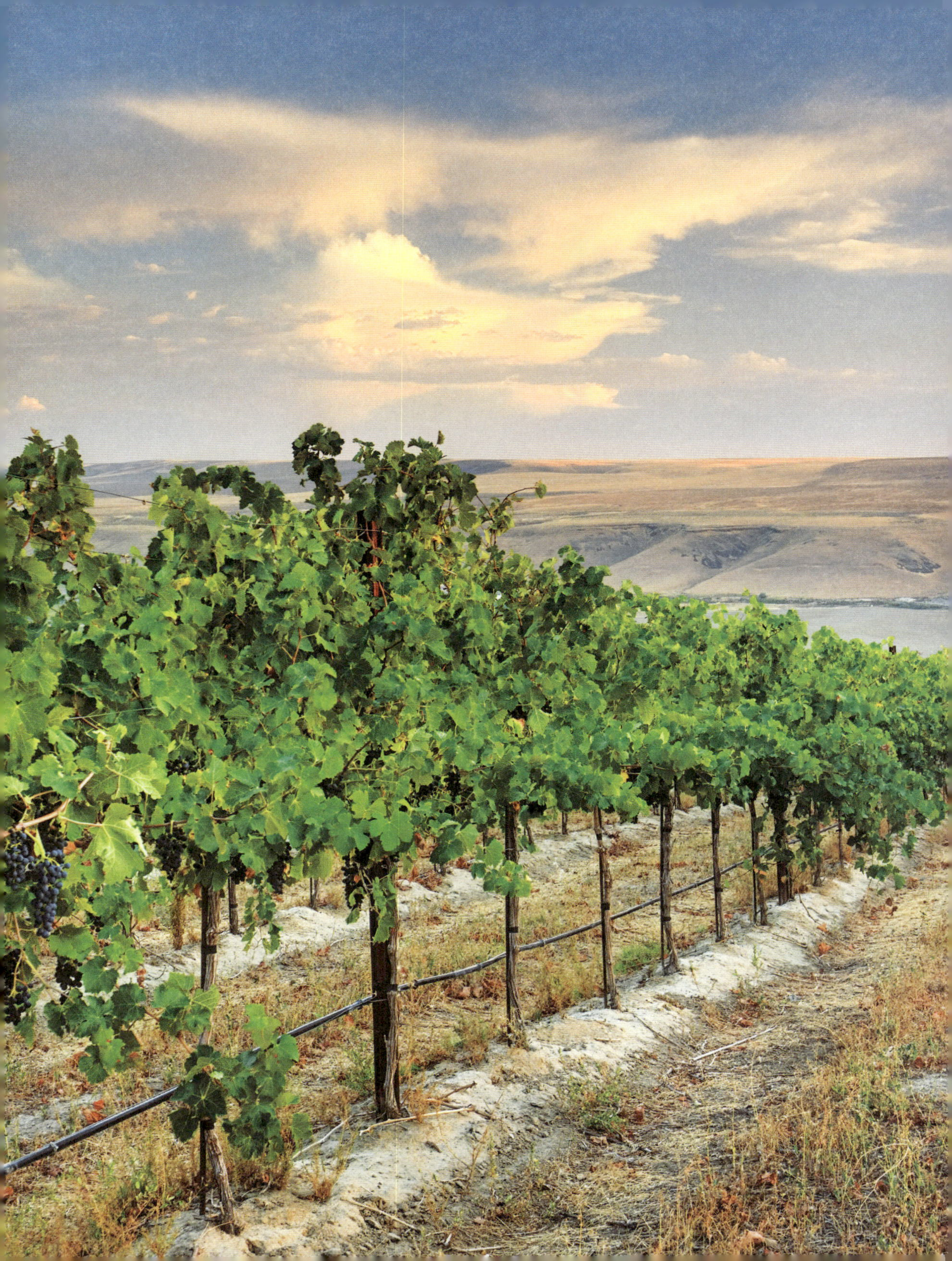

金曜日　236日目

ホルヘ・オルドネーズとスペインのワイン

　ホルヘ・オルドネーズ（Jorge Ordoñez）は独力で、アメリカにスペインワインを再び紹介した。始まりは1987年。かの有名なロバート・パーカーから「ワイン・パーソナリティ・オブ・ザ・イヤー」賞を2度も授与されている輸入業者である彼は、青々としたブドウ畑が広がっているにも関わらず、これまで凡庸なワインしか生産してこなかったスペインを、注意深く見守るようになった。誰もスペインワインに関心がなかった時に、オルドネーズは関心を持っていたのだ。

　オルドネーズは家族が経営する卸売業者を手伝いながら育ち、トラックに荷物を積んだりワイナリーを訪れたりといった、実践を通じてワインを学んだ。コルドバ大学に通った後に妻のキャシーとともにボストン地域に住み、1980年代にスペインの家族経営の小さなワイナリーを訪れ始めた。

　オルドネーズは、ワイナリーが品揃えを1つずつ改善していくのを手伝った。やがて彼は米国の成長しつつあったワイン市場に、新しいスペインワインを紹介した。現在、オルドネーズは40のワイナリーの130本のワインを集めた、とても深いスペインワイン・ポートフォリオを持っている。コレクションのどのボトルにも彼が作った緑色のモノグラムがついている。彼はワイン用ブドウ栽培の職人的技術の大切さをワイン生産者家族に訴え、パートナーを組んで成功に導いている。

　オルドネーズは、スペインワインの品質向上へのたゆまぬ探求を続け、スペインワインの特徴を賞賛することに大きなエネルギーを注ぎ、その過程で友人を作ってきた。冬と春はスペインのボデガ（ワイナリー）を訪れて新しいワインを発掘している。スペインワインのことなら何でもオルドネーズに聞くと良い。彼は大きな熱意を持って、もったいぶることはみじんもなく、あなたの質問に答えるだろう。

土曜日＋日曜日　237日目＋238日目

空になったワインボトルの再利用

空になったワインボトルを、実用的なガラス器、面白いアート作品、庭のアクセサリーまで、クリエイティブに再利用する方法はいくらでもある。熱を加えたり裁断してボトルの形を変えるなど、専門家の助けが必要な加工もある。またそのままの状態で意外な場所に利用するのも良いだろう。

空のボトルの利用法が分かったら、今までのように眺めるだけでいることはない。

庭の仕切り

空のボトルのラベルをはがして砂を入れる。上下を反対にして花壇の周りの土の中に埋める。底が半分は見えるようにする。一列に並んだボトルはガラスの細い小道のようになる。違う色のボトルを選んでパターンを変えると面白みが加わるだろう。

シンプルな保管容器

ワインボトル用のストッパー（栓）を買って、オリーブオイルを入れる。ハーフボトルの空瓶をとっておくと、ワインを飲みきれなかった時の残りの保存用として重宝する。

ガラス容器

ガラスカッター（工具店などで手に入る）でボトルのネック部分を切り落とし、グラスにちょうど良い高さまで残りの部分をさらに切る。セラミック製のナイフシャープナーで上部をなめらかにし、角を切り取る。これで底にへこみのある（246日目を参照）ユニークなタンブラーのできあがり！なおガラスを切る時はケガに注意するように。

ロウソク立て

ボトルの口にロウソクを立て、溶けたロウがボトルに流れて模様になるのにまかせる。これを繰り返すうちに、色とりどりのロウがアートを作りだす。

月曜日　239日目

ワインとはあなた自身である

ワインの話をするのに慣れていない人は、自分が得意なボキャブラリーでワインの味を表現する。例えば、芸術家はそれぞれ独特な直感で表現する。優れた料理家やオーディオファンはいつも、ワインの背景をまずとらえ、それらを素早く関連づけるさまざまな感覚的要素を駆使するようだ。

建築家は、予想通り、建築用語を使ってワインを語る。彼らは深部の基礎的な要素を感じる。さらに風味の構造の高さや装飾性について指摘する。

画家や写真家はワインを味わい、色の強弱、前景と後景、焦点が絞られているかどうかについて話す。音楽家はワインを音楽として理解し、高音、低音、深い共鳴を与える一節を感じて表現する。

ワインのあらゆる評点を覚えているようなワイン愛好家も、「もしワインが音楽だったら（または、風景だったら、スポーツカーだったら）、私の好きなワインはこういうものだ」と説明できる人にはかなわない。ワインのニュアンスを感じるために優れたアーティストになる必要があるというわけではない。もしあなたが味わいの微妙なニュアンスを表現できれば、それが最高なのだ。

火曜日　240日目

🍇 マスカット・オブ・アレクサンドリア

オーストラリアといえば圧倒的にシラーズが占めているが、その他にプティ・ヴェルド、ヴェデーリョ、マスカット・オブ・アレクサンドリアなど、珍しい品種もあって驚く。マスカットは中東産の白ブドウの古代種の1つで、その名前はアラビア海にあるオマーンの首都の名前として残っている。（ちなみにシラーズという町はイラン南部のマスカットという町からわずか965km北東にある）

マスカットは地球を横断して広がり、その土地ごとに違う姿に変わった。たとえばイタリア北部では、モスカートといい、モスカート・ダスティという発泡酒がある。マスカット・オブ・アレクサンドリアはスペイン産シェリーの3つの公認ブドウの1つである。そして新世界では、マスカット・カネリ（オレンジ色のマスカット）、黒い色のマスカットなど、その他にも多くのマスカットが存在する。

すべてのマスカットに共通するのは、オレンジやグアヴァのような柑橘系果物の香りが素晴らしく、オレンジの花の香りを味わっているかのように感じるところだ。まるで花やみずみずしい緑の葉を食べているような気がする。

> **おすすめのワイン：**
> **アリス・ホワイトレクシアマスカット・オブ・アレクサンドリア**
> （Alice White Lexia Muscat of Alexandria）
> **オーストラリア**
>
> アリス・ホワイトのレクシア（「法律」の意味）は、円熟して濃厚で、やや甘みがあるが、冷やすとキリリと美味しいワインだ。アルコール度数はわずか10％で、夏に気軽に飲むワインとして最適である。新鮮な梨や農家製のチーズをカリカリに焼いたパンに載せたものをカゴに入れて添えよう。

水曜日　241日目

Recipe: 赤ワインリゾット

アルボリオ・ライス（その名前は原産地であるイタリアのピエモンテ州の町アルボリオにちなんでいる）は、味は良いけれど見た目がやや地味だ。その単調さを変えるために、このレシピは材料に辛口の赤ワインを加え、米を華やかな紫がかったピンク色にした。

材料(6-8人分)

チキンスープ	600㎖
辛口の赤ワイン	360㎖
オリーブオイル	大さじ1
バター	大さじ8（110g）（2つに分けておく）
ニンニク	2片（つぶしてきざむ）
赤タマネギ	2つ（みじん切り）
アルボリオライス	285g
マッシュルームのスライス	225g
塩と黒コショウ	適宜
おろしたパルミジャーノ・レッジャーノ	170g

作り方

1. スープと赤ワインを大きめの鍋に入れて弱火で煮る。
2. 分厚いフライパンでオリーブオイルをあたため、そこにバターの半量を入れる。ニンニクとタマネギをしんなりするまで炒める。
3. 米を加えて全体にオイルやバターがまわったら、温めたスープを米がかくれる程度まで入れる。
4. 弱火でかき混ぜながら煮て、水分がなくなったらスープを約120㎖ずつ入れる。スープの半量を加えたら、マッシュルームを加え、塩コショウで味をととのえる。
5. 残りのスープを加え続け、かき混ぜ、米が水分を吸うのを待つ。最後にチーズと残りのバターを入れてよく混ぜる。

この料理に合うワイン：
ラ・スコルカローザ・キアラロゼ
（La Scolca Rosa Chiara Rosé）
イタリア

もちろんピエモンテ州の美味しいロゼが最高に合う。白ワインのように柑橘系の風味が強すぎず、繊細なリゾットに合わせるには力強すぎるブドウのドルチェットやバルベーラなど、近隣の他の赤ワインよりタッチが軽い。

ブドウ畑に実るマスカット

チリ

小売業者はチリワインが好きだ。ワイン愛好家が2つのことを同時に得られるからだ。チリワインは低価格で、国際的競争力のある品質のヴァラエティワインを生産している。

チリの象徴的なブドウ、カルメネーレは、メルローのチリ版で、小売店の主要品目となっている。カルメネーレはボルドーの赤ワインの品種で、フランス原産のブレンド用ブドウで有名ではないが、チリでは自然によく育った。ヨーロッパでは、ブドウの根を食べる害虫フィロキセラにより、この品種がほぼ絶滅した。しかし現在まで、チリにはまだフィロキセラが存在せず、その理由は誰にもよく分からない。実際のところ、1800年代と20世紀初めに世界がヨーロッパにワインの輸出を求めた頃、このネアブラムシ「フィロキセラ」が旧世界に甚大な被害をもたらした。そこでチリは、必要な数のワインを提供することになった。

何年かたつうちに、チリのワイン産業は輸出入の規制機関や生産量の制限など、その成長を妨げる障害に直面した。しかし1980年代末にチリが貿易を解禁し、温度管理できるステンレスのタンク、重力流を利用したインフラ、現代的な低衝撃のクラッシャー、圧搾器、小さなオーク樽など、現代的なワイン作りの技術に投資を始めた。ワイン生産者たちはブドウの品質を改善し始め、ワインの世界におけるチリの評判を高めている。

現在チリは自国のワインを5大陸90カ国以上の町に輸出しており、売上高は上昇し続けている。

チリのワイン産地をざっと見てみよう。

- **サンティアゴ北部**：おもにテーブルワインや蒸留酒の原料となるパイスという品種を生産するブドウ畑がある。チリのホワイトスピリッツの材料の生産地としても有名。

- **サンティアゴ北部のアコンカグア・ヴァレー**：カベルネ・ソーヴィニヨンが栽培されている。

- **サンティアゴ南西部のカサブランカ・ヴァレー**：ソーヴィニヨン・ブランとシャルドネが栽培される優良地である。

- **マイポ・ヴァレー**：比較的温暖な地域で、カベルネとシャルドネがよく育っている。

- **コルチャグア・ヴァレー**：力強いカベルネとカルメネーレの産地である。

- **クリコ・ヴァレー**：メルローとソーヴィニヨン・ブランが盛んに栽培されている。

チリのワイン産業は成長が著しい。ワイナリーの商品開発や市場への銘柄紹介から目を離せない国だ。

陶製のタイルに描かれたチリのコルチャグア・ヴァレーの地図

Colchagua
Central Rapel
Lago Rapel
El Manzano
Doñihue
Cocalan
Coinco
San José de Marchihue
Pataguas
Rio Cachapoal
Las Cabras
Quinta de Tilcoco
Pichidegua
Peumo
El Toco
Larmahue
San Vicente de Taguatagua
Peralillo
Lihueimo
Museo del Huique
Colchagua
Palmilla
Yaquil
Rio Tinguiririca
Ruta del Vino
Hotel Santa Cruz Plaza
Paniahue
Cunaco
Placilla
Santa Cruz
Museo de Colchagua
Nancagua
Chimbarongo
Puente Negro
La Lajuela
El Boldal
Chépica
Peor es Nada
Tranque Lolol
Convento Viejo
Codegua

金曜日　243日目

アン・C・ノーブルのワイン・アロマホイール

　複雑なワインの風味を表現する能力を高めたい。最初のひと口を何と表現すればよいのかよく分からない。アン・C・ノーブル（Ann C. Noble）のワイン・アロマホイールは、そういった声に応えてくれる。カリフォルニア大学デイビス校の元教授で、感覚科学やフレーバーの化学を研究するというノーブルが1990年に開発したこのアロマホイールと3層に書かれた表現は、ワインを簡潔に表現するのを助けてくれる。

　誰かとワインを試飲している時は、「悪くない」、「とてもがっしりしている」「フルーティだ」「甘過ぎる」以外に、ワインを表現するボキャブラリーがあると素敵だ。しかしワインの香りを表現する最適な形容詞を獲得することは、それぞれのワインにはさまざまな香りからなるブーケがあるため難しい。すでにご承知のように、テイスティングは味よりも香りが大きく影響する。

　ノーブルのアロマホイールは、初心者もワイン通も同じように頼れる、使いやすいガイドである。いちばん大切なことは、ワインそれぞれの特徴を認識したり思い出したりするのに役立つということだ。

　ノーブル女史は、ワインの香りの重要で中心的な香りを描きだす、物理的な標準を作るのが早道だと語った。ほとんどの「標準」は食料品店で身につけることができる。その方法を紹介しよう。ホイールは円形の表で、いちばん中心に基本的な表現が書かれており（フルーツ、化学物質など）、外側に向かうにしたがって細かい表現が書かれている（グレープフルーツ、イチゴなど）。

　このホイールにはワインを表現する一般的な味がぎっしりと書かれており、それを認識し始めると、脳と鼻を訓練してワインの香りの表現に簡単に関連づけられるようになる。

　たとえば、白ワインの標準には、アスパラガス、ピーマン、バニラ・エクストラクト、バター、クローブ、柑橘類、桃、パイナップル、ハチミツ、そして基準となる純粋なワインであるベースワインを用いる。ノーブルは中庸で高価ではない白ワインをベースワインにすることを勧めている。

　各標準をラベルをつけたワイングラスに入れて、使い捨てのプラスチック製のペトリ皿かラップでフタをする。こうすることで香りが強まる。そしてまず評価するワインの香りをかぎ、標準の香りをかぐ。どの匂いにあてはまるだろうか？　同様に赤ワインや発泡酒でも標準を用意して繰り返し練習してみるとよい。

　ノーブルは、感覚と風味の知覚と受容に影響を与える化学的要素に関して、特にワインに焦点をあてて研究し、それに基づいてアロマホイールを作った。

　このワインアロマホイールは、新しい風味に出会うたびに道案内をしてくれる。ワインを味わって「フルーツのような匂いがする」と言うのではなく、具体的にどの種類の果物なのかを言うことができるだろう。もしそれがリンゴなら、種類は？　グラニースミスなのか、ゴールデン・デリシャスなのか？　このようにワインを表現する練習を重ねれば、ワイン用語を使うのが楽しくなる。

213

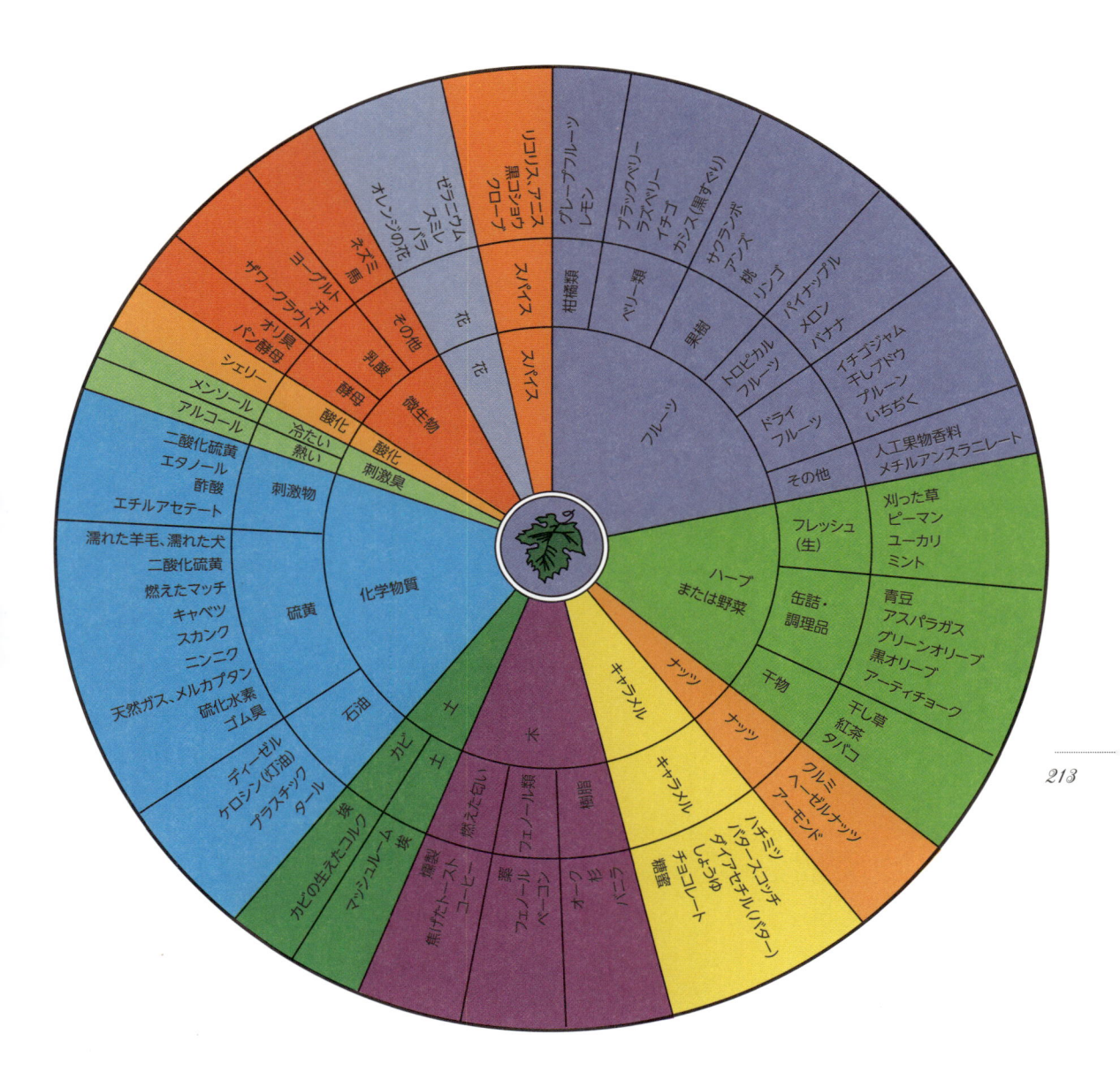

このアロマホイールは、ワイン生産者の嗅覚と語彙を改善するために、カリフォルニア大学デイビス校のアン・ノーブルとワイン業界関係者が協力して開発した。（Wine Aroma Wheel ©2002 A C Novle www.winearomawheel.com）

土曜日＋日曜日　244日目＋245日目

ワインチャームを作る

　ワインでゲストをもてなす時、各自のグラスが分からなくならないように、簡単に作ることができる手作りのワインチャームを渡そう。ワイン愛好家には嬉しい贈り物になるし、手作りならワインパーティや祝日のテーマに合わせて自分で色を選ぶことができる。必要なものは輪の形のイアリング（直径2.5㎝）とさまざまなサイズの自分の好きなビーズかガラス。他より大きくてぶら下がるタイプのビーズを1つ選んでポイントにすると良い。同じ大きさのビーズでリングにしても良い。イアリングにビーズを通す時に、1つの色合いで色々なサイズのビーズを使うと面白い。ポイントになるビーズは中央に通し両側に同じ数の小さなビーズ（丸小ビーズ）を通す。この作り方で、あとはデザインやビーズの色を変えてそれぞれ個性がでるワインチャームを作る。

　出来上がったらワイングラスにイアリングの留め具でつける。

イアリングにビーズを通して作る。
中央にはポイントとなるビーズ。
できあがったらワイングラスの脚に通す。

月曜日　246日目

なぜパントがあるのか？

ワインのボトルの底を見ると、内側にへこんでいるのが見えるだろう。まるで溶けたガラスをゴルフボールかミカンにのせてへこんだ形を作ったようだ。これはパントと呼ばれる。新しく製造された瓶の一部にこの特徴が無いものもあるが、ほとんどの瓶は少なくともややくぼんだ部分がある。

パントは、手吹きガラスで瓶が作られていた時にその役目を果たしていた。職人が手吹きでボトルを作り、熱いロッドを引きぬくことを想像してほしい。ロッドからガラスを離す時、ガラスが少し引き伸ばされて突起ができる。ガラス職人がまだ温かい余分なガラスをボトルの中に押し込むと、今も見られるようなくぼみが内側にできるのだ。パントがあると瓶は平面にぴったりと置くことができるほか、シャンパーニュのように圧力がかかるワインで大きな役割を果たす。パントによって表面積が広くなり、圧力を分散させてボトルにかかる圧力を減らすことができるからだ。

次にパントのある瓶を見つけたら、ガラス職人が熱いロッドからガラスを取り外し底にくぼみをつけて、瓶を平らに置いて、美味しい泡を保てるようにしたことを思い出してほしい。

火曜日　247日目

ドルチェット

イタリア北西部のアルプスのふもとの丘陵地帯にあるピエモンテでは、3つのタイプの赤ワイン用ブドウを栽培している。1つ目はバローロ、バルバレスコその他、高価なことで有名なワインの原料となるネッビオーロ、2つ目は中間価格帯のバルベーラ、そして3つ目はまだ有名でないドルチェット（Dolcetto）だ。ドルチェットは「少し甘い」という意味。3つのブドウの中でもっとも早く熟し、色は薄く、香りは軽い。バルベーラやネッビオーロの影に隠れて、ドルチェットはひっそりと販売され、たいていは少し安い価格がつけられており、有名ワインの生産地の3つ目のブドウとして素晴らしい仕上げをしている。

ドルチェットのように働きもののブドウはデイリーワインとみなされることがあるが、それは批判ではない。毎日ワインを飲む人はどんどん増えているがあなたも同じようにそうするならば、デイリーワインが必要となり、デイリーワインの存在は食事の前線や中心に無くとも、背後を固めるものとなるだろう。華やかで表現豊かなワインは注目を集める美味しさだが、ドルチェットの美味しさには派手さはなく、いつでも心なごませてくれるものだ。

> ドルチェットは何年もの間に無数の別名がつけられてきた。イタリアとヨーロッパ北西部が交差する立地で栽培されていたために、世界中に広まったのは間違いない。その過程で多くの名前がつけられた。以下はドルチェットにつけられた呼び名の例である：
> - アクイ（Acqui）
> - ブルドン・ノワール（Bourdon Noir）
> - シャルボノー（Charbonneau）または
>   シャルボノ（Charbono）
> - シャスラ・ノワール（Chasselas Noir）
> - ドルチェッタ・ネラ（Dolcetta Nera）
> - グロ・プラン（Gros Plant）
> - ネラ・ドルチェ（Nera Dolce）
> - プラン・ド・サヴォワ（Plant de Savoie）
> - ラヴァネリーノ（Ravanellino）
> - サヴォヤ（Savoyard）
> - ウヴァ・ダクイ（Uva d'Acqui）
> - ウヴァ・デル・モンフェラート
>   （Uva del Monferrato）

水曜日　248日目

Recipe: クレーム・ブリュレ

　クレーム・ブリュレは、不思議に自分で作ることをためらう人が多いデザートだが、実際はとても簡単で、時間がかかるわけでもない。このレシピではメキシコ産のモリーナ・バニラを少々とヴァニラ・ビーンズを使って風味に深みを加えている。

材料（8人分）

生クリーム（乳脂肪率36%～40%程度のもの）	950㎖
バニラビーンズ	1本
塩	小さじ8分の1
モリーナ・バニラ・エッセンス	小さじ1
卵黄	8個分
砂糖	150g+仕上げ用に適宜

作り方

1. オーブンを150度に予熱し、レンジの後列のコンロで湯をたくさん沸かしておく。

2. 中サイズの片手鍋で生クリームを温め、バニラビーンズのさやの両端を切り落として二つ分け、中のビーンズをこそぎ出し、さやと塩と一緒に鍋の中に入れる。沸騰しない程度に弱火で煮る。

3. 火からおろして5分おいてバニラの香りをうつし、さらにバニラエッセンスを加える。

4. 生クリームに香りをうつしている間に、卵を卵黄と卵白に分ける（卵黄だけ使用する）。卵黄に砂糖を加えてよく混ぜる。そこに生クリームを60㎖ずつ加える。

5. 4の混合液を漉して、バニラのさや、だまなどを取り除き、8個のラムカン（オーブン使用可の小さな陶製容器、容量約200㎖）にそれぞれ3分の2くらい入れ、ラムカンと同じ深さの天板に入れて、ラムカンの半分の高さまで熱湯を注ぐ。オーブンで固まるまで約55分焼き、冷ましておく。

6. 食べる時は室温、または冷蔵庫で最大1日まで冷やす。オーブンを予熱し、ラムカンの表面に薄く砂糖をまぶす。天板にラムカンを置き、オーブンの上段に入れて表面が好みの焼き色になるまで30秒ごとに確認して仕上げる。

**このデザートに合うワイン：
ミオネットプロセッコブリュット**
（Mionetto Procecco Brut）
イタリア

　ジオ・ミオネットは、イタリアで最高の発泡ワインを長年作ってきた家族のもっとも若い生産者である。彼がフランスの有名なシャンパンと比較して言った言葉はよく知られている。「プロセッコはそれほど有名でも高価でもない。ただ、もっと美味しいんだ」　このブリュットはミオネット・プロセッコの中でももっともすっきりとして、キリリとした味わいを持ちながら、柔らかで軽い泡がたち、食事と合わせやすい。このデザートと組み合わせてより美味しく楽しむ方法を紹介しよう。少しだけクレーム・ブリュレを口に入れ、完全に飲み込まない程度に吸う。それからプロセッコを少し飲んで、口の中で瞬間的に混ぜ合わせる。

木曜日　249日目

オーストリア

オーストリアは、さまざまなスタイルと品質のワインを生みだして、これまで以上に重要なワイン生産国として浮上しており、ワイン・スペクテイター誌も「これまでになく良い出来で、試したい銘柄がたくさんある」と評するほどだ。オーストリアが2003年にフランスやイタリアと同じようなワインの等級システムを取り入れたことも、貢献している。オーストリアの主なワイン生産地は、ほとんど白ワイン用のブドウを栽培しているが（約70％）、最近はブラウフレンキッシュやブラウアー・ツヴァイゲルトといった赤ワイン用のブドウの栽培を始める農家も増え始めている。

オーストリアは、リースリングとスイートワインを幅広く作っていることで知られている。

オーストリアのワイン産業が急に注目され始めたのは最近のことだが、ワイン作りが始まったのは4000年前にさかのぼる。1985年に不凍剤のスキャンダルが発覚し、大量生産のワインにジエチレン・グリコールを加えた欲にかられたワインの仲買人が逮捕された時、オーストリアのワインの販売は破壊し、多くのワイン生産者が破産に追い込まれた。

この混乱から教訓を得てオーストリアは何をしたのか？　厳しい基準を決め、それを義務付けたのである（そこで新しいワインの分類が生まれた）。

オーストリアは世界の他の国に安全なワインを作っていることを確信させるのに10年を費やした。現在、オーストリアのモラルと価格は上昇し、本当のルネッサンスが起きている。

付け加えるなら、オーストリアはぜいたくなワイングラスを探すのに最高の場所だ。この国は、世界でもっとも高価なグラスのいくつかを作っているリーデル社の本国である。

自分のワインセラーのすぐ外に座るマンフレッド・ヤーガーと彼の息子ローマン。オーストリア、ヴァイセンキルヒェン

バルトロメウス・ファミリー

リリアナ・バルトロメウス（Lilliana Bartholomaus）は、2000年に乳ガンとの闘いに敗れた。彼女の命を悼み、ワイン輸入業者のアレックスとタトゥー・アーティストのエリックという2人の息子が、母親に敬意を表するワインレーベルを作った。母親を追悼し、ガン研究のための資金を集めるために、クリエイティブな方法を考え出したのだ。

彼らが作った、トゥ・ブラザーズ・ワイナリー（Two Brothers Winery）のビッグ・タトゥー・レッド（Big Tatoo Red）というチリワインと、その仲間であるビッグ・タトゥー・ホワイト（Big Tatoo White）というドイツのリースリングのブレンドワインを飲むと、その収益の約5％がワイナリー設立趣旨のために使われる。この文章を書いている時点で、兄弟が集めた募金は130万ドルを超えた。

バルトロメウス家には豊かな歴史があるが、最近は混迷するワイン業界を自ら経験した。アレックスは父親のアルフレードが1985年に始めたビリントン・ワインズ（Billington Wines）を引き継いだ。彼は南米のワインを世界的に有名にしたチリ移民であり、その会社は盛況なワシントンDC市場に次々と登場する一流のワイン輸入業者の1つだった。アルフレードは米国市場にカテナ・サパータ（Catena Zapata）のコクがありながら手軽な予算で手に入るアルゼンチンのマルベックのワインを紹介した。

ワイン業界も整理統合の流れの影響を受けないわけにはいかない。カテナ・サパータが手頃な価格帯のワインをイー・アンド・ジェイ・ガロ（E & J Gallo）に移すと、ビリントン・ワインズは4万ケース分の顧客（売上の3分の1）を失った。そしてアルフレードとアレックスはカテナ・サパータの新しい輸入代理店として登場したワインボウ（Winebow）社に加わることになった。

バルトロメウスの話は、複雑にかかわる関係者、熾烈な競争、1つの売買決定で長年の仕入業者を商売から締め出す可能性がある大きな利害関係という、ワイン業界の舞台裏を浮き彫りにしている。またこの話は、バルトロメウスのビッグタトゥー・レッドとホワイトというブランドを通じて、ワインが人と関わるコミュニティーの1形態としてどのように機能するかも示している。これは小売店の棚に並ぶ、テーマを持つワインの1例に過ぎない。それらの多くは、目をひく名前や心を動かすラベルがつけられている。ワイン愛好家は、ワインのコンセプトに乾杯し、還元に協力せずにはいられない。

トゥーブラザーズ・ワイナリーのビッグタトゥー・レッド
バルトロメウス

土曜日＋日曜日　251日目＋252日目

裏庭でブドウを育てる

裏庭にブドウを植えてブドウを栽培してみよう。ブドウの苗を買っても良いし、休眠期のブドウの成木から枝を切り取って植えても良い。それは世界中のワイン農家が新しくブドウを植える時に実践していることであり、ヨーロッパのワイン用ブドウ品種 *vitis vinifera* が初めて外国で植えられた時の方法でもある。

まずどんな種類のブドウを植えるかを決めて、あなたの土地のどこで栽培するかを考える。ブドウは豊富な日光を好むので南向きの場所を探してみよう。「適切な場所に適切な植物を植えよ」という言葉を聞いたことがあるはずだ。成功の鍵はまず正しい場所に植えることである。

ブドウは慎重に剪定しないと、うまく育たないことがある。この作業を怠ると、病気にかかりやすい弱い果実ができたり、葉は茂るのに実がならなかったりする。以下のブドウの植え方や手入れの仕方のコツを紹介する。ある程度知識を得たら、ブドウ栽培に情熱を注ぐ人のブログやウェブサイトを検索してみるとよい。自分自身の経験からコツを得ながら、他の人の庭の苦労を読んで失敗を防ぐことができるだろう。

植える場所の準備

土地を耕し、雑草を取り除き、必要なら堆肥か土壌改良剤を加える。ブドウは土壌の状態をそれほど選ばないが、栄養を強化するものを加えれば、元気に成育を始め、より良く育つだろう。

深く穴を掘り、根に十分な空間を与え、穴にたっぷりと水をやる。根にも水をやり、穴の中に置く。土をやさしく詰めて埋め戻す。トレリス、あずまや、支柱など、ブドウを支えるものを置き、成長にしたがって誘引し管理すると良い。

剪定

ブドウは大胆かつ慎重に剪定する必要がある。ブドウは1年前に伸びた枝に実がなる。刈り込みすぎると実がならなくなる。刈り込みが少なすぎると、弱い実が数多くつきすぎる。剪定のコツを紹介しよう。

- 冬の間に1度剪定する。ただし霜が多く降りた時は決して剪定しないこと。また葉が出て樹液が流動し始める前に行うこと。

- 樹皮が粗く色の濃い枝を特定する。この枝から今年ブドウの実がつくであろう枝が出てくる。成長点をたどって昨年の枝に戻る。そこから先へ進み、4つか5つの芽を残して、それ以外は剪定用のはさみで切る。

- 春の芽を自由に伸びさせないこと。細くて弱い芽を取り除き、もっとも強い芽を残す。この芽が伸びて花が咲いたら、来年は果実ができる兆しである。

- 夏の間は定期的に剪定を行い、つるをあずまや、トレリス、その他の支柱に沿ってはわせよう。果実がついたら、葉を3〜4枚残して先端を剪定する。果穂のまわりの葉をすべて取り除き、太陽の光をたくさん受けられるようにする。

ブドウを摘む

ブドウの色が変わっても熟したと言えない。摘む前に味見をしよう。熟していなければ、十分に熟すまで待つ。ブドウは収穫後には熟さないので、必ずピーク時に摘むようにしよう。

ブドウの木がある庭の小道
（イタリア、トスカーナ、キャンティ、モンテフィオラッレ）

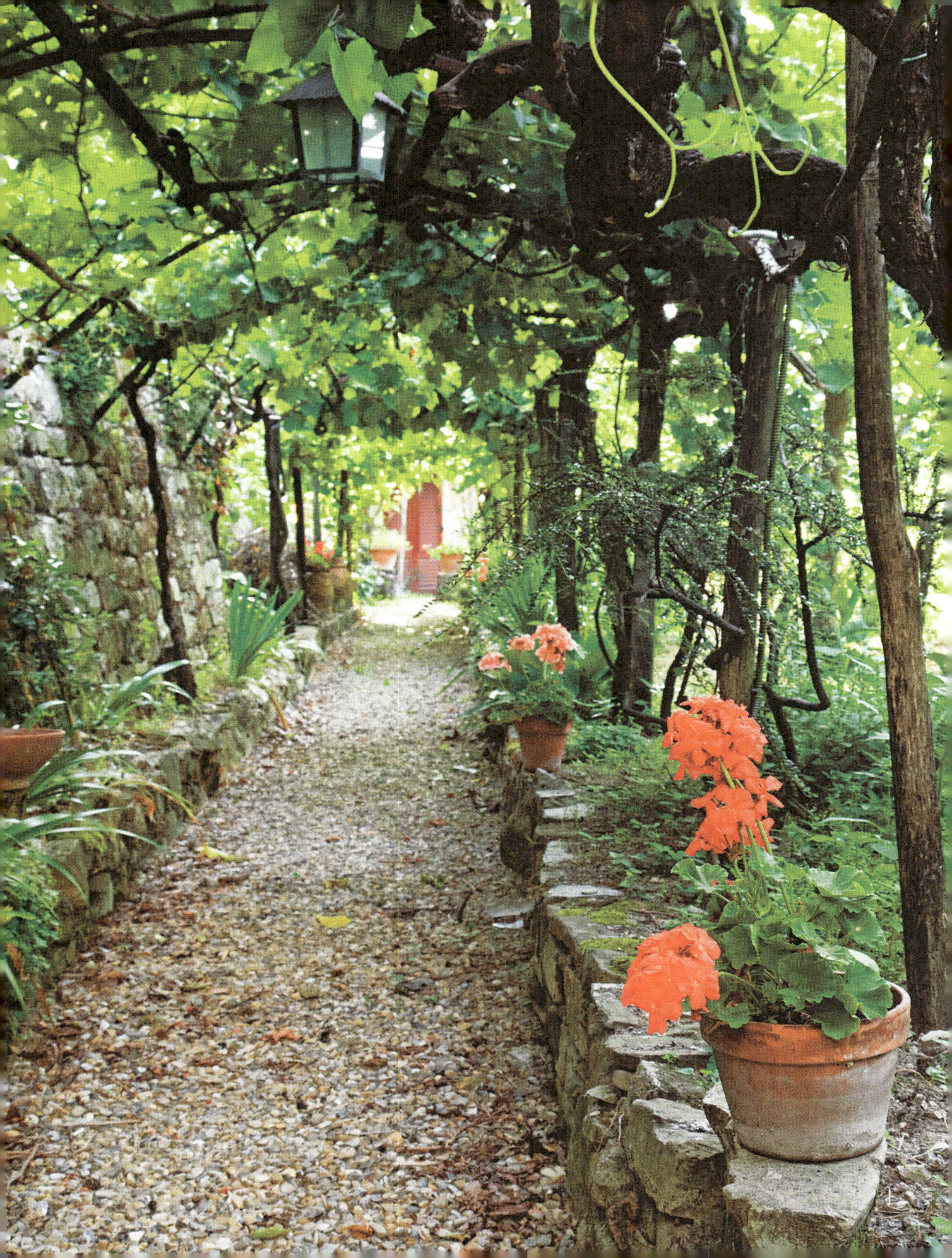

ワインを飲む順番

ブラインド・テイスティングやワインディナーを主催する時でも、またはワイナリーで数種類のワインを試飲する時でも、「何をいつ飲むか」にはルールがある。化学物質は人間の五感に影響を与える。それぞれのワインを十分に感じとるためにも、次に飲むワインの風味を感じさせないようなワインの選択をして、味蕾に過度の負担を与えたくはない。

以下のガイドラインは優先順位の高いものから低いものへと順番に並んでいる。各項目内でもそれぞれ優先順位を定めている。

甘口より辛口を先に

甘みは後味が長く続くので、辛口を先に飲む。そうしなければ残った甘みによって酸味が強く感じられる。たとえばリースリングより先にシャルドネを飲むこと。

重いものより軽いものを先に

フルボディでコクのあるワインは軽めのワインの風味を圧倒してしまうため、軽めのワインを先に飲む。そうすれば風味を十分に味わうことができる。たとえばカベルネ・ソーヴィニヨンより先にピノ・ノワールを飲もう。

赤ワインより白ワインを先に

誰もが知っているルールだ。ただし注意してほしいのは、最優先事項ではないということ。重いワインより軽いワインを、甘いワインより辛いワインを先に飲むというルールの方がより重要である。たとえば、どっしりとしたシャルドネより、軽めのピノ・ノワールを先に飲んだ方が良い。重より軽を先に、というルールが、赤より白を先に、というルールより優先する。

若いワインより古いワインを先に

若いワインはよりフルーティで、酸味が強く、タンニンがより感じられ、芳醇で柔らかい古いワインを圧倒してしまう。ずっと熟成させておいたワインを最後に出したくなる気持ちは分かるが、やめておこう。

これらのルールを実践すると、古い辛口のワインを、若くて甘みのある白ワインより先に飲むことになる。なぜか？ なぜなら、「甘口より辛口を先に」というルールが、「若いワインより古いワインを先に」と「赤より白を先に」の2つのルールより優先されるからである。

火曜日　254日目

ワインに何が含まれているのだろう？

　頭痛とワインの関係は人によって違う。ある人は赤ワインを飲むとダウンするという。また別の人はシャンパーニュがダメだという。シャンパーニュ以外は頭痛がするから飲めない、という人もいる。ワインに含まれ、風味を与えている科学的に検証された数百種類の化学物質のうち、フレスコバルディ・キャンティを飲んだときに頭痛を起こす化学物質はどれだろう？　複数あるのだろうか？　おそらく1つか2つの化学物質ではなく、40か50の化学物質が複合的に作用して頭痛を起こすのだろう。しかし確かなことは誰にも分からない。

　数年前、ヨーロッパの低価格ワインの一部に、よりによって微量の自動車用冷却剤が入っていたことが分かり、生産者らはそのワインを市場から引きあげた。残念なことに、このような異物の混入により、ワインは誰が何をしたか分からない不自然に加工された食品だ、というイメージが強まり、それが上質なワインにまで及んでいる。ワインは複雑なものなのだ。

　どんなワインにも、アルコールが10％から15％含まれており、正しく飲めば問題ない。しかし当然ながら、間違った飲み方をすれば大きな問題になる。

　またすべてのワインには亜硫酸塩が含まれている。喘息患者の中に亜硫酸塩に反応して症状が出る人がいることが報告されているが、これは重症患者の場合のみである（実際、重症患者は通常ワインを飲まないはずだ）。亜硫酸塩は発酵によって自然に発生する酸化硫黄化合物だ。有名なワイナリーの多くが亜硫酸塩を加えるか、ブドウを保存効果のある硫黄の「風呂」に入れる。適度な量なら心配する必要は無い。ただし低価格の大容量のワインには、このまずそうな添加材や保存料が過剰に、誤って、非常に高い割合で使用されることがしばしばあるので避ける方がよい。

　最後に、すべてのワインにはブドウが育った土壌が少量含まれている。これはどんな農産物や食料品でも同じだ。もしその土壌に少しでも農薬、除草剤、殺菌剤が含まれていたら、ブドウやワインにも含まれるだろう。繰り返しになるが、大切な事はこういった問題がほぼ常に最小限に抑えられている、上質なワインを買うことだ。

水曜日　255日目

地元の料理とワイン

　地元の名物料理は地元のワインと理屈抜きによく合う。

　たとえば赤のボルドーは、通常はカベルネ・ソーヴィニヨンとメルローをブレンドして作られるが、いずれも強い赤ワインで赤身の肉とよく合う。ボルドーは何世紀も前から大規模な畜牛地域であることは驚くことではない。

　アルザス地方は、ゲヴュルツトラミネール、ピノ・ブラン、あまり有名でないがシルヴァーナなど、ほぼ白ワインだけを生産している。

　アルザス料理は、豚肉、キャベツ、スモーク・ゴーダ、淡水魚など、これらの白ワインに完璧な相性を持つものばかりだ。ブルゴーニュでもっとも有名な料理の1つであるビーフ・ブルギニオンは、ボトル1本のピノ・ノワールを使って料理するため、料理に使ったワインと同じワインを飲むと、すぐに分かる。

　このような例にも関わらず疑問は残る。もっとも大切なのは、ワイン、料理、それとも組み合わせだろうか？

木曜日　256日目

インド

インドにおける現代的なワインの事情は、中世からブドウを育てている旧世界の国々のワインの事情と大きく違っている。

グローバー・ヴィンヤーズ (Grover Vineyards) のオーナー、カンワル・グローバーの例をあげよう。彼はおもにフランスからインドに輸入したハイテク機器、宇宙計画、国防生産、工作機械で財をなした。ブドウ栽培農家に生まれたわけではないが、フランスに度々出張しているうちに起業家精神が刺激され、ナンディ・ヒルズで自分のブドウ園を始めずにはいられなくなった。

別の例もある。シャトー・ドーリ・ワイナリー (Château d'Ori Winery) のオーナー、ランジット・ドゥール (Ranjit Dhuru) は、ソフトウェア事業で財産を築き、ムンバイ北部のナーシクの郊外に土地を買った。現在ここはインドで急成長するワイン業界の一翼となっている。

インドのワインビジネスへの投資は2008年に73％増加するなど急増しており、先にあげた例のような、テクノロジーからワイン用ブドウ栽培への移行は、この傾向を助長したのかもしれない。上昇傾向は続いている。インドにおける消費量も増加している。ただし2006年の1人当たりの年間ワイン消費量は大さじ1杯程度である。それでも2000年の消費量に比べると4倍増加している。今後10年、インド経済は急成長を続ければ、ある層の人々が国内産のワインを求め始めるだろうと考えるワイン生産者もいる。すでにインドではワインへの関心が高まっている。

インドではその気候の影響で、興味深いブドウ栽培が行われている。ワイナリーはブドウの木を9月に剪定し、焼けるような酷暑がやってくる前の2月には収穫してしまう。夏の暑さはインドワインのコクとアルコール度数を高める。ワイン醸造業者の中にはアルコール度数の抑制に取り組んでいるところもある。現在のところ、インド産ワインの大半は、国内で販売されている。

スラ・ヴィンヤーズ・アンド・ワイナリーのブドウの収穫
（インド、マハーラーシュトラ、ナシーク）

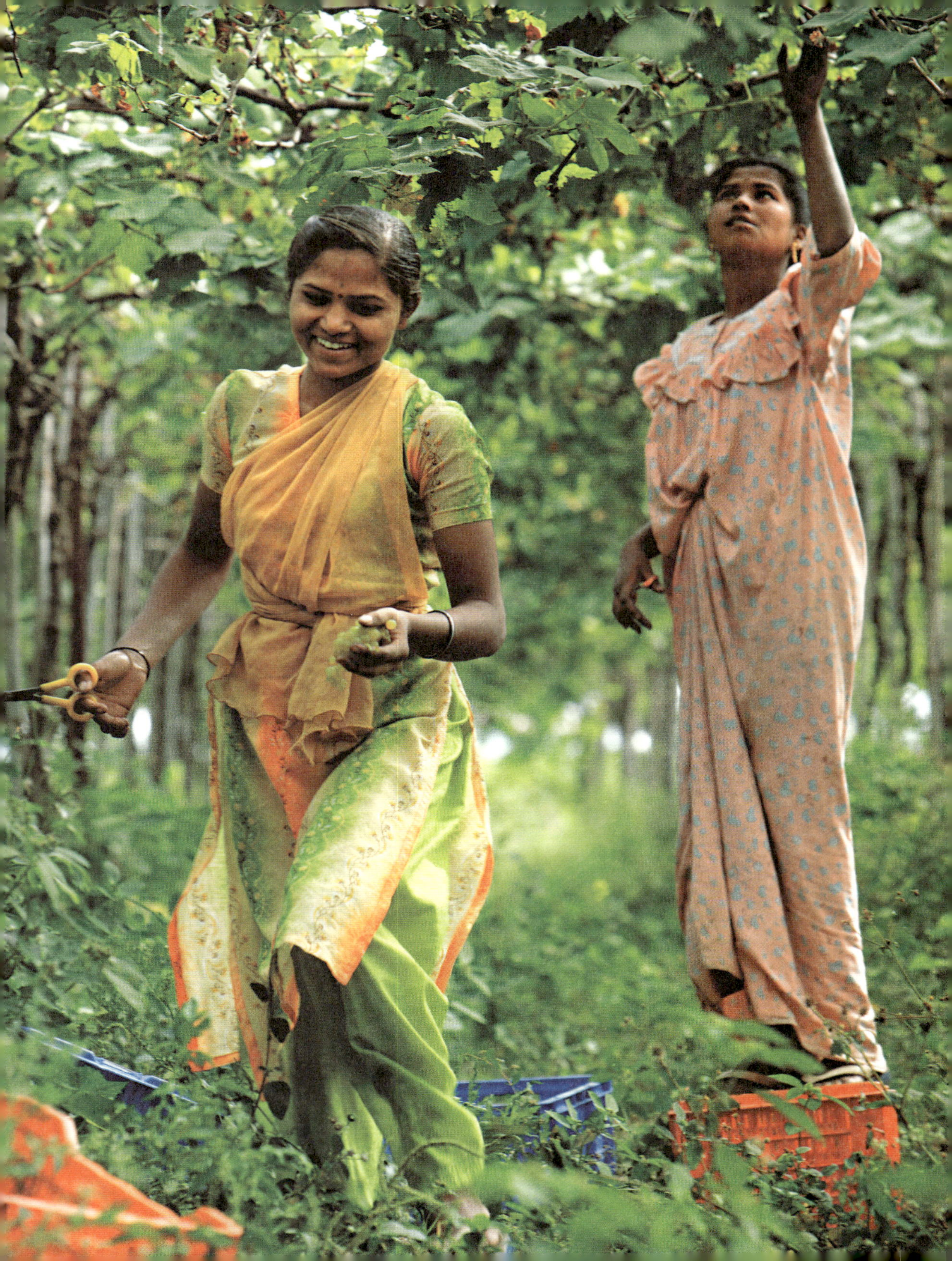

金曜日　257日目

アラン・ジャグネ

　アラン・ジャグネ (Alain Junguenet) がフランスで有数のヴィニュロン(vigneron)、つまりワイン用のブドウ栽培家の1人になるまで、グランプリレースのドライバーとして知られていた。彼はワイン生産者としてのキャリアを重ね、さらに有名になった。かのロバート・パーカーも1991年に「ボトルに書かれたアラン・ジャグネという名前は優れたワインを意味する。彼のワインの品質は過小評価されている」と書いている。

　確かに、ジャグネのポートフォリオの卓越したワインは、ワイン・コミュニティーから認められている。特に長い間ボルドーやブルゴーニュの影に隠れていたローヌ渓谷の中心にあるワインの村、シャトーヌフ・デュ・パープがそうだ。ジャグネはいくつかのどっしりとしたシャトーヌフ・デュ・パープを代理販売している。このワインはアルコール度数(12.5%以上)、風味、インパクトにおいて「ビッグ」である。

　ジャグネのワインは『ワインスペクテーター』誌のワイン・オブ・ザ・イヤーを獲得し、以後彼は受賞ワインを輸入し続けている。ワイン輸入業者として、彼の高い品質のローヌ渓谷 (フランス) の地所のワインのポートフォリオが世界のワイン愛好家や批評家 (パーカーを含む)から賞賛を得続けている。またジャグネは、ローヌ渓谷の地所の所有者に、初めて米国でワインを売ることを承諾させた功績が評価されている。

　ジャグネはワイン愛好家に新しい味わいのワインを紹介するのが好きだ。世界でもっとも生産性の高いワイン産地の1つとして急速に知られるようになったフランスのラングドック=ルシヨンのワインなど、将来有望な銘柄を輸入している。

土曜日＋日曜日　258日目＋259日目

ワインパーティの新しいテーマ

　すでにブラインド・テイスティングを主催することになった、または世界中のワインを集めたパーティに友人を招待したというあなたのために、ゲストがこれまで以上に参加する気になる型破りなテーマを紹介する。テーマはどれもBYOB（bring your own bottle）、つまりワイン持ち寄り形式用なので、招きたい数だけゲストを招くことができる。主催者のあなたは、ワインに合う食事を提供し、パーティの常連がはめを外した場合に備えてタクシーの電話番号を手元においておくように。

クリッター・クロウル（動物ラベル）

　いかに多くのラベルに、猫、犬、リャマ、猿などの動物が登場するか、気がついているだろうか。ゲストに好きな動物がついたワインを持ってくるように頼もう。

スコア（評点）

　このパーティでは全員が批評家。事前にスコアカードを作っておき、格付システムを作る（1から10、4つ星など）。ゲストは試飲してそれぞれのワインを格付けし、コメントを書き、気に入ったワインに投票する。受賞ワインを持ってきたゲストには、賞としてもちろん、ワインを1本贈る。

ヴァリュー・ヴィノ（お手頃ワイン）

　誰でもそれぞれ頼りにしているお手頃ワインがある。冷凍ピザと一緒に飲む時や、グラス1杯だけ飲むためだけにコルクを抜いても罪悪感を感じないワインだ。最近は、品質が良くて低価格のワインが数多く手に入るようになった。ゲストにお気に入りのワインを持ってきて試飲係をして欲しいと頼もう。その日の本当の楽しみは、好みに合うお手頃ワインをもう1本見つけることだ。

月曜日　260日目

ワインを冷やす

　ワインを冷やす容器はとても進化していて、現代のワイン愛好家は、ボトルの注ぎ口にかぶせると注ぐ際に冷やすことができるフタから、数分でボトル1本分を冷やす機器まで、さまざまな商品から選ぶことができる。市販されている商品の一例を紹介しよう。

クール・マーブル
　冷たい石、大理石の分厚い板。冷やしたワインをそのまま冷たく保つ。

インスタント・チル
　冷凍しておいた特別なフタでボトルの注ぎ口を締める。ワインがスチール製の容器を通ってグラスに注がれる間に、ちょうどよい温度に冷やされる。これは、冷凍しておいたキャニスターが液状の材料をアイスクリームに変えるアイスクリームメーカーと同じ仕組みだ。温度は、空気の取り入れ口で調整することができる。

ボトル・クーラー
　ハイテクのクーラーは通常、温度管理とデータベースの機能がついているため、データベースから飲む予定のワインを見つけて事前に冷やす温度をメニューから選ぶことができる。多くは急冷モードがついているので、室温だったワインを数分で冷やすことができる。

ワイン用冷蔵庫
　ワイン用冷蔵庫があればワインコレクション全体を冷たく保つことができる。赤ワインと白ワインを別々の温度で保管できるタイプもある。この機器は基本的なミニ冷蔵庫から、カウンターまたはキッチンにビルトインできる豪華なものまである。全面がガラス貼りになっているため、ショーケースとしての役割も果たせる。

火曜日　261日目

🍇 セブン・デッドリー・ジンズ──パート1

赤ワイン用のジンファンデルのブドウは、ベリー、アニス、コショウの香りがするどっしりとした芳醇なワインを作りだす。ホワイトジンファンデルとはロゼワインのことで、やや甘めで赤ワインほど人気は無い。少し糖分が残っていること、健康的なアルコール度数であることは、どちらも多くの人に愛される理由だ。ジンファンデルに近い品種がプリミティーヴォ (Primitivo)（275日目を参照）で、果実が早く熟す暖かな気候で育つ。

ジンファンデルというブドウが興味深いのは、均一に熟成しないところだ。ある房がレーズンに変わりそうなのに、別の房はジューシーで緑色で摘むにはまだまだ早いということがある。最高の熟成状態にするために栽培者が手作業で摘むため、非常に費用がかかるジンファンデルもある。

実際のところ房から1粒1粒摘んで、残りの粒が十分に熟すまで待つこともあるだろう。それ以外の醸造者は熟し過ぎたブドウとかろうじて熟したブドウで醸造するかもしれない。

赤のジンファンデルはアルコール度数が高すぎると批判する人がいるが、一部の生産者は逆浸透や果実を回転させることにより、アルコール度数が比較的低いものを作っている。純粋主義者はこのような処理がワインのテロワール（土壌に由来する風味など）を変えてしまうと言う。

ジンファンデルのワインの選び方については268日目を参照のこと。

ジンファンデルのブドウ（米国、カリフォルニア、アマドア郡）

水曜日　262日目

Recipe: プラム・ガレット

プラムは夏から秋にかけて収穫される。泡立てる必要のないこのタルトは暑い8月でも涼しい9月の夜でも同じくらい美味しい。楽しくて夏らしい発泡ワインと一緒に食べよう。

材料(8人分)
クラスト

小麦粉	300g
砂糖	100g
塩	小さじ1
冷たい無塩バター	225g
バニラエッセンス	小さじ1
卵黄	1個分
レモン汁	小さじ1

フィリング

赤いプラム	1kg
アーモンド	160g
(皮をむいて細切り(スリバー)にしたもの)	
粉砂糖	50g
アニスシード	小さじ1
とかした無塩バター	大さじ1

作り方
クラスト

1. フードプロセッサーに粉、砂糖、塩を加えて30秒かける。
2. 冷たいバターを大さじくらいの大きさに切り分けて**1**に加え、よく混ざるまで12-15回に分けてプロセッサーにかける。
3. ボウルにバニラ、卵黄、レモン汁を入れて泡たて器で混ぜ、**2**のフードプロセッサーに回しながら加える。ボール状にまとまらなければ、回しながら水を大さじ1-2加える。
4. **3**を小麦粉をふった台に取り出し、丸くまとめる。堅くなるのこねないこと。ラップでくるんで冷蔵庫に1時間おく。

フィリング

1. プラムを洗って6-8個のくし切りにする。後でガレットを仕上げるまで分けておいておく。
2. 小さめのスキレット(鋳鉄の分厚いフライパン)を中火にかけてアーモンドを入れ、香りがたち色が茶色に変わり始めるまで混ぜながら焼く。焼きすぎないこと。
3. フードプロセッサーにアーモンド、粉砂糖、アニスシードを入れて、きめが細かいがペースト状にまでならない程度に混ぜる。

ガレット

1. オーブンを190℃に予熱しておく。
2. クラストの生地を直径38-40cmになるまで伸ばす。手がかかるが、その価値はある。
3. クッキングシートを敷いた天板に生地をのせ、中央にフィリングを広げる。端から5-8cmは残しておく。
4. フィリングの上にプラムを中央が高くなるようにのせる。
5. 生地の端をおりたたむ。生地の表面にとかしバターを刷毛で均一に焼き色がつくようにぬる。
6. オーブンで35-40分、生地がキツネ色になりプラムがグツグツとなるまで焼く。

この料理に合うワイン:
グランド・メゾン「キュヴェ・マドモワゼル」
(Cuvée Mademoiselle)

モンバジャック
(Monbazillac)

フランス

フランス、ボルドー地方のデザートワインは基本的にソーテルヌかバルザックで作られることが多いが、穴場の第3の生産地としてモンバジャックがある。ここでは、同じ白ワイン用のブドウで作った同じ甘いデザートワインを作っているが、価格は他の何分の1かである。キュヴェ・マドモワゼルの色はまさに金色で、美味しい甘さの背景に、熟した梨とリンゴの味が感じられる。ガレットのこっくりとしたプラムと合わせると、素晴らしい果実のコントラストが生まれる。

木曜日　263日目

中国

一部のワイン業者が言うように、中国がワインのビッグ・バンを経験しているというなら、中国ワインの品質は、最終的にフランス、ボルドーに匹敵するものになるだろう。中国経済の発展により、一部の中国人に自由に使える収入がもたらされたのは2000年以降である。それまで人々は国内生産されたワインを買って飲むことはなく、ほとんどが輸出されていた。

ところで中国が初めてワインを輸入したのは（フランスから）、1980年のことだった。その後、中国とフランスの企業が合弁事業を設立し、やがて国内でも外国でも高い評価を受け、有名になりつつある。中国が積極的にグローバリゼーションと世界経済を受け入れている一方で、今ワインシーンに颯爽と進出しようとしていることは、ごく自然なことだろう。

中国には中国酒の発酵と醸造の長い歴史を持っているが、上記の合弁事業や、国外の店頭で目にするブドウから作った中国ワインは、とても新しい。

同時に、中国はヨーロッパやアメリカで作られるワインは贅沢なものだと考えている。これはその国のワイン生産者にとっても、中国が大きな市場機会であることを示している。

興味深い話：中国人は他の国と違うスタイルでワインを飲む。赤ワインにレモンまたはライムのソーダ、白ワインにコーラを混ぜて飲むことが多い。赤ワインを冷やすのも一般的だ。

販売用のブドウを収穫する農民（中国、北京）

金曜日　264日目

ダレンバーグ家

　オーストラリアのマクラーレン・ヴェイルにあるダレンバーグ（d'Arenberg）が知られるようになったのは1959年、フランシス・ダレンバーグ・オズボーン（ダリーと呼ばれている）が、家業のワインビジネスを営む病気の父を手伝うために実家に戻った時のことだった。18歳で経営を全面的に受け継いだ彼は、母のフランシス・ヘレナ・ダレンバーグに敬意を表して「ダレンバーグ」という独自の銘柄を作った。

　現在、この名称はこの地方でもっとも重要なワイナリーの1つを表す。その歴史は豊かで、1912年に禁酒家のジョセフ・オズボーン（Joseph Osborn）が25haのブドウ畑を買った年にさかのぼる。彼の息子でダリーの父親であるフランシス・アーネスト・オズボーンは、ワイン事業の経営を手伝うために医学学校をやめて実家に戻り、ブドウ畑の広さを78haに拡大し、ワイン貯蔵庫を建設した。それからこのワイナリーは辛口の赤のテーブルワインと酒精強化ワインをヨーロッパに輸出し始めた。ダリーの経営のもと、ワイナリーは国際的に注目を集め、ダレンバーグ家は旧世界のワイン作りの価値観や原則を守り続けた。

　現在、4代目にあたるダリーの息子のチェスター・ダレンバーグがワイン事業を運営している。オズボーンと娘のジャッキーはシドニー在住で、ダレンバーグのワインを販売業者のイングルウッドに販売している。チェスターは1984年にワイン生産者のチーフとして指導者の座を引き継ぎ、自然な土壌の風味や低い生産量を実現するために、肥料散布、耕作、灌漑を可能であれば行わないという、伝統的なブドウ栽培法に立ち戻った。すべてのブドウはバスケット・プレス（隙間のあいだ圧搾器）を使い、赤ワインは足踏みを利用するオープンラインのコンクリートの発酵槽にブドウの皮をつけたまま浸される。

　ロバート・パーカーはチェスターを世界で40人のワイン・パーソナリティーの1人だとして、こう評した。「価値があり個性的なワインを飽くことなく求め続けるアメリカの人々が、彼のワインを大量消費している。この市場で信じられないほど素晴らしい業績を残す、型破りなオーストラリア人が増えているが、彼はその1人である」

**おすすめのワイン：
2つのダレンバーグ**

ダレンバーグザ・デッド・アームシラーズ
(d'Arenberg The Dead Arm Shiraz)、オーストラリア
この名前は、このワインを生みだす古いブドウ畑を悩ませる病気、sutypa lata（ラテン語で死んだ腕[デッド・アーム]の意味）にちなんでいる。この病気にかかった枝がゆっくりと枯れると、残りの枝には少量だが非常に凝縮された味わい深いブドウができる。ワイン愛好家はこの種のワインは後味が長く続くという。文字通り、飲みこんだ後何分も余韻が残ることもある。

ダレンバーグザ・ハーミット・クラブ
(d'Arenberg The Hermit Crab)
マルサンヌ／ヴィオニエ
(Marsanne Viognier)、オーストラリア
比較的あまり知られていな白ワイン用ブドウのマルサンヌとヴィオニエのブレンドワインは、ピリッと非常に辛口で、柑橘系の風味が強く、爆発的な酸味を持つワインを生みだす。シーフードにとても合う。

土曜日＋日曜日　265日目＋266日目

ブドウ畑をめぐる旅

　ワインのテイスティングルームを飛び出して冒険に出かけたいと思っているなら、ブドウ畑の裏側を除くことができるツアーを予約してみてはどうだろう。ブドウ棚が並ぶ中を歩くとどんな感じかを経験し、敷地の中を歩きながら足の下の土壌を感じ、収穫の時の興奮を想像する。ブドウ畑のツアーはワイン作りの経験にどっぷりとつかるチャンスを与えてくれる。すべてのワインのはじまりであるブドウの個々の姿を、至近距離で仔細に見ることができる。

　ワイン通も初心者も同じようにワイン畑ツアーから多くのことを学ぶ。案内役はブドウの栽培、テロワール、気候、ブドウ畑が直面する問題、特定の品種の成功について情報を提供してくれるだろう。ツアーをしたブドウ畑で作られたワインを飲めば、ワイン作りのための労働や1㎖ごとにこめられた愛情に対する感謝が高まることだろう。

　ワイン畑のツアーの料金はさまざまである。小規模なワイン畑だと、正式に無料あるいは形式的な価格がついた畑のウォーク・スルー（通りぬけ）は少ないだろう。現地での試飲、ブドウ畑内の別の敷地への移動（広大な場合）など、より多くの内容を含むツアーは価格も高い。

　費用とツアーの時間を参加する前に確かめ、以下を心に留めておこう。

　試飲の原則：試飲後に吐き出すための容器を使い、ワイナリーツアーに対する敬意を表し、また敬意を得よう。ワインを吐きだすほど、より多くのワインをついでもらえることにすぐに気がつくだろう。

　ワインと食べ物：多くのワイナリーはクラッカー、パンなど、試飲する間にひと口食べられるようなものを用意するが、ゆっくりと食べ物や水をとる休憩時間を必ず予定に入れておくように。

　現実的なプラン：他の言葉に言い換えると、1度のツアーで多くのことをやろうとし過ぎないこと、またはあまり遠くに行きすぎないこと。1日で多くのブドウ畑を訪問するつもりなら、1つ減らしてみること。

　事前に電話する：ワイナリーでスケジュールの変更や、プライベートの用事が起きることはいつでもある。つねに事前に電話してテイスティングルームとツアーのスケジュールについて、2重の確認すること。

　ワイナリーを訪れたことはあるが、ブドウ畑の中を歩いたことがないという人は、このツアーでワインの世界の新鮮な眺めを楽しむことができるだろう。ぜひおすすめしたい体験である。カメラを持っていき、あなたの体験を書きとめよう。

ソノイタ・ヴィンヤーズの馬車ツアー
（米国、アリゾナ、エルジン）

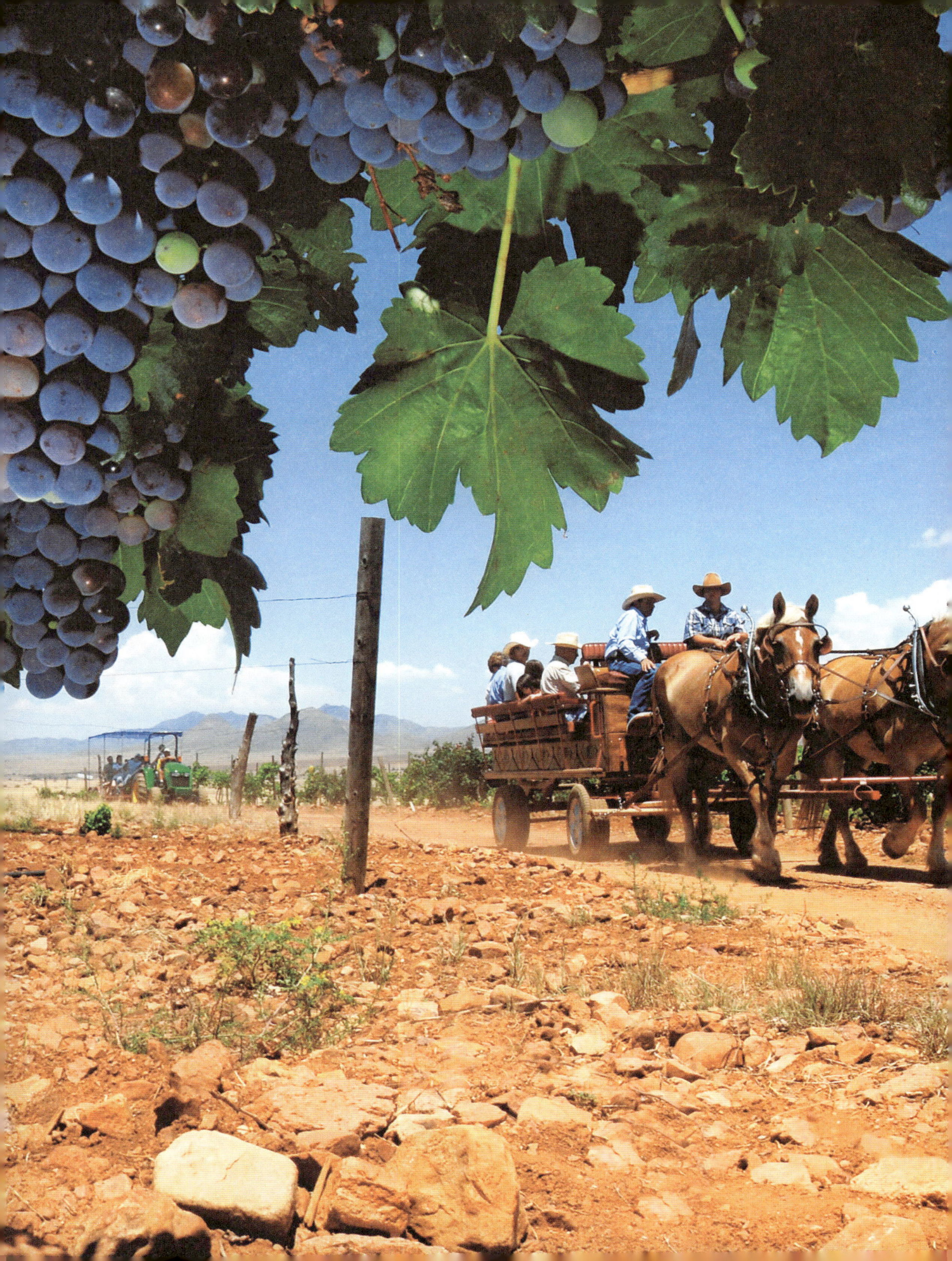

月曜日　267日目

ワインの専門家にバーチャルに会う

あなたは週末、肘掛椅子に座ったまま旅行者になり、世界中のワイナリーをバーチャルに訪れて、さらに現地のワイン生産者に会うことまで出来る。必要なのはインターネットへの接続だけだ。ワイナリーのウェブサイトを訪れると、その歴史、地域の気候、栽培している品種、生産しているワイン、特別な行事などなど、情報をたっぷり手に入れることができる。

多くのワイナリーがインターネットを利用しており、電子メールか直接ウェブサイトを通じて、専門家である彼らの知識を得ることができる。あるワイナリーのワインについて質問したい時、ブドウ、ワイン作り、ブドウ畑のツアーについてもっと知りたい時、大半のワイン生産者は問合せに回答してくれる。ホスピタリティーを大切にする業界であるし、あなたが彼らの話を聞きたいと思っているのと同じくらい、彼らも話をすることに興味を持っている。

オンラインのやりとりを一歩進めて、オンライン講座に申し込んでワインの知識を深めても良いだろう。ウェブキャストを視聴したり、チャットルームに参加したりブログの常連コメンテーターになることもできる。自分でブログを始めても良い（279日目＋280日目を参照）。いずれも他のワイン愛好家やワイン業界の専門家に接触し、質問をしたりワインに対する審美眼や知識を深める方法になる。

シンプルにインターネット検索をするとさらに探索すべき数百のオプションが現れる。ワインの世界は広大だが、テクノロジーは魅惑的なブドウの生産地を自宅まで連れて来てくれる。オンラインのツールを利用して、専門家とオンラインで会話をして知識を身につけよう。

火曜日　268日目

セブン・デッドリー・ジンズ——パート2

どっしりとした赤のジンファンデルを飲む準備はできただろうか？　おすすめのセレクションを紹介しよう。価格はさまざまである。

アレクサンダー・ヴァレー・ヴィンヤーズシン・ジン (Alexander Valley Vineyards Sin Zin)
米国（カリフォルニア）

退廃的なラベルが示すほど罪深いワインではない。それどころか、フルーツとスパイス、スモーク、そしてしっかりとタンニンが感じられる、とても美味しいワインである。

ロバート・ビアーレ・ヴィンヤードモンテ・ロッソ (Robert Biale Vineyard Monte Rosso)
ジンファンデル、米国（カリフォルニア）

このワインはカリフォルニアでもっとも有名なジンファンデルの生産者の1つが作る、素晴らしいモンスター級のワインである。

ボーグル・ヴィンヤーズオールド・ヴァイン・ジンファンデル (Bogle Vineyards Old Vine Zinfandel)
米国（カリフォルニア）

私のお気に入りの手が届く価格のワインの1つ。非常に個性的で、熟した果実の風味や、たっぷりとしたオークの風味が感じられる。

クライン・エンシェント・ヴァインズジンファンデル (Cline Ancient Vines Zinfandel) 米国（カリフォルニア）

このワインはとても色が暗く濃厚で、熟しすぎたプラムやイチジクの香りがはじけるように周囲に広がる。

クラインジンファンデル (Cline Zinfandel)
米国（カリフォルニア）

初心者レベルのジンファンデルで、粗削りな味わい、暗いインクのような色、ピリリとした刺激とまるで甘い果実のような香りと、腐葉土、葉、木の皮、樹液の素晴らしい香りを持つ。攻撃的な風味は、ニンニクや肉を使った力強くて香りのある食事に合う。

ドライ・クリーク・ヴィンヤードヘリテージ・クローン (Dry Creek Vineyard Heritage Clone)
ジンファンデル、米国（カリフォルニア）

ラズベリー、ブラックベリー、ブラック・ラズベリーの風味が中心で、メンソールとローズマリーがほのかに香る。日没を待ってあなたの好きなバーベキューソースを用意して、栓を抜こう。

エイフジンファンデル (Eife Zinfandel)
米国（カリフォルニア）

ラベルの大胆な絵がこのワインの多くを約束し、エイフはそれを果たしてくれる。非常に強いタンニンと、爆発的な果実の風味がお互いに最高のバランスとなる。なかでもレッド・ヘッド・ジンファンデル (Red Head Zinfandel) は他より抜きんでている。

フォリー・ア・デュージンファンデル (Folie a Deux Zinfandel)
1998フォリー・ア・デュー・ボウマン・ヴィンヤードジンファンデル (1998 Folie a Deux Bowman Vineyard Zinfandel)、米国（カリフォルニア）

アマドア郡は、ナパやソノマのちょうど北東の内陸部にあり、とても暑く乾燥した気候を持つ。非常に濃密で凝縮された味わいのジンファンデルを生産している。

マイケル・デイビッド・ヴィンヤーズセブン・デッドリー・ジンズ (Michael David Vineyards Seven Deadly Zins)、ジンファンデル、米国（カリフォルニア）

セブン・デッドリー・ジンズはカリフォルニアのローディという生産地で作られている。暑い内陸の生産地でサンフランシスコの真東に位置する。このワインのラズベリーとブラックベリーの風味は、非常に熟し、凝縮された風味で、なめらかで、香ばしいオークの良い香りが含まれる。「罪深い」アルコール度数は15%である。

＊このワインの名前は7つの大罪（セブン・デッドリー・シンズ）にちなんでいる。

マーフィ=グードライアーズ・ダイス・ジンファンデル (Murphy-Goode Liar's Dice Zinfandel)
米国（カリフォルニア）

このワインはシナモン、ブラウンシュガー、ヴァニラの香りに満ちている。グラスに入ったクレーム・ブリュレと表現しても良いだろう。

ピーチィ・キャニオンドゥシ・ヴィンヤードジンファンデル (Peachy Canyon Dusi Vineyard Zinfandel)
米国（カリフォルニア）

ピーチィ・キャニオンは低価格のジェネリック赤ワインから最高級の単一畑のワインまでとり揃えている。どれでも恥ずかしがらずに買おう。

ペドロンチェリマザー・クローン・ジンファンデル (Pedroncelli Mother Clone Zinfandel)
米国（カリフォルニア）

禁酒時代のカリフォルニアで、多くのブドウ畑とワイン生産を維持してくれたイタリア系アメリカ人の歴史に感謝したい。パラドゥッチ、モンダヴィ、パガーニ、フォピアノ、ペドロンチェリその他の家族のおかげで、私たちはこのマザー・クローンのように古木のブドウから作ったジンファンデルを飲むことができる。この木はおそらくすべてのペドロンチェリ・ジンズの文字通り母であり、比ゆとしても母親のような存在だ。品格があり、ラズベリーとブラックベリーの風味が濃密で凝縮されている。ボルドースタイルのワインだが、中核は100%カリフォルニアである。

水曜日　269日目

Recipe: パルミジャーノ・ブラック・ペッパー・ビスコッティ

ビスコッティという名前は、中世のラテン語bis coctus（2度料理する）に由来する。それはこのレシピの作り方で大切な過程でもある。パルミジャーノ・レッジャーノはおそらくイタリアでもっとも有名なチーズだが、このレシピではグラナ・パダーノに替えても良い。グラナ・パダーノはパルメジャーノに似たチーズだが、価格は半分くらいである。

材料（5-6ダースのビスコッティ）

黒コショウの粒 大さじ1.5

小麦粉 500g

ベーキングパウダー 小さじ2

塩 小さじ2

パルミジャーノ・レッジャーノ 130g
（細かく挽いたもの）

無塩バター .... 170g（角切り）

Lサイズの卵 4個
（3個と1個に分けておく）

全乳 .... 240㎖

オーブンを180℃に予熱しておく。

1. 乳鉢と乳棒かコーヒーやスパイスの電気グラインダーを使って、コショウの粒をつぶしておく。

2. **1**のコショウ、小麦粉、ベーキングパウダー、塩、チーズを混ぜる。バターを加えてペストリーカッターで混ぜる。

3. 卵3個と牛乳を混ぜて**2**に加え、柔らかい生地ができるまで混ぜる。

4. 軽く小麦粉をふった台に生地を置いて4等分する。生地がベタつくときは、手に十分な小麦粉をつけて、各生地を長さ30㎝の平たい棒状に伸ばす。伸ばした生地を8㎝以上の間隔をあけて天板にのせる。

5. 残りの卵を混ぜて刷毛で生地にぬり、オーブンで30分焼く。焼けたらオーブンの温度を150℃に下げる。

6. 焼いた生地を10分おいて冷まし、幅1㎝余りの厚さに切り、切り口を下にして天板に載せて35-45分焼く。途中で1度上下を返す。

このビスコッティに合うワイン：
カステッロ・ディ・ポッピアーノヴィン・サント・デラ・トッレ・グランデ
（Castello di Poppiano Vin Santo Della Torre Grande）

イタリア

ヴィン・サントはトスカーナで作られる伝統的なデザートワインで、多くのトスカーナワインと同じく、パルミジャーノ・レッジャーノなど力強く香り高いチーズととても合う。遅摘みの白ワイン用ブドウで作られるが、オーク、栗、桜、そして時にはジュニパー（杜松）の樽で長く熟成するため、かなり濃い色になることが多い。デーツ・ナッツ・ブレッド（なつめやしやナッツが入ったパン）、それにシナモンやオールスパイスを思わせる香りがする。

木曜日　270日目

プーリア

プーリアはこの地域の総称である。北はガルガーノ半島（露出した岩がアキレス腱切断の痛々しい傷跡のように見える）から始まり、地球の南の果てまで続くかのように長く伸びている。

ワイン生産者はこの地で、現在のジンファンデルの遺伝子上の親にあたるプリミティーヴォ(Primitivo)、黒くて苦いという意味を持つネグロアマロ(Negroamaro)、飲みやすく香り高い赤ワイン用ブドウのマルヴァジア・ネーラ(Malvasia Nera)の3種類の重要なブドウを栽培している。

熟して芳醇で骨太のプーリアの赤ワインをぜひ探してほしい。どんな食事にもよく合い、オリーブのソテー（66日目を参照）、スパイシーなマグロ料理、ローズマリー風味のベーグドチキンなど、ピリッとした刺激のある料理を最高に引き立てる。

おすすめのワイン：
2001 フェウド・モナチ サリチェ・サレンティーノ
(2001 Feudo Monaci Salice Salentino)

イタリア

フェウド・モナチはワイナリーの名前で、フェウドはフューダル（feudal、「封建的な」という意味）と同じ語源である。1480年にワイナリーが引き継ぐまで修道院だったため、「修道院農場（monastery farm）」と大まかに訳されている。

サリチェ・サレンティーノはワインの生産地である。イタリアのブーツのかかとの先にある、陽の降り注ぐ小さな町で、古代からの港湾都市バーリやブリンディジの南に位置する。それより南は海しかない。

サリチェ・サレンティーノはネグロアマロとマルヴァジアのブレンドワインで、まるで夏の風をとらえてボトルに詰めたように、太陽の光があふれて輝く、美味しい赤ワインである。

ガルガーノ半島（イタリア、プーリア州、ヴィエステ）

金曜日　271日目

ビル・ブロッサーとスーザン・ソーコル・ブロッサー

オレゴンにワイン産業が生まれる前の1971年に、ビル・ブロッサーとスーザン・ソーコル・ブロッサーは最初のブドウの木を植えた。現在、オレゴン州は300以上のワイナリーと5,260haのブドウ畑を擁し、世界中の小売店でオレゴン産のワインが手に入る。ソーコル・ブロッサーのワイナリーも成功し、家族経営を続け、オレゴンのワイン文化を形成するメンバーの1つとなっている。

ソーコル・ブロッサーでは、持続可能な手法が優先的に行われている。ワイナリーはナチュラル・ステップ（環境保護団体）の原則に従い、環境保護の観点をブドウの栽培に全面的に取り入れている。ブドウ畑では有機栽培が行われ、2005年に米国農務省による有機認証を受けている。

さらに一歩進んで、ソーコル・ブロッサーは鮭の生育地を保護、回復するブドウ畑として、サーモン・セーフ認定を受けた。農場で使用するトラクターの半分はバイオディーゼルを燃料とし、ワイナリーでは無漂白の紙製品をラベル、ワインの箱、贈答用の箱に使用している。さらに荷台の収縮包装や事務用の紙に至るまで、すべてがリサイクル製品である。ソーコル・ブロッサーは、環境に配慮した建造物に関してLEED（Leadership in Energy and Environment Design：米国の建造物環境配慮基準）の認定を受けた、米国で最初のワイナリーである。LEEDは認定を受けるのが非常に難しい。

現在は子どものアレックスとアリソンがワイナリーの副社長となり、モンダヴィで経験を積んだワイン生産者ラス・ロスナーがピノ・ノワールの生産プログラムを行っている。

おすすめのワイン：
ソコール・ブロッサーセレクションズ
(Sokol Blosser Selection)
ソコール・ブロッサー・SBセレクト
(Sokol Blosser SB Select)
シャルドネ&ピノ・ノワール
米国（オレゴン）
SBセレクトは、確かな作り手のワインのセカンドラベル、というコンセプトが持つ力を発揮する。シャルドネとピノ・ノワールはどちらも、真の果実味、優れた骨格を持ち、非常に深みがある。何よりも素晴らしいことは、とにかくよく出来ていると感じられるところだ。

ヤムヒル・カウンティ（Yamhill County）
シャルドネ&ピノ・ノワール
米国（オレゴン）
ヤムヒル郡のキュヴェ（cuvée）という表示は香りや凝縮度がとても高いことを意味する。オレゴンのシャルドネの多くがそうであるように、ソコール・ブロッサーはスッキリとしていてミネラルの風味が深く堅い印象。ピノ・ノワールはややオークの香りがあり、品格のあるピノの果実味を持つ。

土曜日+日曜日　272日目+273日目

コルクのリースを作ろう

　お気に入りのワインの特別なコルクを保存し飾る方法を探しているなら、リースを作ろう。大きさは自由だ。必要なものはベースとなるわらでできたリース、接着剤、ヒモ（吊るすため）、そしてあるだけのコルクだ。では次の5つの手順に沿って作ってみよう。

1. コルクを「特別」と「普通」の2つの山に分ける（もちろんワインの品質とは関係ない）コルクを2層に重ねてリースにするので、面白い刻印の入ったコルクは上の層のために残しておこう。シンプルなコルクは下の層に使う。

2. わらのリースに丈夫なヒモを通して輪を作る。指とリースの間に十分な間隔があるように。終わったらその輪をかけてリースを吊るす。

3. 接着剤を使ってコルクを内側から均等に並べるようにリースに留めていく。コルクとコルクを接続させて下のリースが完全に隠れるようにする。裏側にコルクをつけないこと。そうすればリースはドアや壁にぴったりと接する。

4. 2層目のコルクは角度を変えるなどパターンを変化させる（右のイラストを参照）。納得のいくデザインになるまでコルクを加えていく。

5. リースをかけて、次のプロジェクトに向けてまたコルクを集め始めよう。乾杯！

> 樹脂性のコルクを持っているだろうか？リースにつけても良いが、消しゴムとしても使える。

面白いコルクは2層目のために残しておき、下の層のコルクの上に角度を変えながら接着剤で留めていこう。

月曜日　274日目

ワインの成分

　ワインの成分の中でいちばん多いのは水分で、ほとんどのワインの80-85%を占める。残りはアルコール、タンニン、酸、糖分などである。これらの成分がワインの特徴を作りだす。ワインの成分はどのようにバランスをとり、お互いに補完し合って美味しさを生むのだろうか。

アルコール
　アルコールは発酵の産物で、アルコールの多いワインはボディ（重み、深み）が感じられる。アルコールはワインをビッグ（芳醇、濃厚、コクがある）にすることができる。

タンニン
　この苦み成分は発酵中と後に、ブドウの皮、種、茎から抽出される。タンニンは色素があるため、ワインを色づかせる。またタンニンはアルコールの吸収を抑える効果がある。

酸
　酸味成分はアルコールと糖分のバランスをとる。口の中の脂肪や油分を取り去る。酸味のあるワインが多くの食事とよく合う理由の１つである。

糖　分
　上述のように、酸やタンニンはワインの糖分とバランスをとる。時には、糖分の甘みを覆い、実際には糖分がたっぷりと含まれているのに、飲む人に辛口のワインだと思わせることがある。

火曜日　275日目

プリミティーヴォ：古代種

最近の科学的調査により、イタリアのプリミティーヴォはカリフォルニアのジンファンデルの遺伝子上の親にあたることが分かった。いずれも濃い色の果実と豊富なタンニンという、同じ家系の類似点がしっかり表れている。

プリミティーヴォは南イタリアを中心に、何千年も前から栽培されている。実はクロアチアでCrljenak（ツェルリェナック）と呼ばれるブドウが原種である（このブドウにもっと荘厳な名前を付けることに関してはイタリア人にまかせよう）。プリミティーヴォはスパイシーで、プラムなどの果実の風味があることで知られている。ジンファンデルも同じだ。これは私たちにジンファンデルとプリミティーヴォの関係の全容と、ワインの世界においてそれがどんな意味を持つかを教えてくれる。

「ファミリー」の関連性は、カリフォルニアの生産者らの間にちょっとした緊張感をもたらした。大変な苦労をしてゼロからブドウ作りをし、ジンファンデルを後押しする世界を作り上げてきたのに、プリミティーヴォと同じ果実だと知るに至ったからだ。カリフォルニアの人々はイタリアの「ジンファンデル」（良質な古いプリミティーヴォ）が市場にあふれ、大変な努力をして作り上げた高級なワインとしての名声が薄まってしまうのを怖れている。

あなたはこのドラマがどう展開すると思うだろうか。イタリア人は彼らのプリミティーヴォは高品質なジンファンデルだと主張するだろう。カリフォルニアの生産者は自分たちの方が優れていると論じるだろう。あなたが知るべきことは、どちらを選んでも同じ濃厚な味わいを得ること、そして遺伝子上の発見によって価格が低下するだろうということだ。

> **おすすめのワイン：**
> **ペルヴィーニ・アルキダーモ**
> **プリミティーボ・ディ・マンドゥラ**
> （Pervini Archidamo Primitivo di Manduria）
> **イタリア**
>
> このワインは言うなれば、人生を面白くし続けるために混乱の中に投げられた輪投げの輪だ。アルキダーモは、何千年も前にイタリアのこの地域を廃墟にしたギリシャの戦士の王の名前である。この素晴らしいワインを味わっていると、彼の行いがすべてが許されるかのように思われる。ソテーしたオリーブや、くずしたフェタチーズを少し添えたアーティチョークにとても合う。

プリミティーヴォのブドウの房
（イタリア、プーリア州、マンドゥーリア）

水曜日　276日目

Recipe: ムール貝のマリネ

食べ物は、私たちの視覚、嗅覚、そしてもちろん味覚といった、多くの感覚に訴えかけるが、ムール貝はそこに触感が加わる。手に取って貝殻をこじあけ、中身を取り出さなければならないからだ。そして聴覚。ムール貝が入った鍋をコンロから下ろして盛り皿に入れる時の、ゴトゴトという鈍い音が聞こえる。ゲストには必ずカリカリに焼いた大きめのバゲットを配り、ワインソースに浸して食べてもらおう。

材料(4-6人分)

オリーブオイル	大さじ2
ニンニク	2片
辛口の白ワイン	120ml
ムール貝	900g (こすり洗いし、足糸を取り除く)
塩と挽きたての黒コショウ	適宜
パセリのみじん切り	ひとつかみ

作り方

1. オーブン耐熱性の大きめのキャセロールにオイルを入れて熱し、ニンニクを加え、茶色くならない程度に炒める。白ワインを加えて煮立たせる。ムール貝を加えて塩コショウをかけてよく混ぜ、フタをして8分加熱する。

2. ムール貝の状態を確認し、開いていないものを取り除く。パセリを散らして盛りつける。

**おすすめのワイン：
シャトー・クシュロワ**
（Château Coucheroy）
フランス

ボルドーのワイン産地を語るとき、土地と同じくらい水のことが重要になる。ここでは2つの川が1つになって大西洋にそそぎこみ、ジロンドと呼ばれる巨大な河口を形成している。何千年も前からムール貝、牡蠣、ハマグリが豊富だ。ボルドーの白ワインはほとんどすべてがソーヴィニヨン・ブランで、まったく驚くことではないが、人々が海から捕ってくる豊富な海産物と最高の相性である。クシュロワとは慣用的に「王様の眠る場所」という意味があり、敬意を集めるボルドーという産地を讃えている。

ピエモンテ

　ピエモンテ (Piedmote) はイタリア語で「山のふもと」を意味する。内陸部で山がちなこの地方は、有名なバローロ、バルバレスコ、ガッティナーラといったワインになるネッビオーロという卓越したブドウを生産している。もしイタリアを3次元の地図で見たら、北にピエモンテと呼ばれるアルプスの山麓地帯がそびえ、太陽が沈む南西方向に面しているのが分かるだろう。この地形から、海岸でより直接的に強く太陽の光を浴びるために長椅子を90度の角度にして座る、日焼けに熱心な人が思い浮かぶ。この太陽に対する傾斜角度が、ピエモンテを世界でもっとも有名なワイン産地の1つにしている。

　ピエモンテは、濃厚な赤ワインが有名で、受賞歴のある優れたワインをもっとも多く産出していることで知られている。そして何と言ってもピエモンテは、アスティ・スプマンテの産地である。これは、フランスのランスでシャンパーニュ作りを学び、その知識をイタリアのモスカートというブドウで応用したカルロ・ガンチアの功績である。またピエモンテは、伝統的なマティーニの材料、ベルモットが生まれた地である。トリノ証券取引所の近くのワインショップ、マルティーニ・アンド・ロッシ (Martini & Rossi) がその場所だ。

　ピエモンテはブドウの栽培に終わらないダイナミックな地方である。産業革命をイタリアで最初に起こした地方の1つで、1899年にはイタリアの自動車会社フィアットが創業している。またこの地は帝国の盛衰の歴史を繰り返している。ケルト民族の盛衰の後、ローマ人がこの地を手に入れて支配し、ローマ帝国を建設した。11世紀になると、フランスの領主サヴォイがピエモンテのトリノを首都に定めた。その後ローマ帝国は滅亡。サヴォイ家が第2次世界大戦終了までこの地域を支配した後、イタリア共和国が誕生した。

**おすすめのワイン：
デザーニ・モンフリジオロエロ・
アルネイス**
（Dezzani Monfrigio Roero Arneis）
イタリア

このイタリアの白ワインは、繊細で、金色で、熟した梨や桃の風味が豊かである。生産地のイタリア北部では昔から、弾けるような熟した風味より、複雑な深みのある風味を大切に白ワインを作ってきた。モンフリジオは深みと幅広さを持ち、その風味は新鮮な井戸水、葉、花を思わせる。

金曜日　278日目

ミッシェル・ローラン

　ミッシェル・ローラン(Michek Rolland)は、2004年のドキュメンタリー映画「モンドヴィーノ」で悪役として登場したフランスのワイン生産者だ。この映画はワインの世界のグローバル化のマイナスの影響を明らかにしようとした。彼は文字通りワインを生産するすべての大陸に顧客を持つコンサルタントをしていたため、「フライング・ワインメーカー」と呼ばれていた。

　監督のジョナサン・ノシターは、現在のワイン業界のすべての問題の原因が、ローラン（そして特にモンダヴィ家）にあると非難した。彼の申し立てをまとめると、ローランのようなワイン犯罪者の努力のおかげで、ワインが美味し過ぎて、人々がワインを好きになり過ぎた、という。

　言い方を変えれば、ノシターはワインは数が少なくて、貴重で、不可解で、手に入らないほど良いと言っているように聞こえる。

　現在、ローランのような現代人は、自分のワインクラブハウスの鍵を誰にでも渡している。

> **おすすめのワイン：**
> **クロス・デ・ロス・シエテ**
> (Clos de los Siete)
>
> **アルゼンチン**
>
> 美味しい赤のブレンドワイン（40%がマルベック。カベルネ、メルロー、シラーがそれぞれ20%）は、柔らかく、飲みやすいが、どっしりとコクのある赤肉やスパイシーなバーベキューに負けない力がある。

土曜日＋日曜日　279日目＋280日目

ワインブログを始めよう

　ウェブサイトではあなたと同じようにワインの熱心な愛好家が、ワイナリー・ツアー、興味深い銘柄、エキサイティングな品種、ブログ上のワインの旅などについて、思いをめぐらせている。ブログはウェブ・ログの略称で、オンライン上に日記を書くブロガー（つまり書き手）がさまざまなテーマで自分の考えを共有することができる。

　インターネットで「ワイン・ブログ」を検索すると、膨大な検索結果が出る。魅惑的な逸話や興味深いワインのトリヴィアなどが画面にあふれることだろう。ワインの専門家が管理するブログもある。他には、ワイン雑誌の編集者、コンサルタント、輸入業者、ワイン・フード・ライター、ワイン醸造業者など様々な人のブログがある。このようなブログは、ワインを学び、愛しているうちにもっと知識を得たいと思っていたあなたの希望をかなえてくれる、頼りになる情報源だ。

　ワインブログを始めるのに、ワインの専門家である必要はない。ノートに日記を書くのと同じようにとらえて、ワインの旅について書いてみよう。テイスティングのことでも旅そのもののことでも構わない。一般の人々があなたのブログを検索し、見つけるということを念頭に置こう。あなたが一度「発行する」をクリックすると、日記はオンライン上に現れる。ワイン愛好家にとって他のワイン好きと交流できるブログは素晴らしい。あなたは、ブログを訪れ、読み、コメントしてくれる才能のある興味深い人々と「出会う」ことだろう。

テクスチャーを表現する言葉

ワインは液体である。テクスチャー（質感）があるというのはどういうことだろう。標準的なワインの80-85％は水で、残りはアルコール、タンニン、酸、糖分などが含まれている。この成分の中に、あなたはワインの骨格（ストラクチャー）と質感（テクスチャー）を発見する。今こそ専門用語を創造的に使う時だ。ワインの質感を表現する言葉を紹介しよう。

グリップ（grip、キリキリとする）
口の中をつかまれたような、大胆に表現すれば引っ張られたような感覚を意味する。通常はワインの酸味かタンニンに関連する。グリップの無いワインは弱々しく、軽すぎると感じられる。

ジャミー（jammy、ねっとりとした果実のような）
ジャミーとはねっとりとした果実の口あたりで、甘みに対抗できるストラクチャーがないために感じられる。

レイヤード（layered、層になった）
複雑で濃密な風味が層状になって口の中を覆うときにこのように表現する。

リッチ（rich、濃厚な）
言葉通り、凝縮した、濃密な、薄くない、水っぽくない、淡泊でない口あたり。

シルキー（silky、絹のようになめらか）
絹のようにきめこまかくなめらかなことを表す。

アンクチュアス（unctuous、滑らかな）
「油か石鹸のような感触」と表現することもできる。リッチ（濃厚）でクリーミーなテクスチャーが口の中を覆った時の表現だ。

ヴェルベッティ（velvety、ベルベットのような）
口の中でなめらかに感じられるも、ややシルキー（絹のようななめらかさ）より粗いと感じられる時にこう表現する。

火曜日　282日目

ピノの白い影 (A Whiter Shade of Pinot)

ピノ・ブランはシャルドネと葉の構造が似ていて、ワイン畑ではそっくりに見える。実のところ、ヨーロッパの多くのブドウ畑は意図的にこの2つの品種を混ぜている。まったく違う系列の品種で全く違う特徴をもつワインができるのだが。ピノ・ブランはリンゴとアーモンドの軽い香りを持ち、加工法によって酸度が高くなったり、濃厚でどっしりとした味わいになったりする。ワイン生産者の中には、一般的なシャルドネの生産法をまねて、オーク樽で発酵させるところもある。

ピノ・ブランの家系図によると、ピノ・ブランはピノ・ノワールのクローンであるピノ・グリの、クローンとなっている。ピノ・ブランが広範囲で栽培されているイタリアでは、このブドウをピノ・ビアンコ (Pinot Bianco) と呼んでおり、スプマンテを作るときにシャルドネと一緒にブレンドする。

ドイツやオーストリアにもピノ・ブランのブドウはあり、ヴァイスブルグンダー (Weissburgunder) と呼ばれている。ピノ・ブランは東ヨーロッパ、ウルグアイ、アルゼンチンでも栽培されている。カリフォルニアのピノ・ブランの大半は、モントレー郡で栽培されている。

＊「A Whiter Shade of Pale」(青い影)は1967年プロコム・ハルムのヒット曲

おすすめのワイン：
ピノ・ブラン
(Pinot Blanc)

アデルスハイムピノ・ブラン
(Adelsheim Pinot Blanc)
米国(オレゴン)

アデルスハイムはオレゴンのおもなピノ・ノワール生産者の1つだが、ピノ・グリやこの素晴らしいピノ・ブランを含む白ワインもいくつか生産している。このワインはフルボディーで舌にほどよくからみ、梨、白桃、リンゴ、糖蜜の風味が広がる。

ルシアン・アルブレヒト
(Lucien Albrecht)
フランス(アルザス)

最初から最後まで、キリリとして、爽やかで透明感のある果物の風味がおもに感じられる、辛口の白ワインである。グリルしたシーフードかチキン・ソーセージによく合う。

247

水曜日　283日目

Recipe: チキン・ヘレス

シェリーは、スペイン南西部で作られる、アクアヴィットという蒸留酒で酒精強化した白ワインで、アルコール度数は15%である。その風味は強烈で、極めて強いナッツの香り、強いアルコール、なじみのない果実の香りを感じる。とくにドライの白のシェリーは、食事と一緒に飲みたい。他の酒精強化ワインと同じく、時間をかけて好きになる味わいだが、チキン・ヘレスなど適切な食事と一緒に飲むと、ワインとしてどう役割を果たすかが分かり始める。

材料(6-8人分)

オリーブオイル	大さじ2
鶏肉	1.8-2kg
(6-8きれに切り分けておく)	
塩コショウ	適宜
エシャロット	160g (スライス)
ニンニク	2片 (みじん切り)
ドライシェリー	240㎖
(手ごろな価格のフィノかマンサニージャが良いだろう)	
減塩タイプのチキンスープ	240㎖
オレンジ	1個
(縦半分に切ってから5つのくし切り)	
塩漬けのグリーンオリーブ	30g

作り方

*オーブンを220℃に予熱しておく

1. 大きめのスキレット (鋳鉄の鍋) にオリーブオイルを入れて強火にかける。鶏肉に塩コショウをふっておく。スキレットに鶏肉を入れてキツネ色になるまで焼き、皿に取り出しておく。

2. 火を中火に弱めて、肉汁を大さじ2だけ残し、シャロットを加えてしんなりして色づき始めるまで炒め、ニンニクを加える。

3. シェリーを加えて煮立たせ、水分が半分になるまで煮る。数分かかる。チキンスープを加えて沸騰させる。

4. 鶏肉を戻し、くし切りにしたオレンジとオリーブを鶏肉の間に並べる。

5. オーブンに移してフタをしないで20分、あるいは鶏肉に完全に火が通るまで、蒸し煮にする。

この料理に合うワイン：
ラ・ヒターナマンサニージャ
(La Gitana Manzanilla)
スペイン

このシェリーのアルコール分はごくわずかで、とても飲みやすい。梨やリンゴのような堅くて白い果実の風味が背後に感じられる、さわやかな辛口ワインである。

木曜日　284日目

シャトー・ルクーニュ

　シャトー・ルクーニュ（Château Recougne）は、フランスのワインのメッカ、ボルドーにある。ポムロールに近い、フロンサックの丘陵地にあるこのシャトーは、記録に残っている限り400年以上の歴史を持つ。またシャトーは、イクトゥレン・ミラード（Heacutelène Milhade）の住まいである。彼女の家族はポムロールやサンテミリオン周辺に所有するいくつかのシャトーでワインを作っている。

　ボルドーのワイン産地を訪れると、訪れたいシャトー、飲んでみたいワインがあまりに多くて圧倒されてしまう。ワイナリーを厳選して、予定表をスリムにするほうがよい。

　もしボルドー・シュペリュール（Bordeaux Superieur）で的を射た訪問をしたいなら、立ち寄るべきはシャトー・ルクーニュだ。このワイナリーの名前は、17世紀初めにアンリ4世にちなんで名づけられたと考えられている（アンリ4世がシャトーに滞在して赤ワインの品質を認めたという伝説がある。フランス語でルクーニュには「認める」という意味がある）。その後、ボルドーの赤ワインの生産者としての栄誉を与えられた。現在、このワイナリーは素晴らしい味と価格を抑えたボルドーの生産者として知られている。

　シャトー・ルコーニュに使われているブドウのほとんどはメルローで、みずみずしく、さっぱりとして飲みやすい。タンニンのグリップ（きりきりとした口あたり）はとても強く、チリチリとした感触が広がる。どっしりとコクのある赤肉に合わせるのがいちばん良いだろう。あとはザクロのソースを添えたラムのすね肉といった料理を合わせてみるとよいだろう。

金曜日　285日目

トレンタデュー・ファミリー

伝説によると、ルネッサンス時代のある時、32人のフランス人がイタリアの都市バーリに移住した。32人という数を表すイタリア語、トレンタドゥエ（trentadue）はそのまま、彼らの呼び名になった。その後、ファミリーの一部がカリフォルニアのソノマ・ヴァレーに再び移住し、この地方でもっともすぐれた古いブドウ畑を数十年にわたって所有している。もっとも古い区画のブドウは1896年に植えられたもので、そのブドウを使ったワインはトレンダデューのラ・ストリア（La Storia）というエステートワインとして味わうことができる。

トレンタデューのワイナリーの土地を最初に開発したのはアンドリュー・バートンで1868年のことだった。彼はそこで果樹を育て、販売する商売をした。1950年代末、トレンタデュー・ファミリーがその土地を購入し新しいブドウの木を植えた。1962年、このブドウ畑にカリニャン（Carignane）というブドウが植えられた。米国でこの品種が植えられたのはこれが最初である。

次に、トレンタデューはサンジョヴェーゼを1970年代に植えた。栽培が難しいという評判だったにも関わらず、サンジョヴェーゼの栽培は大成功した。1984年、トレンタデューは100%サンジョヴェーゼを使ったワインを作るのに成功した最初のアメリカ人として賞を授与された。

現在、トレンタデューのワイン生産者ミロ・チョラコフは、ソノマ中からブドウを集め、ワイナリーの古い区画の活気を取り戻そうとしている。ジンファンデル、カリニャン、プティット・シラー、サンジョヴェーゼ、シラーをすべて混ぜると、濃密で、色が濃く、光輝き、コクがあり、熟した果実の風味がある、常に興味深く美味しい、心躍る陽気なワインができあがる。

「オールド・パッチ・レッド（古い区画の赤ワイン）」は、もともと品種を混在させた極上の「古い区画」のブドウから作られた。ワイナリーのワイン作りは、力強く、凝縮し、大胆にはじけるような果実味という特徴を目指し続けている。もしあなたが問えば、チョラコフはブドウ畑のそばにあるミントのような香りがする月桂樹の木々についても話してくれるだろう。

**おすすめのワイン：
トレンタデュープティット・シラー**
（Trentadue Petite Sirah）

米国（カリフォルニア）

トレンタデュープティット・シラーは、濃密で、色は紫がかった黒で、くすんでいる。プラム、なつめやし、イチジク、ブラックベリーの果汁の風味が口いっぱいに広がり、歯が黒くなるワインである。

ワインを読みこむ

有名なワイン商人の話が書かれた歴史や伝記から、テイスティング・ガイド、旅行情報誌まで、書店のワインコーナーには、あなたの中のワインマニアな部分に栄養を与えてくれる材料が豊富にある。その中のいくつかを紹介しよう。

Windows on the World Complete Wine Course
*筆者は世界貿易センター最上階にあったWindows on the Worldでワイン講座の講師をしていた
Kevin Zraly（ケヴィン・ズレイリー）

　25周年記念版を手に入れよう。この本はすぐにあなたのワイン関連の本棚の不可欠な存在になるだろう。（未邦訳）

The Wine Bible
Karen Macneil（カレン・マクニール）

　国ごとに分類され、各地域の大小のワイン生産地を網羅する。マクニールは教師で、明快な文体はワインの初心者からワイン通まで魅了する。（未邦訳）

Great Wine Made Simple
Andrea Immer（アンドレア・イマー）

　6大品種の品質を認識する方法を学び、専門用語をブラッシュアップし、「くだらないラベルのトリック」についてなど、実用的な情報を手に入れることができる。歯に衣を着せぬワイン書。（未邦訳）

The Oxford Companion to Wine
Jancis Robinson（ジャンシス・ロビンソン）

　時折、難解な内容もあるが、頼りになる手引書、情報源だ。もっとも重要な内容はワイン用語で、3000語以上を解説する。（未邦訳）

Wine for Dummies
Ed McCarthy（エド・マッカーシー）、Mary Ewing-Mulligan（マリー・ユーウィン＝マリガン）

　著者は夫婦でチームを組み、とてもシンプルなスタイルでワインを解説する。（前述のThe Oxford Companion to Wineと正反対だと考えてよい）ワインの入門書として役立つ。（未邦訳）

The House of Mondavi: The Rise and Fall of an American Wine Dynasty
Julia Flynn Siler（ジュリア・フリン・シラー）

　本書は有名なワイン醸造業者ロバート・モンダヴィ、彼の地所、ワインの世界に与えた影響に関する、魅惑的な話を聞かせてくれる。（未邦訳）

The Emperor of Wine: The Rise of Rovert M. Parker, Jr. and the Reign of American Taste
Elin McCoy（エリン・マッコイ）

　有名なワイン評論家ロバート・パーカーがどのようにアメリカ人のワインの嗜好を作ったかが分かる。（未邦訳）

The Widow Clicquot: The Sotry of a Champagne Empire and the Woman Who Ruled It
Tilar J. Mazzeo（タイラー・J・マジオ）

　バーブ＝ニコール・ポンサルダンは27歳で未亡人になり、家族のワイナリーを継ぎ、有名なヴーヴ・クリコというブランドを作るのに貢献した。彼女は男性優位の業界で突出した女性リーダーとなり、ナポレオン戦争の正常不安な時期に帝国を築いた。シャンパーニュの偉大な女性を描いた本である。

月曜日　288日目

ワインの頭字語を読み解く

ワインの世界を開拓していると、ラベル、レビュー、ワインを学んだ愛好家との会話にまで、頭字語が登場したことがあるはずだ。どんな趣味にも略語はつきものだと思われる。ワインも例外ではない。

ほとんどの国にワイン共同組合があり、ラベルに大抵は頭字語で表示されている。(例：CVはフランスのブドウ栽培者の共同組合Cooperative de Vigneronsの頭字語) 以下にあなたが出会うであろう頭字語とその意味を紹介する。

- **ABC**：Anything But ChardonnayまたはAnything But Cabernet　シャルドネまたはカベルネ以外が使用されていることを示す。カリフォルニアのサンタクルーズにあるボニー・ドゥーン・ヴィンヤーズ(Bonny Doon Vineyards)のランダル・グラハムが考案した。

- **ABV**：Alcohol by Volume　アルコール含有量。ワインのラベルに％で表示されている。

- **AOC**：Appellation d'Origine ControléeまたはAppelation of Controlled Origin　原産地呼称統制。ワインの原産地と許容される製法を規定するフランスの法規制。

- **AP**：Number Amtiliche Prüfungsnummer　ドイツのワインのラベルに表示される公式の検査番号で、品質管理基準を通過したことを示す。

- **ATTB**：Alcohol and Tobacco Tax and Trade Division　酒類タバコ税貿易管理局。米国で生産、販売されているワインの規制責任者である米国政府機関。

- **AVA**：American Viticultural Area　米国の法律は、欧州と同様にワインのラベルへの原産地表示を規制する。ただしブドウの品種、生産量、ワイン生産方法については規制がない。140を超えるAVAがある。

- **BOB**：Buyer's Own Brand　レストランや小売業者が所有するプライベート・レーベルのワイン。

- **QPR**：Quality Price Ratio　品質価格比率。22日目で詳しく解説している。簡単に言うと、ワインの価格に対する品質と味の比率である。

- **TBA**：Trockenbeerenauslese（トロッケンベーレンアウスレーゼ）　干葡萄の状態になった遅摘みのブドウで作られる、ドイツのとても甘いデザートワイン。トロッケンは「辛口」、beerenは「ベリー」を意味する。

...asino - Italia

9 105

75 cl ℮ 12% VOL

CONTAINS SULPHITES

火曜日　289日目

「V」はヴィオニエ

ヴィオニエの魅力を説明するのは難しいが、カリフォルニアの生産者は豊かなテクスチャーの白ワイン用ブドウとして推奨する。すっきりとして堅く、酸味があり、果実と花のかすかな香りに満ちたヴィオニエは、強い意志を持って懸命に広報しているイタリアのトカイを思い起こさせる（イタリアのトカイは、欧州裁判所の判決により、ハンガリーのトカイとの混同を避けるため、トカイというブドウの名称を表示することが禁じられている）。

カリフォルニアのブドウ栽培者は10年余り、ヴィオニエを試験的に栽培している。珍しい品種を受け入れ、手に入りやすい価格のどっしりとした白ワインの新顔をいつも探し求めているオーストラリアのワイン生産者も、ヴィオニエの栽培を始めた。しかし新世界のワイン基準に照らしてみても、ヴィオニエは新しい。原産地のフランスでは、ローヌ渓谷北部でわずか100haあまり栽培されているだけで、より良い赤ワイン用ブドウに囲まれ、忘れられている。

現在の人気の高まりは興味深い。たった数年前までヴィオニエは絶滅危惧品種だったのだから。1960年代にフランスで14haに満たなかった作付け面積は、40年たった今、カリフォルニアで800haを超え、コロラド、ニューヨーク、ノースカロライナ、オレゴン、テキサス、ヴァージニア、ワシントンなどの他の州のワイン生産者もこのブドウを難なく栽培している。一方、オーストラリアとブラジルもヴィオニエを栽培し、ワインのセレクションを拡大して顧客に提供することとなった。

ヴィオニエは日照りに強いが、雨が多く湿度の高い気候では、うどんこ病にかかりやすいため栽培が難しい。糖分が高く酸度が低くなりやすい性質は、傷みやすいが、アルコール度数の高いワインを生みだす。アプリコット、オレンジ、アカシアの香りはとても魅力的で、辛口なため、いつもシャルドネを楽しんでいる人も気に入るだろう。

おすすめのワイン：
ヴィオニエ（Viognier）

ヤルンバヴィオニエ
（Yalumba Viognier）、オーストラリア

ヤルンバは、1970年代にフランスで当時のヤルンバの生産者ピーター・ウォールがヴィオニエに夢中になって以来、長い間にわたってこの品種を栽培している。ヤルンバが最初のヴィオニエを植えたのは1980年である。そのワインは風味と口あたりのバランスが素晴らしい。新鮮な果実と柑橘系の香りが明るく、すっきりとしていて、ややさわやかで、基本的になめらかな丸みが感じられ、ワインをエレガントで複雑なものにしている。ヤルンバ・ヴィオニエは上質で、非常に手に入り安い価格の万能型の白ワインで、たいていの食事に合う。

レンウッドヴィオニエ
（Renwood Viognier）、米国（カリフォルニア）

このブドウは南フランスからやってきた。フランスではコンドリューという辺ぴな地域で栽培されている。現在新世界の生産者が主導権を握って運営しており、オリジナルより価格や品質において勝るようになった。レンウッドのもっとも素晴らし特徴は口あたり（テクスチャー）である。濃厚で、ふくよかで、粘性があり、そして油のように感じられるほど、なめらかだ。

パディコン・ファームで栽培されるヴィオニエ
（カナダ、オンタリオ州ハミルトン）

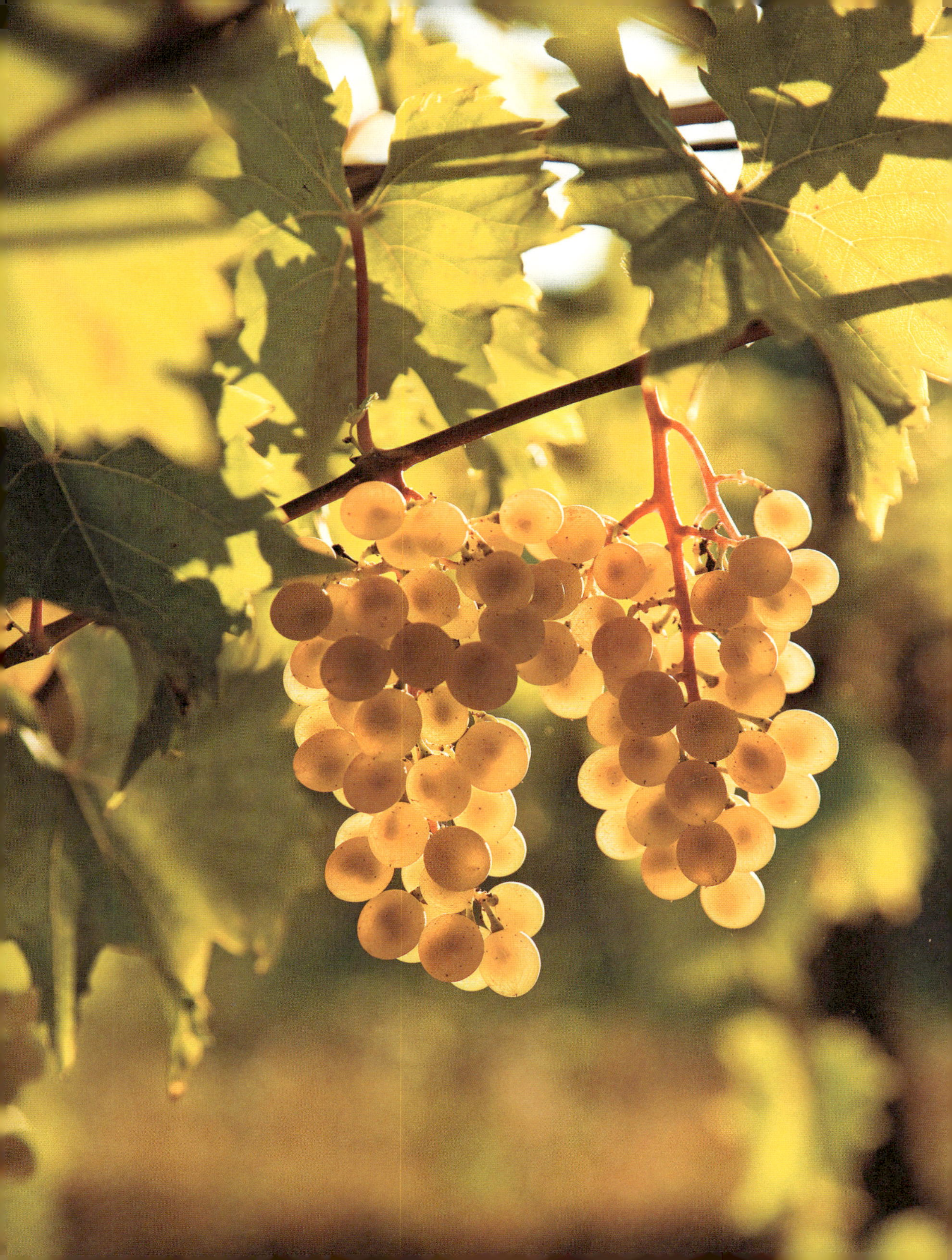

水曜日　290日目

Recipe: パセリ・ペースト

ラテン語でペスタ(pesta)は「たたき、すりつぶす」という意味である。台所の道具、pestle（すりこぎ、乳棒）も、同じラテン語に由来する。香りのある緑の葉、ナッツ、ハーブ、スパイス、オイル、塩、コショウをすりつぶしてペースト状にしたものは、ペスト、ピストゥ、パテ、チミチュリその他、たくさんの別名を持つ。

すりつぶされて放出したオイル、酸、芳香族エステルは、半流動体の媒体の中で結合し、お互いに化学的に反応し始める。その結果できあがる風味と香りのあるひとまとまりのものは、ちょうどワインのように、手を加えなければ決して生まれないものだ。

材料(出来上がり分量：260g)

ホール・アーモンド	110g
フレッシュ・イタリアンパセリ	60g
	(茎を残しておく)
ニンニク	2片(つぶす)
オリーブオイル	大さじ3
レモン汁	大さじ3
砂糖	小さじ1
熱湯	240㎖

作り方

1. アーモンドをオーブンなどで黄金色に焼く。
2. パセリをフードプロセッサーでみじん切りにする。アーモンドを加えてきめこまかくなるまで混ぜる。
3. ニンニク、オリーブオイル、レモン汁、砂糖、水を加え、ソース状になるまで混ぜる。
4. 堅めのパンまたはバゲットに載せる。

このペーストに合うワイン：
アルジオラスコスタモリーノ ヴェルメンティーノ・ディ サルディーニャ
(Argiolas Costamolino Vermentino di Sardegna)
イタリア

風が吹きすさぶサルディーニャは希少で素晴らしい白ワインを何種類か生産している。地中海沿岸は白ワイン用のブドウにとって暑過ぎることが多いが、冷たい海からの風が吹くため(コスタモリーノを直訳すると「風車のある海岸」という意味)、ヴェルメンティーノがよく育ち、この特徴的なワインを生みだす。爽やかできりりと引き締まり、刈ったばかりの草のような緑の葉の香りがする。

スペイン、フミーリャ

スペインのワイン産地であるフミーリャ（Jumilla）とそのボデガ（ワイナリー）は繁栄しており、著名なワイン評論家のロバート・パーカーも一目置いている。スペインの南東部ラ・マンチャと地中海の間に位置するフミーリャは、丈夫なブドウを栽培出来る気候を持っており、北東にフランス、南西にスペインのシェリー産地というようにワイン生産地に囲まれている。フミーリャは濃い紫がかった赤い色と果実の香りを持つモナストレルという品種から赤ワインを生産し、ワインの世界で独自の市場を築いた。モナストレルは南フランスでも栽培されており、そこではムールヴェードル（Mourvedre）と呼ばれている。

1989年にネアブラムシが広がってフミーリャのブドウは壊滅してしまったが、現在は復活している。周辺地域はフミーリャよりかなり前に被害にあい、すでに植え替えが終わっていた。フミーリャの栽培者は、干ばつの多いこの土地に耐える地元のブドウ、モナストレルなど、違う品種を植えることを決断した。他にプティ・ヴェルドとカベルネ・ソーヴィニヨンを植えて、低価格で大量生産するワインの生産地という評判を一掃した。フミーリャのワインには、フィンカ・オブランカス（Finca Omblancas）、カーサ・デ・ラ・エルミータ（Casa de la Ermita）、ペドロ・ルイス・マルチネス（Pedro Luis Martinez）、シルヴァーノ・ガルシア（Silvano Garcia）などがある。

おすすめのワイン：フミーリャ

パナロスフミーリャ（Panarroz Jumilla）
スペイン

このワインは、モナストレル（フランスではムールヴェドル）、シラー、グルナッシュという、ワイン愛好家にはおなじみの組み合わせのブレンドワイン。南フランスのコート・デュ・ローヌの最高のワインとほぼ同じブドウが使われている。快活で、陽の光があふれ、熟した果実の風味、スモーク、スパイスの風味が感じられる。

カスターナソラネラモナストレル
（Castana Solanera Monastrell）
スペイン

このワインの名前は「黒い太陽」という意味だが、風味は赤い果実、ブラックベリー、ラズベリー味が感じられる。

金曜日　292日目

ギアリングス&ウェイド

ワインのビジネスはどんな状況においてもタフだ。利鞘は小さく、人間関係が非常に重要である。そして何よりも問題なのは、タバコや火器を除く他の商品の取引と違い、米国の州はそれぞれ個別にワインビジネスを規制することだ。そして実際に、アルコールたばこ火器爆発物取締局（ATF）が、広告コピーからラベルに至るまでワインを数十年に渡って管理した。現在は酒類タバコ税貿易管理局（ATTB）がこの仕事を行っている。

このようなレベルの規制は、オンライン・ワイン販売者を志望する多くの人をつまずかせた。ウェブ上に境界は無く政府は限界の設定しか能が無い。法律が勝者を決める対立の舞台が用意された。ギアリングス&ウェイド（Geerlings & Wade、本社はマサチューセッツ州カントン）は、これを早くから予測することでワインバブルを生き延びた。この会社はインターネット販売が視界に入るずっと前から、可能な限りすべての州で事業のライセンスと承認を得て、カタログやニュースレターなどの印刷物を通じてワインを販売していた。

1986年、ギアリング&ウェイドは、当時ではフランスワインを得意とする、初めてのダイレクトメールのワインクラブの1つとして事業を始めた。

フィリップ・ウェイドは米国でワインを販売し、パートナーのフイブ・ギアリングはフランスでワインを選定した。現在G&Wは16州に倉庫を持ち、法的な互恵待遇協定により、29州で販売している。彼らは大変な苦労をして、適切な方法を見出した。現在も事業は継続しており、年間350種類のワインを販売している。

G&Wのワインディレクターであるフランシス・サンダースは、ワイン業界に多くみられる紳士的な農夫ではない。彼はワインのさまざまな味わいに注意を払い、幅広い層の聴衆の心に訴えるワインを販売するためなら何でもする。

大ざっぱに言えばワインの風味は、白ワインなら熟した果実、オーク、バター、赤ワインなら熟した果実、オーク、柔らかい口あたりといったその会社の好みが特徴となる。サンダースによると、彼が目指す美味しさにワインがより近づくよう、ブレンド過程に自ら関わることは、フランスのワインを中心に、1例にとどまらないという。

土曜日+日曜日　293日目+294日目

コルクのコースターを作る

　古いコルクを再利用するために、コインのように横に切ったコルクでコースターを作ろう。色々な形にデザインしてつなぎあせることができる。必要なものはコルク、よく切れるナイフ、接着剤、作業スペースに敷く新聞またはビニール製のテーブルクロス、補強用の工作用ボンドである。あとは以下の簡単な手順で作ってみよう。

1. コルクを切る。よく切れるナイフで横に厚さ5㎜で切る。何枚必要かは、作りたいコースターのサイズと、ワイングラスを置くかワインボトルを置くかによって違ってくる。

2. デザインを考える。接着剤を取り出す前に、コルクのピースをつないで形を考えてみよう。シンプルな丸型にするなら、約6個のピースが必要だ。

3. 接着剤でつなぐ。コルクの側面に接着剤をつけてコルクどうしを押しつけ、丸型またはあなたがデザインした形につないでいく。ワイングラス用のコースターなら6個の丸型でちょうど良いサイズだろう。ワインボトル用ならこの丸型をさらに2個作り、全部で3個の丸型をつなぎ合わせる。

4. 底を補強する。コルクのコースターの裏側全体に工作用ボンドを塗って乾かす。これでコースターは余計に安定する。ボンドは乾燥すると透明になるのでご心配なく。

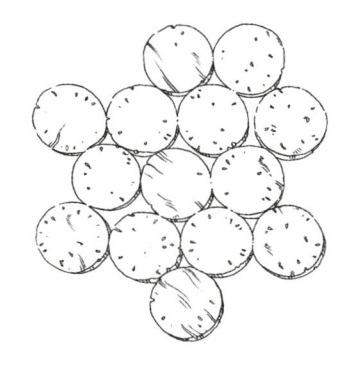

切ったコルクを並べて、シンプルな丸型にするかユニークな形にするかを考える。使用するグラスの大きさを頭に入れておくこと。

月曜日　295日目

コルクの性能

　新しいタイプの、小さくて軽くてコンパクトなワインの瓶のフタをみると、なぜコルクは大きいのか不思議になるだろう。スクリュータイプのキャップやガラスのキャップなどと同じ役目を果たしているのに、比べてみるととても大きい。

　技術的にいうと、伝統的なコルクがあのサイズなのは、比較的大きい表面積で圧力をかける必要があることと、密封状態を維持することに理由がある。これに比べてスクリューキャップは、ボトルの口の表面だけを密封することに焦点を合わせている。表面積だけを考えると、はるかに少ない仕事量であり、常に正しい状態にすることはとても簡単だ。

　コルクは、ワインのボトルを閉じるための、産業革命前のアナログな解決法である。指先よりやや大きいくらいの小さな空間を密封するだけだが、非常に重大な意味を持つため、私たちは確実に密封するために大金をつぎこみ、時には5㎝あまりのコルクを使い、蝋に漬けることもある。最後に、ワイン生産者は仕上げに金属かプラスチックのキャップシールで封をする。つまるところ、私たちは安心を得るためだけに過剰補償せずにはいられないのだ。

　工業化社会、脱工業化社会の視点でみると、この種の問題解決は風変わりで、あまり役に立っていないことに疑問の余地はない。実際に、コルクはワインのボトルを密封するにはお粗末な手段だ。コルクのサイズに関わらず、コルクを使ったワインの1％以上が劣化する。これは大量生産において話にならないほど高い数字だ。

火曜日　296日目

シュナン・ブラン

シュナン・ブランは、フランス北西部のロワール渓谷で栽培されている、おもな白ワイン用のブドウの品種の1つである。米国には、ワインの歴史が始まった初期にカリフォルニアに伝わった。大抵のワインと同じように、ある期間は大変な人気を得たが、その後は支持されなくなった。ワイン愛好家の好みは変わりやすく、気まぐれだ。

シュナン・ブランは熟すととても甘くなる性質がある。その特徴が当初は人気を集めた。花やハチミツの風味と酸味が有名だ。しかしアメリカ人の好みが辛口に変わると、シュナン・ブランの自然な甘みは市場での破滅を決定づけた。

シュナン・ブランというブドウは病害に非常に強い。その頑強さがカリフォルニアとフランスで非常に盛んに栽培されている理由だ。開花が早く、実の熟成は遅いので、多くのヴィニフェラ種にとって暖か過ぎる気候がもっとも適している。またこのブドウは土壌を選ばない。砂地でも粘土層でも元気よく育ち、一般的に1haあたり5-8tの収穫が見込める。実際に、数年たつと、生産過多になる。シュナン・ブランのマイナス面は実が腐りやすいことと、開花が早く収穫が遅いので、日焼けを起こしやすいことだ。

> **おすすめのワイン：**
> **シュナン・ブラン**(Chenin Blanc)
>
> ドライ・クリーク・ヴィンヤードシュナン・ブラン
> (Dry Creek Vineyard Chenin Blanc)
> 米国(カリフォルニア)
>
> 太陽の光の中で、シュナン・ブランは薄緑色と銀色に見える。香りは草のように生き生きと快活で、きりりと明るい柑橘系の果物の風味は、いまにも泡立ちそうな勢いだ。

ル・オー・リュ・ヴィンヤードのシュナン・ブラン
(フランス、ロワール)

水曜日　297日目

Recipe: 牛ショートリブのジンファンデル・ブレイズ（蒸し煮）

　このレシピを作る時に本当に役立つコツは、濃厚で芳醇なアルコール度数の高いジンファンデルを2分の1本使用して、ジンファンデルの香りを高めることだ。ラベルを確認してアルコール度数15％のものを買い求めよう。予算に合えば。

材料（4人分）

オリーブオイル	大さじ2
塩、黒コショウ	適宜
骨なしの牛ショートリブ	4本（約900g）
中サイズのタマネギ	1個（さいの目切り）
ニンジン	2本（さいの目切り）
セロリ	2本（さいの目切り）
ニンニク	4片（皮をむいておく）
ローズマリー	大さじ2
トマトの水煮缶	810g（水分を切っておく）
赤のジンファンデル	2分の1本（375㎖）
生のイタリアンパセリ	15g（みじん切り）

作り方

＊オーブンを200℃に予熱する。

1. 大きめのダッチオーブン（またはフタ付きの分厚いオーブン皿）をコンロにかけて、オリーブオイルを中火で熱する。
2. ショートリブに塩コショウして、**1**で両面に焼きめをつけ、別の皿に取り分けておく。
3. タマネギ、ニンジン、セロリ、ニンニク、ローズマリーを加えて時々混ぜながら5分炒め、ショートリブを戻し、トマトとワインを加える。火を中火におとしてフタをする。
4. ぐつぐつと美味しそうに煮えてきたらオーブンに入れる。入れたらすぐにオーブンの温度を140℃に下げ、4-6時間加熱する。ポレンタ、リゾット、その他好みに合うパスタを添えて盛り付ける。仕上げにパセリをあしらう。

料理のコツ：オーブンに入れたあと、時々様子を確認して、水分がなくなりそうになったらワインを足す。見るのは良いが混ぜてはいけない。盛りつけるときは、ニンニクを取り出しておき、全員のショートリブの上にニンニクをのせる。

この料理に合うワイン：
ナーリー・ヘッド "オールド・ヴァイン" ジンファンデル
(Gnarly Head "Old Vine" Zinfandel)

米国（カリフォルニア）

ブドウを先端から剪定すると（トップ・プルーニング、切り戻しという）、ブドウは低木のように育ち、新芽やブドウは剪定語に先端となった部分から出てくる。この部分を表すナーリー・ヘッドがここで紹介するジンファンデルの名前の由来である。そのナーリーさ（不格好さ）は、樹齢と、太陽、風、天候に何十年もさらされて出来た。「オールド・ヴァイン」、あるいはそれに類似する名称で呼ばれるワインはどんなものでも、35年をはるかに超える樹齢のブドウの木で作られたものだ。35年たつと生産量が減るので、大抵の栽培者は木を植え替える。カリフォルニア・ジンファンデルとプティット・シラーの「オールド・ヴァイン」と呼ばれるものは、樹齢80年や100年といったブドウの木から作られていることがある。

261

木曜日　298日目

ポルトガル、ドウロ・ヴァレー

　スペイン中央部高地から流れ出たドウロ川の上流は、ゆったりと東に向かって弧を描いた後、西に鋭く向きを変え、スペイン北部からポルトガルを通って大西洋まで、ほぼまっすぐに流れていく。毎日、太陽は川の流れに沿って沈み、南北にのびる丘陵地は暖かな午後の陽の光を浴びている。

　ドウロ川がポルトガルに到達するまでに、そのブドウ畑とワイナリーは、素晴らしく温かな海流の影響を受け始める。海風は、夏にはブドウを乾燥させたり冷やしたりし、温かい海水は長い秋と穏やかな冬を生む。2000年を超えるブドウ栽培とワイン作りの歴史を経ても、ポルトガルのワインはポルト以外は奇妙なことに国外では知られていなかった。(これはおそらく、かつての独裁者アントニオ・デ・オリヴェイラ・サラザールによる政治的抑圧に一因があるだろう)

> **おすすめのワイン：ドウロ**(Douro)
>
> **ソグラペドウロ・レゼルヴァ**
> (Sogrape Douro Reserva)
>
> ソグラペはポルトガルで最大のワイナリーで、幅広くワインを生産している。この美味しいレゼルヴァは、色が黒っぽく、凝縮した味わいで、オークの香りとタンニンが強く、濃厚で攻撃的でスパイスとヴァニラの風味があふれている。このワインは3種類のブドウをブレンドしている。世界で有数のポルトの主要種トゥーリガ・ナシオナール(Touriga Ncional)、味の良い赤のテーブルワイン用のブドウであるハエン(Jaen)、スペインのテンプラニーリョにあたるティンタ・ロリスの3種類である。

金曜日　299日目

ピエロ・アンティノリ

　アンティノリ家は、1385年より26代以上にわたり、国際的に認められる優れたワインの生産事業を営んできた。会社は現在も家族が所有して運営している。現在指揮をとるのは、ピエロ・アンティノリ侯爵である。

　「この20年間で変化したことは、それまでの200年間で変化したことより多い」と、アンティノリは語る。「私たち独自のキャンティの歴史と、イノベーションを組み合わせれば、これまでにない特徴を持ったワイン、独特の複雑さ、魅力、個性を持ったワインを作ることができる」

　イタリア最大のワインファミリーの1つとして、アンティノリとその革新者たちは1970年代に、「スーパートスカーナ」革命で重要な役割を果たした。実際に多くの人に、サンジョヴェーゼとカヴェルネ・ソーヴィニヨンをブレンドして最初のスーパートスカーナを作ったのは、ピエロ・アンティノリだと考えられている。

　その後1985年に、ファミリービジネスが600歳を迎えた後、彼はカリフォルニアのナパ・ヴァレーのアトラス・ピーク・ヴィンヤーズに初めて出会った。彼はイタリアのアンティノリのオリジナルのブドウ畑から切り出した、キャンティの主要品種であるサンジョヴェーゼをこの新しい畑に植え始めた。20年後、アトラス・ピークはカリフォルニアにおけるサンジョヴェーゼの栽培の誰もが認めるリーダーとなった。

　イタリアのトスカーナやウンブリアでこの会社が良質のワインを生産できたのは、慎重な投資と研究の成果である。ワインの世界で、アンティノリは指導者、そして流行を作る会社として知られている。

ワインを運ぶバージ船(ポルトガル、ドウロ川)

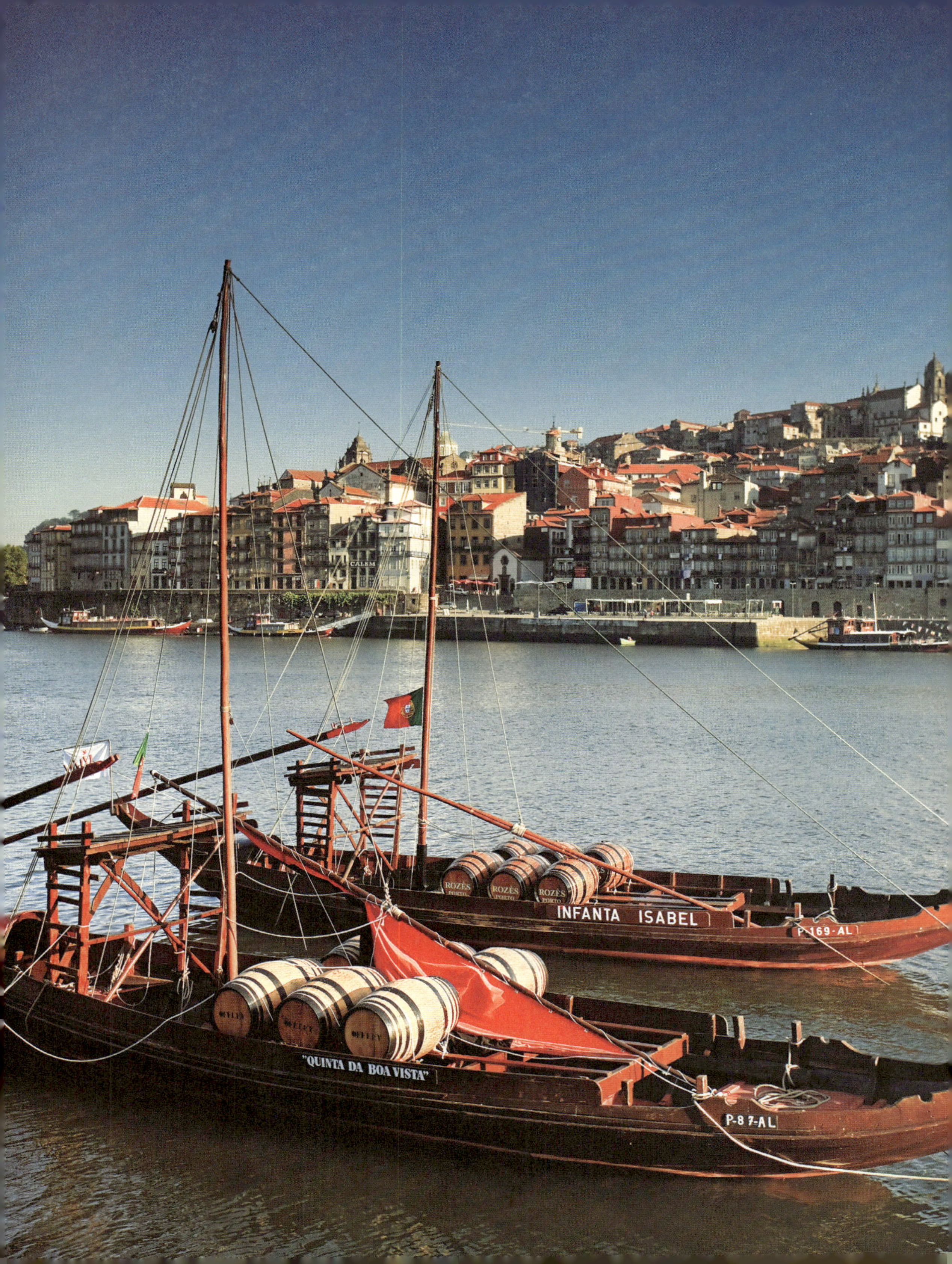
ROZÈS
INFANTA ISABEL
P-169-AL
"QUINTA DA BOA VISTA"
P-87-AL

土曜日＋日曜日　300日目＋301日目

装飾的なワインバッグ

ミシンを使わなくても、素敵な布製のワインバッグを作ることができる。ワインを贈る時に便利だ。家にあるはぎれを使ったり、布製のプレースマットを再利用したり、あるいは季節に合わせた色の布を買って材料にする。袋をドレスアップするために、タッセルのついたヒモやリボンをボトルのくびれた部分に結ぶ。

必要なものは接着剤、布用のはさみ、使用する布、リボン（またはその他の装飾物）。あとは以下の３つの手順に沿って作ってみよう。

1. **計測し裁断する。**まずワインボトルの最上部から底の中心までの長さを計り、その長さ×2＋2.5㎝（ぬいしろ）を計算する。ボトルの横幅もはかり、ボトルがスムーズに入るようぬいしろ2.5㎝を追加して計算する。まとめると、材料となる布を、縦は（ボトルの長さ＋ぬいしろ分2.5㎝）×2、横はボトルの幅の長さ＋ぬいしろ分5㎝で裁断する。

2. **折って接着する。**布を中表（なかおもて）になるよう半分におりたたむ。上部を2.5㎝外に折り返して接着剤でとめる。反対側の上部も同様にする。布を開いて表面（おもてめん）を上にして置く。両側の端に上から半分の長さまで接着剤を細長くつける。両側が持ち上がるように底の部分を折る。接着剤をつけた端の部分を押さえて接着する。この時点で、表面が接着している（裏面が見えている）。乾燥させる。

3. **袋を表に返して装飾する。**袋を表に返すと、口の部分と両側がぴったりと接着しているはずだ。そこにワインボトルを入れ、タッセルがついたヒモや、かわいいリボンをボトルの首に結んで仕上げる。

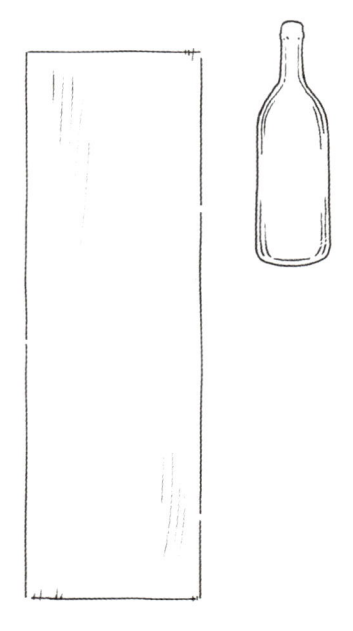

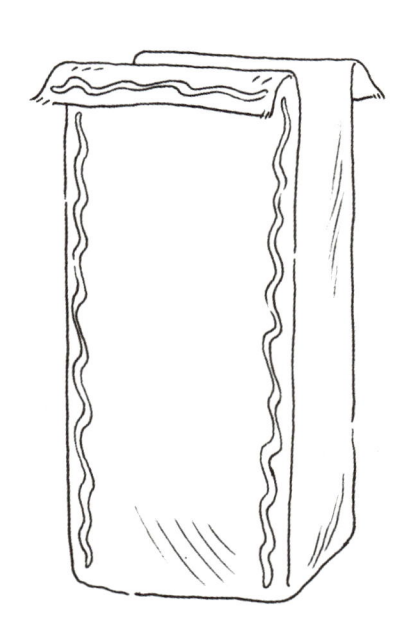

布は、ボトルの高さの２倍に約５㎝を足した長さを用意する

折り返した部分の下と、両側を接着剤で接着する（中表の状態）

ワイン用語　パート1

ワインの世界を開拓する間に習得すべき一般的な用語を紹介する。パート2は309日目に掲載する。

渋み (astringent)：ワインの酸味で強められたタンニンが引き起こす、口をすぼめたくなるような感覚

バランス (balance)：ワインの成分（アルコール、タンニン、酸、糖分など）のうち、どれか1つだけが突出していない状態。

ブラン・ドゥ・ブラン (blanc de blanc)：白ワイン用のブドウで作られた白ワインを意味するフランス語。一般的にはシャルドネで作ったシャンパーニュを表現する時に使われる。

ブラン・ドゥ・ノワール (blanc de noir)：黒ブドウで作られた白ワインを意味するフランス語。ピノ・ノワールだけを使って作ったシャンパーニュなどを表現する時に使われる。

ボデガ (bodega)：ワイナリーや地上のワイン貯蔵庫を意味するスペイン語

ブーケ (bouquet)：ワインの匂い、香り

果帽 (cap)：赤ワインを作る時、発酵タンクの上部に浮かんで帽子のように覆うブドウの皮、種、茎など堅い部分。この果帽を壊して、その成分がワインに特徴をもたらすようにする必要がある。

クロイング (cloying)：甘過ぎる

クックド (cooked)：熱にさらされてダメージを受けたワイン

協同組合 (co-operative)：組合員が所有する中央処理機能で、ブドウ畑のオーナーはここでブドウをワインにしたり瓶詰めしたりできる。

クラッシュ (crush)：収穫を意味する英語。

キュヴェ (cuvée)：タンク。通常はひとまとまりのワインを表す。ワインのボトルのラベルで、そのワインの特定の（特別な）タンクを特定する時に使われる。ブレンドワインの意味もある。

醸造学 (enology, oenology)：ワイン作りの科学

エステル (esters)：ワインの成分で、酸とアルコールが結合してできる。果実味や芳香を生みだす。

ファイニング、清澄 (fining)：ゼラチン、卵白、ベントナイト（粘土）など、ワインを曇らせる微粒子を吸着するさまざまな物質を加えて、澄んだワインを作ること。ワイン生産者は、吸着した物質が沈殿すると、澄んだ部分のワインを上部からすくいとる。

フォクシー、狐臭 (foxy)：コンコードなど、アメリカ原産のブドウの品種が持つ香り。

フリーラン (Free Run)：収穫直後の最高品質の果汁

火曜日　303日目

テンプラニーリョ

テンプラニーリョ（tempranillo）は、スペインを代表する赤ワイン用のブドウの1つで、特にリベラ・デル・ドゥエロとリオハ・アルタという地域で生産するワインに使われるブドウとして有名だ。またポルトワインにもブレンドされており、ポルトガルではティンタ・ロリス(Tinta Roriz)と呼ばれている。

テンプラニーリョは「小さくて早いもの」という意味。このブドウは成長期間が短く、熟成が早い。冷涼な気候でもよく育ち、また暑さにも耐えられる。ただしそのワインを飲む人は、暑さにさらされて生まれる不快な風味を歓迎しないだろう。総じてテンプラニーリョは、濃い色のブドウの皮のおかげで酸度と糖度が低く、タンニンが強い。冷涼な気候で育つとアルコール度数が低めになり、長熟タイプとなる（これもまたタンニンのおかげである）。

テンプラニーリョは通常、グルナッシュ、カリニャン、カベルネ・ソーヴィニヨンなど、他のブドウとブレンドされる。

> **おすすめのワイン：テンプラニーリョ**
>
> **パタ・ネグラグラン・レゼルヴァ**
> (Pata Negra Gran Reserva)
> スペイン
>
> 手に入りやすい価格のパタ・ネグラは、イベリア半島で作られる最高のワインを試す最初の1本として絶好のワインだ。テンプラニーリョはリオハのワインでおもに使われる赤ワイン用のブドウだが（サンジョヴェーゼとキャンティの関係に似ている）、他のブドウとブレンドされることも多い。テンプラニーリョ100%という構成はまさに21世紀的で、フランスのオーク樽で寝かせることでさらに美味しく、さらに現代的になっている。一方、長期間熟成させたものはまさに伝統的なワインである。現在店頭に並んでいるヴィンテージはだいたい10年である。

スペイン、ナバーラのテンプラニーリョ

水曜日　304日目

Recipe: ラベンダー・クリスプ

　ラベンダーは、セージ、タイム、タラゴン、ローズマリーその他を含む伝統的な南仏のハーブミックス、ハーブ・ド・プロヴァンスのおもなハーブの1つだ（220日目を参照）。ラベンダーはとても早く作用するので、慎重に料理に使うべきだ。ラベンダー（Lavender）と青黒い（livid）は同じラテン語に由来し、鮮やかなラベンダーの花の色を讃える意味を持つ。近所のナチュラルフード店の市販のスパイス売り場で見つけることができるはずだが、なければインターネットで探してみよう。このレシピのクッキーは、ローズ、サフラン、ポピー・シード、バニラ、レモン、またはローズマリーでも作ることができる。

材料（24個）

バター	150g
砂糖	100g
卵	1個（割りほぐす）
ドライラベンダー	大さじ1（4g）
（料理に使えるグレードのものを購入する）	
小麦粉	ベーキングパウダー入りなら180g、普通の小麦粉なら125g

作り方

1. オーブンを180℃に予熱し、天板にオイルを塗っておく。
2. バターと砂糖を合わせてクリーム状にし、卵を入れて混ぜる。ドライラベンダーと小麦粉を入れる。
3. 天板に**2**の生地をスープンで1杯ずつ落としていく。オーブンで15-20分、クッキーが黄金色になるまで焼く。
4. 生の葉や花で飾って盛りつける。

注意：普通の小麦粉を使うと、クッキーはより堅くなり、焼き時間が短くなる。

このクッキーに合うワイン：
ドメーヌ・ラ・ガリーグキュヴェ・ロマン
（Domaine La Garrigue Cuvée Romaine）
コート・デュ・ローヌ
（Côtes du Rhône）

フランス

ガリーグは、地中海に近い南仏にあるうっそうと茂る乾燥した低木や下草の生えた土地の呼び名だ（220日目参照）。第2次世界大戦中、フランスのレジスタンスの戦士は、自分たちの活動をガリーグと呼んだ。どこにでも存在し、根絶することはできないからだ。このワインは明るいルビー色で野生のハーブの香りがするためこの名がついた。ブラック・ラズベリーやイチジクの味がする。

木曜日　305日目

コート・デュ・ローヌに勝る所はない

ローヌ渓谷（67日目を参照）は、世界で最高のワイン産地の1つとみなされている。ワイン生産と取引の重要な拠点としての歴史は、古代ギリシア人がローヌを利用してフランスのガリアに旅をしていた、紀元前125年にさかのぼる。ローヌは西暦1世紀にワインの覇権をめぐるイタリアとの競争に勝った。遺跡の発掘により、コート・デュ・ローヌのワインがフランスのワイン作りの歴史において、もっとも古いことを確認する遺物が発見されている。

17世紀から18世紀に、ローヌ渓谷のワイン生産が軌道にのり、早くも1650年にワインの原産地と品質を保証する規制が導入され、すべての樽にコート・デュ・ローヌ（Côte-du-Rhône）を表すCDRという焼き印が入れられた。1973年、この指定制度が改定されて、原産地呼称統制（Appellation d'Origine Controlée、AOC）のコート・デュ・ローヌとして知られるようになった。この指定を受ける条件には、1つ以上の品種のブドウを栽培していること、生産地がはっきりと定義されていること、熟練したワイン生産者であることが含まれている。

現在、コート・デュ・ローヌには6000を超える地所があり、フランスAOCで2番目に規模が大きい。地中海性気候はこの地域に豪雨、高い気温、たっぷりとした日差しをもたらす。この地域で栽培される主要なブドウは、グルナッシュ（黒ブドウと白ワイン用）、シラー、ムールヴェドル（赤ワイン用）、クレレット（白ワイン用）、マルサンヌ（白ワイン用）である。

おすすめのワイン：ローヌ渓谷

カーブ・ド・ケランヌグラン・レゼルヴ
（Cave de Cairanne Grand Reserve）
フランス

現在、カーブ・ド・ケランヌのような協同組合の生産者らが、南仏で低価格で最高品質のワインを作っている。いつものように、この赤ワインは素朴で元気がよく、果実があふれ、飲みやすい程度のタンニンを含む。

ドメーヌ・ボワソンケランヌ・ロゼ
（Domaine Boisson Cairanne Rosé）
フランス

色はサーモンピンクで、濃厚で熟成したピンクワインは、赤ワインに非常に近い。素晴らしい果実味があり、他のロゼには無いしっかりとした骨格が感じられる。

ラ・ヴィエイユコート・デュ・ヴァントゥー
（La Vieille Côtes du Ventoux）
フランス

コート・デュ・ヴァントゥーは、南フランスのより有名なコート・デュ・ローヌの中にあるあまり知られていない地域だ。ヴァントゥー山は谷底からそびえ、この地の風景を支配している。その斜面や丘陵地の至るところでブドウが栽培されており、ほとんどのワインがグルナッシュ、シラー、カリニャン、サンソーなど、地元産の黒ブドウで作ったワインをブレンドして作られている。

マス・ド・グルゴニエ
（Mas de Gourgonnier）
フランス

昔から愛されているこのワインは、ポルトワインに似た独創的な瓶に入っている。奇抜なのはそれだけにとどまらない。風味は爆発的で文字通り野生的だ。ローズマリー、タラゴン、ラベンダーがラズベリー、干し草、皮の香りに変わっていく。

ラベンダー畑の小屋（フランス、コート・デュ・ローヌ）

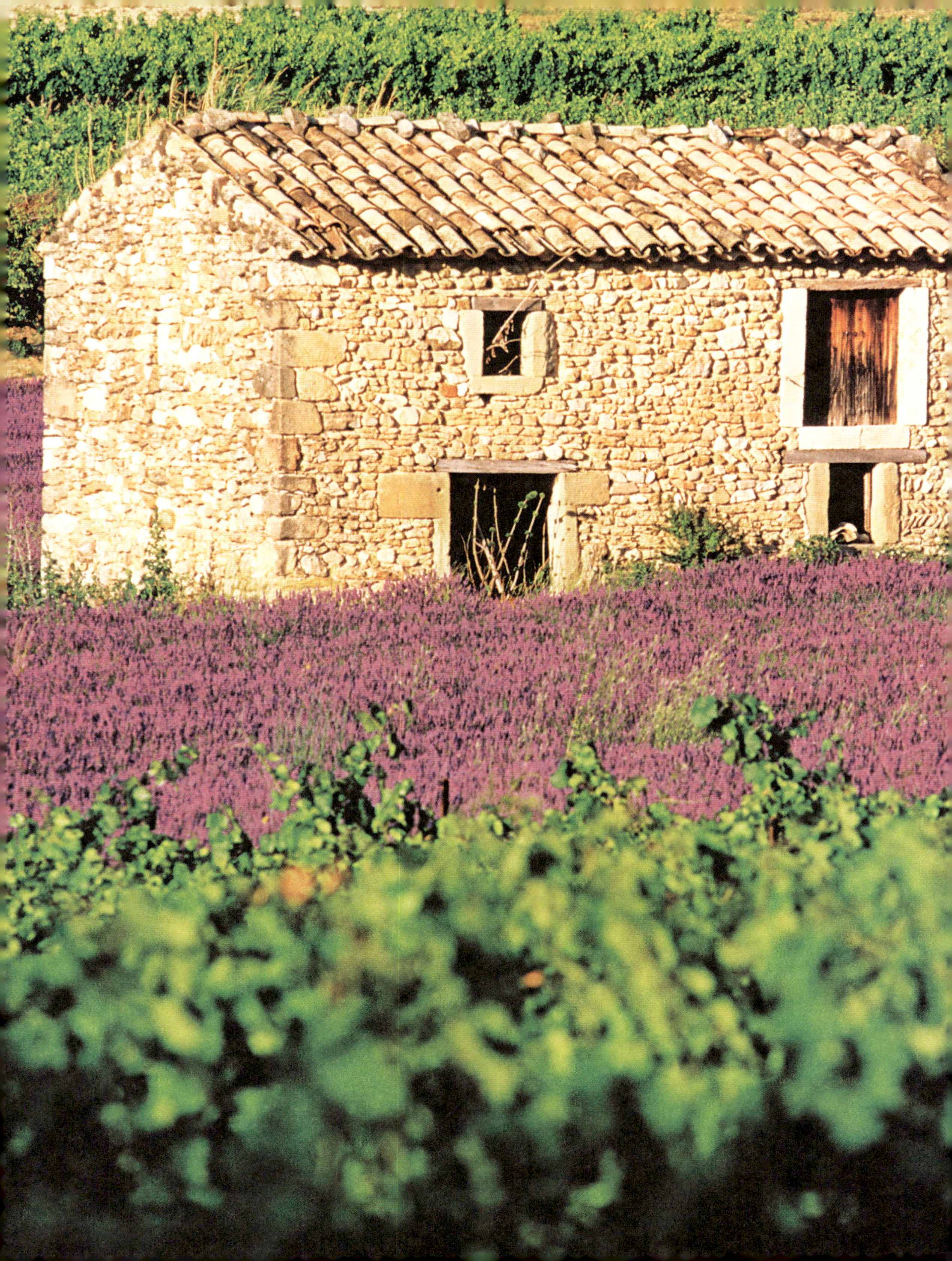

金曜日　306日目

フォピアーノ・ファミリー

　1896年から5代目、6代目と続く、カリフォルニアのワイン生産者フォピアーノ家は、ワインの流行を追わない。濃厚で色が濃いプティット・シラーから作った誰もが好むがっしりとしたタイプの有名なワインを作りながら、その陰でこの何年かはピノ・ノワールを作っている。

　ワインの流行は常に繰り返す。今はピノ・ノワール、ボナルダ、ネーロ・ダヴォーラなど、すっきりと軽く、より表情豊かな赤ワインに人気が戻っている。流行に振り回されないおかげで、フォピアーノがソノマの冷たいルシアン・リバー流域で生産する、美味しい本物のピノ・ノワールに、予期しなかった注目が集まっている。その味は実際にピノ・ノワールそのものを食べているかのようだ。輝くような赤色で、アメリカンチェリーと生のプラムの風味があふれるように感じられる。タンニンのグリップは繊細でほどよく、軽めのフルーティーなスタイルとちょうどよいバランスを保っている。

土曜日＋日曜日　307日目＋308日目

ビストロ・ワイン：
倹約して楽しむ週末のワイン

　あなたがより熱心なワイン愛好家になるにつれ、ワインは特別な時の飲み物でなくなり、パンやバターのように必需品になる。そして必需品にめったに贅沢をしないのと同様に（年に1度か2度、高級なフランスのバターを買うのを除いては）、ワインにめったに贅沢をしなくなり、手に入りやすいお気に入りのワイン、つまりビストロ・ワインを選ぶようになる。

　ビストロ・ワイン、「ボッテガ」または「タスカ」ワインは、ヨーロッパの大半のビストロで出されるようなタイプの飲み物をさす。メニューには「赤」または「白」ワインとしか書いていない。ビストロでは巨大な現代版アンフォラにワインを貯蔵し、1ℓまたは0.5ℓ単位でとても安く販売する。ビストロ・ワインは有能な外交官のように、テーブルのどんな食事、どんな相手とも、よい関係になる。

世界のビストロ

ボジョレーは典型的なビストロ赤ワインだ。とてもソフトで、フルーティで、タンニンが強すぎず、中度から低度のアルコール度数である。ほぼどんな食事にも合う。ボジョレーはとてもおおらかなワインで、白ワインのようにキリッと冷やしても、赤ワインらしく室温で飲んでも良い。

イタリアでは、ハウスワインの白はピノ・グリージョやサンジョヴェーゼから作られる。どこにでもある優れた白ワインである。マグナムサイズ（通常のボトルの2倍の容量）のピノ・グリージョを探してみよう。特にヴェニスではないワイン生産地で作られたピノ・グリージョ（Pinot Grigio）がおすすめだ。

ワイン用語　パート2

302日目のワイン用語の続きである。ワインの世界を開拓する間に習得すべき一般的な用語をさらに紹介する。

グリセロール（Glycerol）：発酵で発生するアルコール。通常はワインのアルコール分のうち10分の1以下である。

堅い（hard）：タンニンの強いワインで、おそらく他の成分とのバランスが悪い時に感じられる。若くて「堅い」ワインは、時間とともに軟らかくなる。

ヘクタール（[ha] hectare）：面積を表すメートル法の単位。1ヘクタールは10,000平方メートル、または2.5エーカーである。

おり（lees）：若いワインを樽、タンク、大桶の中で静置したときの沈殿物。

ワインの脚、レッグス（legs）：グラスを傾けたときにグラスの側面に残る筋を意味する、使い古された言葉。アルコール度数の指標になる。

透明な、澄んだ（limpid）：透明で輝くようなワイン。

マグナム（magnum）：通常サイズのボトル2本分の分量が入ったワインボトル。ゆっくりと熟成する赤ワインに用いる。

ムゥ（mou）：フランス語で「柔らかい」、「過度に薄い」

パイプ（pipe）：底が細い大きなオーク樽。平均的な樽の2倍の大きさで、通常はポルト酒に使われる。

プラスタリング（plastering）：発酵前に硫酸カルシウム（石膏）などの物質を加えて酸味を強めたり、炭酸カルシウムを加えて酸味を弱めたりすること。

ラッキング（racking）：若いワインをある樽（澱がある）から、新しい樽に移して、澱を残していく。ワインを清澄化する手法で、ワインは酸素に触れる。

レオボアム（Rehoboam）：通常サイズのボトル6本分の非常に大きなワインボトル。

ショート（short）：ワインを飲みこんだ後、どれほど長く風味が口の中に残る程度。ショートなワインは、品質が低く、後味が長く続かない。

サウンド（sound）：欠点がない。最低限の期待しかできないということで、ほめ言葉ではない。

スプリット（split）：4分の1の分量のボトル。通常はシャンパーニュに使われる。

トッピング（topping）：樽から蒸発したワインの分を継ぎ足して、ワインの酸化を減らし、品質を保つこと。

ヴィニフィケーション（vinification）：ブドウの果汁をワインに変える（醸造する）過程

ザイマージー（zymurgy）：発酵の科学と研究、醸造学

火曜日　310日目

アリゴテ

　フランスのブルゴーニュに古くから栽培されている、エネルギッシュな白ワイン用ブドウの品種、アリゴテ（Aligoté）は、果実の粒がシャルドネより大きく、収穫高が多い。土壌がピノ・ノワールやシャルドネに合わない土地でも、アリゴテは実に満足に育ち、たっぷりと実をつける。アリゴテという名称を使った正式なワインはブルゴーニュ・アリゴテ（Bourgogne Aligoté）である。

　味に関して言うと、アリゴテは必ずしも特別に印象的なブドウではない。しかし他の品種と組み合わせると魅力的なブレンドワインになる。一般的なのはピュイイ＝フュメで、シャルドネとブレンドされている。アリゴテだけを使ったワインには出会うことがないだろう。

　アリゴテを使った優れたブレンドワインのもっとも重要な例は、シューティング・スター・アリゴテ（Shooting Star Aligoté）だ。あまり栽培されていない白ワイン用ブドウ品種のセミヨンに挑戦したワシントン州が、アリゴテにも挑戦したわけだ。このワインは、香りはミネラルウォーターのようで期待できないが、味は正反対と言ってもよい。バナナスプリットやバニラアイスクリームを思わせる風味を中心に、濃厚で、円熟し、甘みが感じられる。

水曜日　311日目

Recipe: マスカット・シャーベット

　ワインが冷凍処理されることはあまりないが、このレシピでは冷凍庫を使って手作りのワインシャーベットに挑戦する。アルコール度数がもっとも低いワインを使っても、うまく冷凍するのは難しい。アルコール度数が1ケタ台の低アルコールのワインを使用すること。

材料（4人分）

マスカットワイン............................2分の1本（375㎖）

マスカット（ブドウ）.................................450g
　　　＊手に入らないときは種無しの白ブドウを代用

作り方

1. 製氷皿にワインをそそいで完全に凍らせる。
2. マスカットから種と皮をとりのぞき、冷蔵庫で冷やしておく。
3. 盛り皿を冷凍庫で短時間冷やしておく。製氷皿のマスカットワインをはずし、フードプロセッサーかミキサーに入れて30秒クラッシュする。
4. 皮をむいたマスカットと一緒に皿に盛り、もちろん、残りのマスカットワインをかける。

> **このシャーベットに合うワイン：**
> **シップ＝マックミュスカ**
> （Sipp-Mack Muscat）
>
> **フランス**
>
> ミュスカ（マスカット）は知られているワイン用のブドウの中でも最も古い品種の1つで、モスカート（Moscato）、モスカテル（Moscatel）、モスコフィレロ（Moscophilero）など、世界中でさまざまな名前で呼ばれ、栽培されている。東ヨーロッパでは、ライン川の西側に沿ってミュスカが栽培されており、辛口から砂糖のような甘口まで幅広いワインを生みだしている。シップ＝マックは辛口と甘口の良さを併せ持つワインで、辛口のように非常に酸味が強いが、わずかな残留糖が熟した果実を思わせる。マスカットワインのほとんどがそうであるように、みずみずしい花やハチミツの香りがする。

伝統的なかごに入ったアリゴテ種のブドウ
（フランス、ペルナン＝ヴェルジュレス）

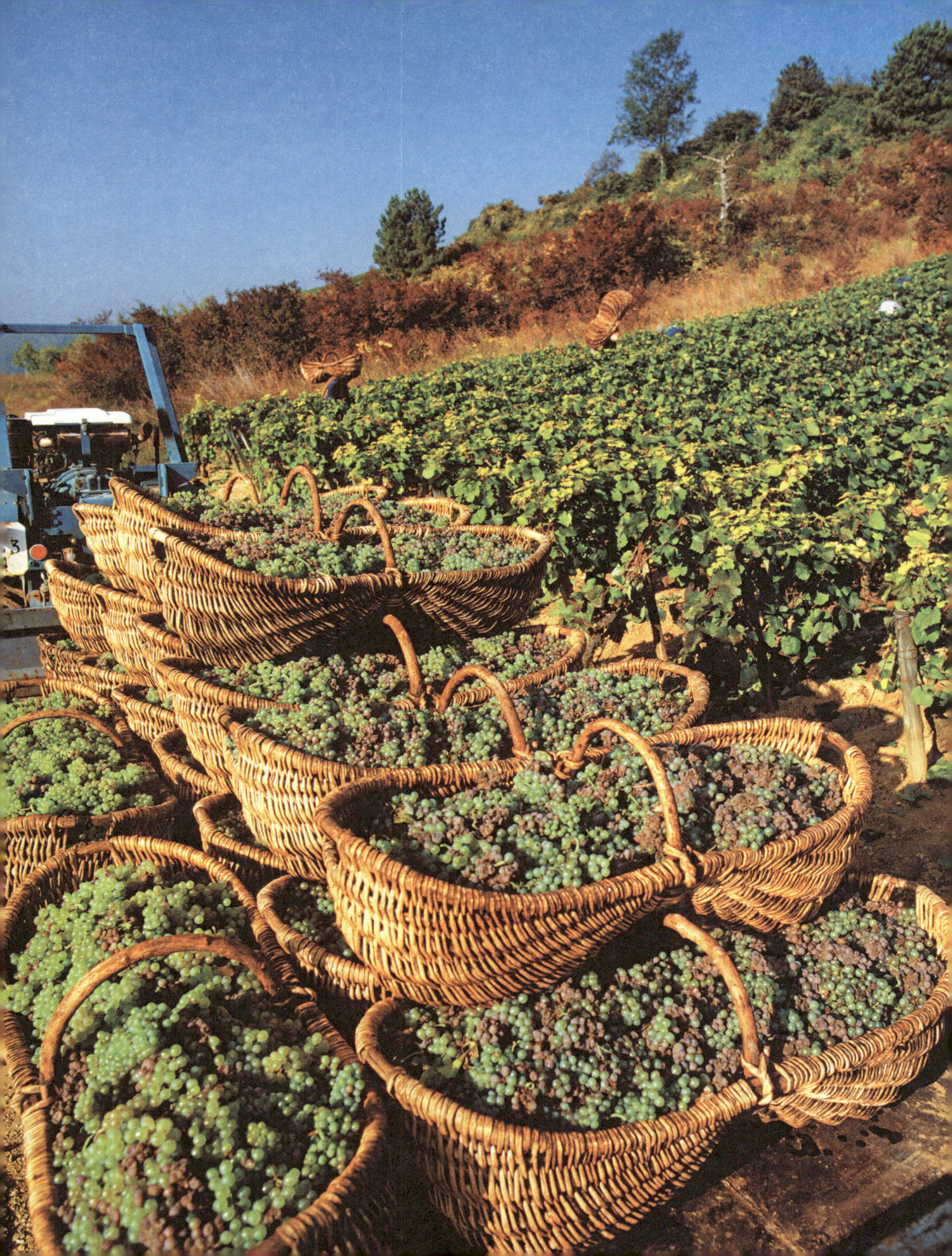

木曜日　312日目

カリフォルニア、パソ・ロブレス

パソ・ロブレス（Paso Robles）というワイン産地は、ロサンゼルスとサンフランシスコの中間、カリフォルニアのセントラルコースト沿いにある。昼間の時間が長く、また温暖で、夜は涼しくなる気候は、ダイナミックな風味を生みだすワイン作りに理想的な気候だ。急成長するこの産地のブドウの作付け面積は10,520haで、40種類のブドウが栽培されている。あっというまにカリフォルニアで最高のワイン産地として活況を呈していることは、ナパ・ヴァレーがもたらした高いハードルを考えると印象的だ。

この10年で、パソ・ロブレスで納税したワイナリーの数は3倍になった。ロバート・パーカーは2005年にワイン・アドヴォケート誌で、「今後10年で、サンタ・バーバラ、サンタ・リタ・ヒルズ、パソ・ロブレスの石灰岩の丘陵地にあるブドウ栽培地は、華やかなナパ・ヴァレーのブドウ栽培地のように有名になるだろう」と書いている。

パソ・ロブレスとその他のカリフォルニアのワイン産地との違いは土壌である。この地域には45を超える土壌区（土壌統）があり、風化花崗岩、海洋堆積岩、火山岩、石灰質頁岩、砂岩、泥岩など、岩盤から生まれた土壌を中心とする。

ブドウ畑の1区画には複数のタイプの土壌が含まれる。これは様々な品種を栽培するのに役立つ。この産地の主要な品種は、カベルネ・ソーヴィニヨン、メルロー、シラー、ジンファンデル、シャルドネ、ヴィオニエ、ルーサンヌである。

おすすめのワイン：パソ・ロブレス リバティ・スクールシラー
（Paso Robles Liberty School Syrah）

米国（カリフォルニア）

シラーはグリル料理に最高に合う赤ワインだ。この新しいリバティー・スクールは、熟した黒ブドウの風味と非常に強いタンニンのグリップを、適正な価格で提供することを目指している。シラー（シラーズはオーストラリアのワインである）は、美味しい赤ワインに使われる品種として、世界中の市場で君臨し続けているが、このカリフォルニアのヴァラエタルワインもまったく同様に、美味しくて好感の持てるワインだ。

パソ・ロブレスのエバーレ・ワイナリー
（米国、カリフォルニア、サン・ルイス・オビスポ）

ロバート・パーカー

ワイン・アドヴォケート誌のロバート・パーカーはおそらくもっとも有名なワイン評論家だ。彼のワインの評点はその銘柄の運命を左右する。信じられないことだが、パーカーが登場するまで、学校のA-B-C-D-Eといった評価制度をワインに応用するなど誰も考えつかなかった。パーカーのシステムでは、90-100がA、80-90がBというように評価順位が下がっていく。評点に関する詳細は57日目を参照のこと。

パーカーは1度に2つの華々しい手腕を発揮した。第1は、この評価尺度を適用したこと。米国で誰もが基本的に馴染みのある評価尺度だ。突然、ワインは多くの人から注目されるようになった。「堅実なB+ワイン」と書いてあれば、一般的に好まれるワインだと誰でも理解できるからだ。第2に、パーカーは何であろうと相対評価を拒否する非常に厳しい評価者としてまたたくまに知名度を得たことだ。通常、88点または90点は良い評価だが、この先生にかかるとそうではない。

パーカーの評価は、高い評価のワインに実感の伴わない関心を集めた。ワイン店からは、90点未満の評価では売れないし、90点を超えると店に仕入れることができない、といった話をしょっちゅう耳にする。ワインの世界では、風変わりで素朴なワインは素晴らしい体験を与えてくれるが、フランスのテーブルワインに過ぎない場合、評点はBの下やCの上で低い。このようなワインは素晴らしい喜びを与え、評点を気にしていない。もし評点を気にしていたら、ワインの木を引きぬいて、大豆を植えなくてはならないだろう。それは恥ずべきことだ。

パーカーが成した事は何だろう？ 世界のおびただしい数のワインが70点や80点の評価をつけられて冥府に追いやられた。しかしもっとも優秀なワインにとっては、パーカーは素晴らしい役目を果たしたことになる。

あなたがワインの評価システムを作ったら、どのようなものになるだろうか？ 具体的かつ主観を加える余地がある評価システムを考えてみよう。ある雑誌が0から3つの「グラス」でワインを評価しても、それはあなたがそのワインを何杯飲みたくなるかを表していない。1つのグラスには、33点よりわずかに高いという意味しかないのだ。

あなたの「ものさし」は点数でなくアイコンにして、柔軟かつ拡張可能にするとよい。例えば、グラス1個はあなたがグラス1杯飲みたいということ。3本のボトルなら、数本買って保存しておきたいという意味だ。結婚式の鐘のアイコンなら、このワインをとても愛していて、このワインがあれば残りの人生を幸せに過ごせるという意味である。コインの入ったバッグは、小銭を使い果たす程度のワインだということ。もちろんあなたは自由に、もっとアイコンを考えることができる。

土曜日＋日曜日　314日目＋315日目

グラス売りのワイン

　1本のワインには、8000年のワインの歴史が入っている。適切なワインを1本だけ選ぶのは実に難しい。時には、ワインをグラスで買うのが最善の場合もある。

　米国の25以上の州に店舗を持つフレミングス・プライム・ステーキハウス・アンド・ワイン・バーはこの問題を解決してくれた。数多くのワインをボトルで、いくかのワインをグラスで提供するのではなく、百種類ものワインを毎日グラスで提供しており、ボトルで提供するのはより少ない特別なワインなのだ。

　フレミングスでワインをグラスで注文すれば、学ぶ機会も得られる。食事をするたびに2、3種類のワインを試すことができ、同じワインを2度飲むことがない。すべてを飲むまでにはワインリストが変わり、最初から始めなければならない。

　あなたの近所にフレミングスが無いかもしれない。ほとんどのレストランには少なくても数種類のグラスワインがあるはずだ。次に外食する時は、お気に入りのレストランでグラスで注文できるワインを調べて、一晩かけて学んでみよう。

月曜日　316日目

なぜ香りを嗅ぐのか

　ワイン愛好家は、気取っている、エリート意識だ、よく分からない言葉を使うなど、非難されることが多い。どれについても罪状は認めよう。しかし時には私たちは立ち上がり、いかに奇妙な行動でも、例えばワイングラスの端をクンクンとさかんに嗅いでいても、それはワインを味わうという大掛かりな構想において、実は意味があるということを説明しなければならない。

　歴史的に、「嗅ぐ」ことには悪いワインを良い人に与えないという目的があった。大学のルームメイトが冷蔵庫を見回して「ええと、これは大丈夫……この臭いはオーケー……多分少し味見した方がいいな」と言っているのを想像してみよう。これこそが、コルクを調べることから始まって、グラスを回したり、嗅いだり、他の人前で吐き出したりという、行儀の悪いワインのしきたりの多くの（すべてではないな）基本になっている。

　かつて世界の衛生状態は今よりはるかに悪く、不潔なワインボトルで具合が悪くなる可能性が今より高かった。ワインを嗅いでみて灯油のような臭いを感じたら、ひと口でもすする危険を回避できる。

　現在、本当に傷んでいるワインはめったにない。したがって私たちが嗅いでいるワインのほとんどは良質なワインだ。大きくて専門的なワイングラスを手に入れて、嗅ぐたびに香りの分子をより多く吸い、感度を最大限にしようとまでする人もいる。

　ワインを嗅いで味わっているうちに、ゆっくりと確実に、信頼性の高い嗅覚を身につけて感想を持つようになる。そして嗅ぐことは、芸術を理解する高い技術となる。ワイン愛好家はワインの中に見出せるものなら、それが木でも果実でも花でも、真剣に見つめる。それはちょうど何か別の芸術にとりかかっているように。言うまでもなく、ワイン愛好家はこの種の話を愛している。

　最後に、人々はもともと食事やワインの匂いが好きだ。食べ物の匂いを追うのは人間という動物の性質の1つである。私たちは対象をグラスにすることで、その習性を文明化し、気持ちを和らげているのだ。私は、ワインはまるで生き物のような匂いがすると思う。

火曜日　317日目

サンジョヴェーゼ

サンジョヴェーゼはキャンティのベースワインで、一般的に全体の70%を占め、残りはカナイオーロ（赤）、トレッビアーノ（白）、たまにコロリーノ（赤）が含まれる。サンジョヴェーゼのクローンは少なくとも14種類あり、ゆっくりと成長し熟成が遅い。暑く乾燥したトスカーナの気候でよく育つ。薄い皮は湿気で傷みやすい。標高457m以上で栽培すると十分に成長しないので避ける。

サンジョヴェーゼは、酸度が控えめなものから高いものまであり、フルーティで、エレガントに感じられる時と苦みのある後口が粗野に感じられる時がある。香りはイチゴ、ブルーベリー、花、すみれ、プラムなど。最近はサンジョヴェーゼを試験的に栽培する生産者が増え、カベルネ・ソーヴィニヨンかメルローと混ぜて、高価なスーパートスカーナと呼ばれるブレンドワインを生産している。

> **おすすめのワイン：新世界のサンジョヴェーゼ**
>
> **フェライ＝カラノサンジョヴェーゼ**
> (Ferrai-Carano Sngiovese)
> 米国（カリフォルニア）
>
> サンジョヴェーゼは暑いカリフォルニアの太陽の下で育てると大きく変化する。イタリアでは比較的軽いがどっしりとした赤ワインは、新世界方式で熟成すると、濃密で暗い色のワインになる。フェライ＝カラノは、0.4haあたりわずか2トンしかとれないサンジョヴェーゼで作られており、黒い果実の凝縮した風味は驚くほど素晴らしい。私なら数人の友人と一緒に、大きく切ったブルーチーズ（ゴルゴンゾーラ・ドルチェなど）、堅めのパン、梨またはアプリコットを6個ほどを用意して飲みたい。
>
> **ロバート・オートリーロゼ・オブ・サンジョヴェーゼ**
> (Robert Oatley Rosé of Sangiovese)
> オーストラリア
>
> このワインはいくつかの魅力的な点が他と違っている。まずサンジョヴェーゼはユニークな選択肢だ。さらにオーストラリア産となると、ユニークさは2倍になる。そして何よりも、ロゼだという点が面白い。ロバート・オートリーはあくことのないロゼの支持者である。このサンジョヴェーゼの色は輝くサーモンピンクで、芳醇な味わいにはほどよい重さがある。まぐろ、メカジキ、サーモンなど、どっしりとしたシーフードに合わせる。

水曜日　318日目

Recipe: 梨とスティルトン

　イギリス人はポルトガルでポルトワインを考案し（205日目を参照）、私たちに英国の文化と伝統を教えてくれた。ポルトワインと伝統的に合わせるものは、スティルトン、トーストしたナッツ、梨だ。

材料（8人分）

熟した梨	4個
オリーブオイル	大さじ3
レモン汁	大さじ1
トーストしたケシの実	大さじ2分の1
塩コショウ	適宜
スティルトン	88g
カッテージチーズ	40g
トーストしたクルミ	8-10個

作り方

1. 梨をたて半分に切り、芯とヘタを取り除いて薄切りにする。オリーブオイル、レモン汁、ケシの実、塩、呼称を混ぜて軽いドレッシングを作る。
2. スティルトンとカッテージチーズを混ぜ、コショウを少々入れる。それを洋ナシのスライスの間に入れる。ドレッシングを梨にかけ、くるみを散らす。

この料理に合うワイン：
プレイガーローヤル・エスコート・ポート
（Prager Royal Escort Port）

米国（カリフォルニア）

ザ・ポート・ワークスは、1979年からナパの中央部にあるセントヘレナでワインを生産している。スタイルは伝統的で、とても甘く、アルコール度数も高い。このローヤル・エスコートはプティット・シラー種で作られている。

木曜日　319日目

新しくて古い味を発見する

　ワインの革新は、新しい場所で栽培された古いブドウ、新しいスタイルで作った伝統的なワイン、以前は想像できなかったブレンドワインから生まれている。ワインには常に新しい潮流が流れ、どこを見回しても、「新しい」ワインを発見することになる。あなたにとって新しい、という意味だ。

　ワインを学ぶ喜びの1つは、ブドウを栽培しているとは夢にも思わなかった産地で作られた、今まで飲んだことのない銘柄を発掘することだ。近所のスーパーの通路や小さなワイン店の角を歩くだけで、毎日のようにこのような発見をする。

　正当に評価されていなかったブドウが新しい国に移った話を聞く。例えば、マルベックとカルメネーレは、フランスではあまり評価されなかったが、どちらも南米でさかんに栽培され、旧世界の国では不可能だった新しい風味が生まれている。分かるだろうか？　ワインは土地によって新しい風味を生みだす（本書の木曜日のテーマである）。

　肘掛椅子に座ったままラップトップコンピュータを開き、またはワイナリーやブドウ畑のツアーに参加して、ワイン産地を開拓しながら、それぞれのワインにとってもっとも重要なこと、誰も話そうとしない秘密の要素が「場所」であることを考えよう。ワインを口にするたびに、地域、歴史、文化を含むその「場所」を味わっているのだ。

金曜日　320日目

ダン・ゴールドフィールドとスティーブ・ダットン

ワイン生産者ダン・ゴールドフィールドは地質学の話に夢中になりかけていた。レストランの私たちのテーブルのロシアン・リバーの地図の上で、ゴールドフィルトは太平洋を、それからカリフォルニアの丘陵地を、指差して言った。「冷たい空気が海からやってきて東のロシアン・リバーに吹きつける。それからこれが、ペタルマ・ウィンド・ギャップ。冷たい空気がそこを通って東に流れる」彼は地図を指差した。「ここが合流地点だ。グリーンヴァレー。私たちのブドウとワイナリーの場所だ」

スティーブ・ダットンの家族はダットン・ランチにおいて（実際は複数の牧場を所有しているので、ランチズというべきか）、何年も前から最高品質のブドウを生産している。今、彼とゴールドフィールドは共同事業に参加しており、その関係は非常に象徴的な意味を持っているように見える。「私は農夫であり、ワイン生産者じゃない」とダットンは最初の時点で宣言したと伝えられている。これに対してゴールドフィールドは、「私の夢は人生を自転車とスキーに費やすことだ。ワイナリーのオーナーになりたいなんて考えたこともない」

ダットン=ゴールドフィールド・ワイナリーはロシアン・リバー・ヴァレーの西の端、冷たい海のすぐ近くにある。ロシアン・リバーは、クリーミーでどっしりとしたシャルドネや、きりりとした後味のより軽い白ワインの産地として有名だ。ダットン=ゴールドフィールドは、この谷の冷涼さを利用してシャルドネに個性的な仕上げを加え、ワイナリーの象徴となりうる十分な美味しさと個性が生まれることを目指している。

ゴールドフィールドの自伝によると、彼はマウンテンバイクで探索していて、角を曲がった時に、0.5ヘクタール余りの禁酒時代前のジンファンデルの古い樹をみつけた（おそらく樹齢120年）。ゴールドフィールドの調査によると、その区画は前世紀の代わり目よりずっと前にあった約40haの非常に優れたブドウ畑の一部だったという。ここからダットン=ゴールドフィールドが始まったのだ。

> おすすめのワイン：
> ダットン=ゴールドフィールド
> (Dutton-Goldfield)
>
> **ダットン=ゴールドフィールドダットン・ランチシャルドネ**
> (Dutton-Goldfield Dutton Ranch Chardonnay)、米国（カリフォルニア）
>
> 金色に輝くこのワインは、やや銀色を帯び、クリーミーでスパイシーな匂いと井戸水のような香りを持つ。味はキャラメルのようで、甘み、豊潤さ、成熟さを持ち、トロピカルな風味が感じられる。後味は柑橘系果物ときりりとした酸味が素晴らしい。貝または淡水魚、ローストチキンにも合う。
>
> **ダットン=ゴールドフィールドモレリ・レーン・ヴィンヤードジンファンデル**
> (Dutton-Goldfield Morelli Lane Vineyard Zinfandel)、米国（カリフォルニア）
>
> このワインは、ジンファンデルにしてはおとなしいが、非常に凝縮された赤い果実の風味にあふれ、濃密で、黒みをおびた濃い果汁を持つ。旧世界のシラーのような土の匂いがあるが、熟した明るい果実味は、まさにカリフォルニアだ。モレリ・レーンはグリーン・ヴァレー最西端のブドウ畑で、海に近接しているため、周辺の丘陵地の中でももっとも寒く、また風が多い。それはこのワインの控えめな個性を一部説明している。

土曜日＋日曜日　321日目＋322日目

ワイン・ショー・ビジネスほど素敵なビジネスはない

週末のワイン・ショーに出かけたことはあるだろうか？　消費者は、このあわただしい2日の間に、たとえ1年かけてワインショップをはしごするとしても、試飲を期待できなかったであろう、実にさまざまなワインを試飲することができる。数百のワイナリーが数千種類のワインを提供する。ただし多くのワインショーは、とても広く素晴らしいワイン体験にあふれているため、気をつけなければ4時間続けてさまよい、目的もなく試飲し続けてしまいかねない。うまく2日間を過ごすためのコツを紹介しよう。

2日間通う

ぐるぐると歩きまわり、騒がしく、陽気で、忙しい初日に比べて、2日目はリラックスしている。日曜日の混雑はおさまり、サイン生産者や販売員はくつろぎ、せかされておらず、あなたが試飲しているワインについて話をする時間がある。

セミナーに参加する

ここ何年かで大きく発展したショーの中には、セミナーや有名シェフを招いたコーナーを設けるなど素敵な催しを行う。試飲を中断して、このようなセッションに参加してみよう。

食べてから飲む

胃をからっぽにしたままワインショーに出かけるのは大きな間違いだ。マラソンに参加するようなつもりで食事をすること。炭水化物、たんぱく質、水をたっぷりとると良い。

汚れても良い服装で行く

ワインテイスティングにベーシックな黒い服を着ていくのは良い選択だ。ほとんど何をこぼしても、目立たない。ヨーロッパのワイン生産者は、卵をこぼしても染みが見えないほど凝った模様が入った、カジュアルなジャケットを好んで着る。

口に入れて、ヒューっとすすり、吐き出す

上品さも威厳もないが、飲み込まないで吐き出す必要がある。いたるところに吐き出すための容器があり、他の人は皆、正気じゃないかと思うほど吐き出している。だから恥ずかしがらなくてよい。それに、そうすることでより多くのワインを試飲することができる。

オープンマーケットに飾られたワインボトル
（フランス、リヨン）

BUGEY
ROUSSETTE
BUGEY
PINOT
BUGEY
PINOT
BUGEY
BRUT
BUGEY
ROUSSETTE
BUGEY
GAMAY

月曜日　323日目

ワインラベルの芸術

80年を超えるヴィンテージが非常に有名なシャトー・ムートン・ロートシルトは、20世紀の偉大な視覚芸術家の作品を、そのままラベルにしている。デザインしたダリ、シャガール、ウォーホル、カンディンスキー、ピカソらは全員、ワインでその報酬を支払われた。悪い取引ではない。

2001年のヴィンテージでは、ロートシルトのフィリピーヌ男爵夫人が、実験的劇場の天才的演出家のロバート・ウィルソンを指名した。しかしウィルソンが作ったラベルは明らかに実験的ではなく、元女優である男爵夫人の絵が1枚ではなく2枚、描かれたものだった。

確かに、私たちは誰でも、自分のボスが望むものを提供しなければならないことがある。しかし、ウィルソンがこのワインボトルの行きつく先を「安全な芸術の美術館」に確保することなくラベルを作っていたら、素敵だっただろう。良いニュースは、ワインそのものに影響は無いということだ。

サイケデリックなラベル

ボニー・ドゥーン・ヴィンヤード（Bonny Doon Vineyard）のランドール・グラームは、ワインやワイン作りのルールを、ヘンドリックスのように、可能ならば限界まで変えてしまう。彼が作ったカーディナル・ジン・ジンファンデルが成功をおさめたのは、イギリスのアーティスであるラルフ・ステッドマンが描いたサイロシビンを思わせる奇妙なラベルのよるところが大きい。

ラルフ・ステッドマンは、ゴンゾーと呼ばれたドラッグ中毒の悪名高いジャーナリスト、ハンター・S・トンプソンを数多く描いた。そのためこのワインに何が入っているのか不安に思うかもしれないが幻覚剤は入っていない。最初は爆発的な新鮮な果物の風味が感じられ、わずかな甘み、それから強いタンニンがのどの奥まで広がる。私ならこのワインをジンファンデルで作るかどうか分からない。この価格で作るのは合理的に考えて難しいからだ。数年のうちに、このジンファンデルのエッセンスが自己主張をするだろう。それまではブラックライトの下でだけ、ラベルを眺めてワインを飲むとしよう。

偉大な近代・現代芸術家が描き署名した、シャトー・ムートン・ロートシルトの貴重なボトル（ロベルト・マッタ：1963年、ベルナール・デュフォー：1963年、ベルナール・セジュルネ・ムートン：1986年）

トレッビアーノ：偉大な無名者

驚くことに、今のところ世界最大のワイン生産国であるイタリアとフランスで、もっとも幅広く栽培されている白ワイン用ブドウは、誰もが思い浮かべる品種ではない。シャルドネ、ソーヴィニヨン・ブラン、リースリング、そして特にピノ・グリージョがすぐに頭に浮かぶが、それらではない。ワインの世界で有名な主要品種のどれでもないのだ。名前が知られていないの理由の1つは、あまりに昔から栽培されて世界中に広がったため、さまざまな呼び名を持つことだ。古代ローマの博物学者である大プリニウス (Pliny the Elder) が、この白ブドウの品種「ヴィヌム・トレビュラヌム (vinum trebulanum)」について記録を残したのは、2000年以上前のこと。今では世界中で栽培されている。

現在のイタリアでは、トレッビアーノの後に地名を続けてこのブドウの呼び名としている。トレッビアーノ・トスカーノ、トレッビアーノ・ディ・ルッカ、トレッビアーノ・ダブルッツォ、トレッビアーノ・ディ・トルトーナ、トレッビアーノ・ディ・ソアヴェなどがその例だ。またイタリア人はグレコ、ルガーナ、プロカニコとも呼ぶ。トレッビアーノはユビキタスなブドウで、数多くの比較的有名なそれぞれの名前を持つ白ワインに含まれている。オルヴィエート(Orivieto)、ソアヴェ (Soave)、フラスカティ (Frascati) などがその例である。一時は赤ワインのキャンティにまで使われていたが、21世紀に入ってからはそれほど使われなくなった。地味でどこにでもあるトレッビアーノが、混乱の中で迷子になってしまったとしても無理もない。

フランスのアルプスを越えると、トレッビアーノの呼び名と利用法は独特なものに変わる。もっとも多い呼び名はユニ・ブラン (Ugni Blanc) で、他にもエルミタージュ・ブラン (Hermitage Blanc)、クレレット・ロンド (Clairette Ronde)、クレレット・ドゥ・ヴァンス (Clairette de Vence)、サンテミリオン (Saint Emilion)、ブラン・ドゥ・カディヤック (Blanc de Cadillac)、シャラント(Charentes)などがある。フランスのユニ・ブランのほとんどはコニャックとアルマニャックという、有名なブランディーの生産に使われている。ユニ・ブランから今も作られている白ワインは安価で、軽く、平面的な味わいのために評価が低いが、フランスの有名なブランディーもユニ・ブランで作られており、数百ドルから数千ドルもすることは皮肉だ。

イタリア人ワイン生産者は世界中でトレッビアーノを栽培しているが、成功度はまちまちだ。カリフォルニアでトレッビアーノは目新しさを失いつつあり、多くのワイン生産者が頼りになるイタリアンスタイルの白ワインを作るためにピノ・グリージョに切り替えようとしている。オーストラリアのトレッビアーノの呼び名はホワイト・エルミタージュとホワイト・シラーズの2つで、白ワインその他のカテゴリーにおいて、生産量は極めて少ない。

**おすすめのワイン：
マシャレッリトレッビアーノ・ダブルッツォ**
（Masciarelli Trebbiano d'Abruzzo）

水と同じとまで言わないが同じくらい透明で、その香りは、雨、川の急流、一列に干した洗濯物を思わせる。それはあなたがイタリアの白ワインを好きになる理由（軽い、明るい、爽や）にもなれば、嫌いになる理由（軽すぎる、単純過ぎる、深みがない）にもなる。モッツァレッラ・フレスカ、リコッタ、など軽い風味の農家製チーズと果物を合わせると良い。

水曜日　325日目

Recipe: アンチョビ・バター

アンチョビは脂の多い小さな魚で、イタリア沿岸全域でとれるが、なかでもシチリアのアンチョビは地中海で最高とされる。少なくとも古代ローマ時代より人気が高いアンチョビは、塩漬け、缶詰、生のままで食べられている。塩漬けの味は力強く魚の匂いが強いが、生だとあっさりとしていて軽い味わいだ。相性が最高に良いのは、レモンライムの風味（どんなシーフードにもふりかけたくなる風味だ）をもつ同じシチリア産の白ワインだ。

材料(出来上がり120g)

無塩バター	大さじ8（112g）
アンチョビペースト	小さじ2
タマネギの絞り汁	小さじ4分の1
レモン汁	小さじ2分の1
（またはニンニク2分の1片をつぶしたもの）	
黒コショウまたはカイエンペパー	適宜

作り方

バターをクリーム状にしてすべての材料を混ぜる。

ブルスケッタにのせるか、ソースとして軽めのシーフードにかけて強烈な海の風味を加えてもよい。

この料理に合うワイン：
フォンド・アンティコグリッロ パルランテ
（Fondo Antico Grillo Parlante）
イタリア

グリッロはイタリア語でバッタの意味で、高音で奏でるような調子の、柑橘系と熱帯系の果物の風味があふれる、イタリア原産ブドウの名前である。フォンド・アンティコはこのワインをスチール槽で発酵して、強い酸味を保っている。

ファミリア・ズッカルディのマルベック種のブドウ
（アルゼンチン、メンドゥーサ、マイプー）

アルゼンチン

ヨーロッパのワイン用ブドウの品種がアルゼンチンに伝わったのは、1500年代初期で、カリフォルニアより3世紀早かった。

南米にあるこの国は、赤ワイン用のマルベックから作ったワインが有名だ。このブドウはボルドーと、ボルドーの南近辺にあるカオールという地域で盛んに栽培されている。

アルゼンチンにとってのマルベックは、カリフォルニアにとってのジンファンデル、オーストラリアにとってのシラーズのようなものだが、価格はそれらより手に入りやすい。原産地では軽視され、他のブドウとブレンドされていた。しかし南米の気候がマルベックを素晴らしいものに変え、マルベックは帰化国で豊かに育った。現在、マルベックは世界のアルゼンチン・ワインの顔だ。現代的で、面白みがあり、飲みやすく、非伝統的で、味が良く、価格が安い。

ちなみ、アルゼンチンは年間13億ℓのワインを消費する。1人当たりの消費量は34ℓで、米国の消費量の約5倍にあたる。

おすすめのワイン：マルベック

トラピチェオーク・キャスクマルベック
（Trapiche Oak Cask Malbec）
アルゼンチン

凝縮した果実の風味が素晴らしく、またタンニンのグリップは力強い料理に負けないほど十分だ。やわらかなトーストの香りの中に、銘柄が示すようにオーク樽の存在感が強く感じられる。

トラピチェイスカイメルロー＝マルベック
（Trapiche Iscay Merlot-Malbec）
アルゼンチン

ワインメーカーのエンジェル・メンドーサとミシェル・ローランの共同作業により作られた。新しいフレンチオークの樽で1年あまり熟成させるだけで、木の香りのあふれる美味しいワインが生まれる。イスカイは非常に現代的で、旧世界ワインよりむしろカリフォルニア・ワインと競合する。

金曜日　327日目

アイリーン・クレイン

あなたはアイリーン・クレインのおかげで、ワインを一口飲むと同時に、自分のゲノム計画を始めることができる。クレインはカリフォルニアのナパ・ヴァレー南部にあるドメーヌ・カーネロスの社長で生産者である。

テタンジェ家が所有するドメーヌ・カーネロスは、当然ながら発泡性ワインがもっとも有名だ。そしてクレインは発泡ワイン作りの幅広い経験を持っている。彼女が1992年頃に気まぐれでスタッフへの祝日の贈り物として初めてピノ・ノワールを作ったとき、非常に喜ばれ、生産ラインの1つとしてこのワイン開発することを決めた。「ピノ・ノワールは作るのが1番難しいワインだと人は警告しましたが、実際は2番目に難しいワインでした。1番難しいのは発泡ワインで、私はそれを何年も作ってきたのです」

カーネロス地方は1800年半ば以降よりピノ・ノワールの栽培に成功した歴史がある。当時の生産者は、好みの味を生みだす複数のクローンについてかなりの経験を積んだ。「私たちはこれらをカーネロスの宝物のクローンだと思っている。非常に安定した収穫をもたらす。私たちは発泡性ワイン用のブドウと全く同じように（優しく圧搾しブレンドする）取り扱う。

クレインのワイン作りのキャリアは遠回りだ。彼女はニュージャージーの出身で栄養学の修士号を取得し、社会活動のためにベネズエラに移り住んだ。米国に戻りコネチカット大学に留学してからニューヨークのハイドパークにあるカルナリー・インスティテュート・オブ・アメリカ（CIA）で学んだ。次に向かったのはカリフォルニアだった。CIAでワインの基本的な知識を得た彼女はカリフォルニア大学デイビス校でブドウの栽培と醸造学を学んだ。クレインはそれまでワインについて勉強したことがなかったが、父親の影響でワインの鑑識眼のある人物だった。父親は元軍警察警察官で、欧州に派遣された時にワインに興味を持ち始め、その後ニュージャージーの自宅の地下室にワインセラーを作るまでになった。

2007年ワインスペクテイター誌でクレインは自分のワイン作りのスタイルについてこう語っている。「完璧に似合う小さな黒いドレスを着たオードリーヘップバーンに例えると、そのドレスは単なる黒いドレスではない。美しい裏地がついていて、それに完璧に合う真珠のネックレスと着こなしが伴っている。豪華でも、過剰でもない。私はワイン作りでもそうありたい。人々が注目せざるを得ないワインを作る。その魅力は少しずつ何層にも重なっていくのだ」

ワインスクールに通う

もしあなたがワインについて学びたいなら、1にも2にも経験と試飲が必要だ。ワインスクールやワークショップに参加すれば、ワインの歴史と実践にどっぷりとつかり、ワインそのものにとどまらない知識を幅広く得ることができる。あなたがワインの冒険を始めたばかりでも、長年の愛飲家でも、ワインクラスはワイン愛好家のあくことない知識への渇望を十分に満たしてくれる。

ワインのエチケット、試飲、品種、ある程度の歴史を学ぶ一般に公開されているクラスを受講しよう。または熱意を「資格」取得という方法に変換してソムリエスクールに通えば、プロとしての立場を手に入れることができる。ワインがあなたにとって趣味であっても生計手段であっても（または両方でも）、ワインスクールやセミナーは他のワイン愛好家と出会い、ワインについて話し、ワイン文化を学び、ブドウに対する理解を高めるなど、幅広い学びの環境を提供してくれる。

ワインスクールに何を期待できるだろうか。もちろんスクールにもよる。一般的にクラスはさまざまなレベルや興味の対象によって分かれている。プロ、上級者、中級者間の認証クラス、「101種類のワイン・テイスティング」や「古典的なブドウを理解する」など趣味のクラス、ワインと料理の組み合わせを学ぶクラスなど。近所で開催されているクラスを探すか、ワインスペクテイター誌が提供しているようなオンライン講座に登録してみよう（ワイン愛好家と交流する経験はとても楽しいけれど）。

このような機会をどこでみつけられるだろうか？

- 地元の小売店。地元のワイン小売店にワインクラスその他の講座がないか聞いてみよう。スタッフの誰かが近所のワインイベントを教えてくれるかもしれない。

- インターネット。ウェブサイトで検索してみよう。

- レストラン。ワインに精通したレストランが開催する、ワインディナーやワイン生産者との会食などを探してみよう。

あなたが気兼ねなく質問できる会場を探すのが鍵だ。ワインは共有するものであり、誰かと一緒に飲むほうがはるかに楽しい。指導は分かりやすく、普通の言葉で行われること。言いかえれば批評家ではなく教師のようにクラスを導いてくれる講座が良い。ワインの歴史や文化をもっと知りたいという関心が増大にするにつれ、新しいワインスクールがあちこちに登場し始めた。きっと、あなたの近所で開催されるクラスにも空きがあるだろう。

月曜日　330日目

マーケティング・メッセージ

成功しているワインの後ろには、有能で献身的な人々がいて、組織作り、販売、プロモーションを積極的に行っている。その営業担当者は、流通する商品のほとんどを牛耳る卸売業者や輸入業者で働いていることが多い。否応なしに、彼らの好みと良い業務習慣が、私たちのテーブルに届くワインの多くに関わっている。通常、彼らの社名は裏のラベルに、小さく目立たないように表示されている。しかしオリエル・ワインズ（Oriel Wines）やタンジェント・ワイナリー（Tangent Winery）の販売業者は、表のラベルに所属する会社名が大きく目立つように表示されている。

オリエルはジョン・ハントという、スペインとオーストラリアの両方にある国際的なワイン生産者によって考案された。要するに、オリエルは20以上の世界で最良かつもっとも有能なワイン生産者を雇い、限られた数量で彼らが作りたいワインを作らせる。1つの銘柄の生産量は、2006年では最大でも3,000ケースだった。ほとんどは500ケース程度である。オリエルは有能な輸入業者のように、8カ国の24の現産地から27の多様な銘柄を、安定的に提供する。すべてのワインに基本的なオリエルのラベルが使われているが、ワインによって生産地はさまざまである。

タンジェント（Tangent）は比ゆ的な名称で、この会社が主流のワインと関係のない（tangential）珍しいブドウから作られる、白ワインしか作らないことを表している。

オリエルもタンジェントは非常に近代的で保守的なビジネスモデルで、最近のスタイルとは違っている。21世紀後半には、多くのワイン業者がこのようなスタイルで事業を行うだろう。

**おすすめのワイン：
オリエルとタンジェント**

オリエルパラティナ・リースリング
（Oriel Palatina Riesling）、ドイツ

オリエルのパラティナ・リースリングは、フランスに非常に近いライン川西部、モーゼル・リバー・ヴァレーで作られている。この地では40km東よりはるかに美味しい食事が食べられる。明るく、キリリとして、トロピカルフルーツの風味があり、たっぷりとしたミネラルの香りがする。またこのリースリングは美味しい辛口ワインで、糖分を減らしたことにより、土の匂い、空、海の香りといった、はるかに興味深い風味が顔を出している。

タンジェントパラゴン・ヴィンヤードピノ・グリ
（Tangent Paragon Vineyard Pinot Gris）
米国（カリフォルニア）

タンジェントは、爆発的なソーヴィニョン・ブラン、魅惑的なアルバリーニョ、ピノ・ブラン、ピノ・グリ、説明しづらい美味さの白のブレンドワインのエクレストン（Ecclestone）など、一握りのワインしか作らない。そのラインナップにはシャルドネは含まれない。フルボディーのこのワインは、凝縮された桃、ショウガ、トロピカルフルーツの風味がある。

火曜日　331日

カベルネ・フラン

伝説または歴史によると、ナポレオン戦争中の1812年にナポレオン指揮下の将軍の1人が、カベルネ・フランをイタリア北東部のフリウリに持ち込んだという。オーストリアと戦っていない時間に、将軍はピノ・ブランとカベルネ・フランという冷涼な気候で育つフランス人が好きなブドウを、この冷涼な北イタリアの地域に紹介した。フランス北西部のロワール渓谷では白ワインが圧倒的に多いが、人間は白ワインだけでは生きていけない。この地方のちょうど中央部では、ロワール川が大西洋に向かう途中で南に向かってゆるやかな弧を描き、赤ワイン用のカベルネ・フランの島を作り出している。近隣の3つの地域、シノン、ブルグイユ、ソーミュールは、ロワールで作られる赤ワインのほぼすべてを生産している。より有名なカベルネ・ソーヴィニヨンの遠い親戚にあたるカベルネ・フランは、濃密で色が濃く、冷涼な気候で育てられた希少な赤ワイン用ブドウである。長い時間をかけてゆっくり熟したブドウは、オーク熟成または発酵を少し加えられ、タンニンが少なくて柔らかなワインになる。

おすすめのワイン：カベルネ・フラン

ドメーヌ・サン・ヴァンサンレ・アドリアリーズ
（Domaine Saint Vincent Les Adrialys）
フランス

このワインは樹齢50年のブドウで作られたが、ワイン生産者の2人の子ども、アドリアンとアリーズにちなんで名づけられている。ワインの半数は樽熟成で、全部が樽発酵である。その結果、たっぷりとしたオーク樽のタンニンのある、フルーティーでさわやかなワインとなっている。鴨か濃い色の鶏肉の料理にとても合う。

ドメーヌ・ヴァンサンレア
（Domaine Saint Vincent Lea）
フランス

子どものいる人なら、子どもが仲間はずれに敏感なのは知っている。このワインが生産者の別の子どもにちなんで名づけられたのは自然なことだ。インクのように色が暗く、濃密で、シナモンやパンプキンパイにわずかなメンソールを加えたような匂いがする。イチジクとプラムの果実の風味が圧倒的で、タンニンがしっかりと引き締めて素晴らしい。

ファーストのヴィンテージである1978年はカベルネ・ソーヴィニヨン80％、残りの20％がメルロー、シラー、カベルネ・フラン、ピノ、タナだった。

水曜日　332日目

Recipe: クレメンタインとシナモン・キャラメル

オレンジの花とワインが1つになったものが、オレンジ・マスカットだ。イタリア人がこのブドウをオレンジの花のマスカットと呼ぶのは、刺激的な柑橘系の香りがあるからだ。この香り高い季節のお菓子にぴったり合う材料である。

材料（1人にクレメンタイン2つとして4-6人分）

クレメンタイン（小さな甘いミカン）	8-12個
砂糖	200g
湯	360㎖
シナモンスティック	2本
オレンジ・マスカット	大さじ2

作り方

1. ピーラーでクレメンタインの皮をむいて、皮を細切りにして、あとでシロップで使うためにおいておく。
2. 白い筋をすべて取り（ただし傷はつけない）ボウルに入れておく。
3. 鍋に砂糖を入れて火にかけ、とけて濃厚な金色になるまでゆっくりと熱する。混ぜないこと。できたらすぐに火をとめて、水を入れ、キャラメルが解けるまで混ぜながらゆっくりと煮立たせる。
4. 1の皮、シナモンスティック、マスカットを加えて弱火で5分煮る。10分冷ます。
5. クレメンタインにかけてボウルでフタをして、食べるまで数時間冷やす。

**このデザートに合うワイン：
レンウッドオレンジ・マスカット**
（Renwood Orange Muscat）

米国（カリフォルニア）

このワインは、砂糖がけのオレンジの皮の強い風味が中心で、よりマイルドなクレメンタインと良く合う。レンウッドはカリフォルニアの暑い内陸部アマドール郡にあるワイナリーで、アマドール郡は数えきれないほど多くの濃厚なデザートワインの生産地である。

ブドウの樹の列（スペイン、ナバーラ）

スペイン、ナバーラ

木曜日　333日目

　ナバーラは、スペイン原産のブドウ（テンプラニーリョ、グラシアーノ、ガルナッチャその他）が到達した最北地である。ナバーラのブドウ畑は、全体的に南西という理想的な方向に傾斜する、ピレネー山脈の丘陵地にある。

　ナバーラはスペインとフランスの領土が出会う屈曲部、バスク郡にある。人々は自分たちをスペイン人でもフランス人でもないと思っている。ロマンス語よりバルト語を話し、食事、ワイン、文化に何千年も前から影響を与えている。古代ローマ人はボルドーとリオハの間に、すでにヴァスコン（Vascones）と呼ばれる現代のバスク人にあたる人々の部族が住んでいるのを発見している。

　スペインのワインの評判が高くなるにつれて、以前は注目されなかったスペインの数多くの地方が注目され始めた。ナバーラもその1つで、なぜそのワインが他とは違い興味深いものなのかが明らかにされ始めている。

　エイプリル・カラムはスペイン・ワインの認定指導者で、スペインのためのイベントやプロモーションを行っている。彼女はナバーラのワインが他の違う理由を次のように解説している。「ナバーラの人々はスペインのワイン生産者の中で最初に国際市場に進出した。彼らは一貫してテンプラニーリョ、グラシアーノ、ガルナッチャというイタリア原産のブドウを栽培した。しかし彼らはカベルネ・ソーヴィニヨンやメルローなど、多くの国際的な品種を利用するのも好む。スタイルにおいて非常に国際的で、消費者にとっては理解するのも楽しむのはとても簡単だ」

　ナバーラのブドウ畑はピレネー山脈の丘陵地の中に埋もれているので、他のスペインのブドウ畑とは暑さが違う。また大西洋からの風と雨が涼しい気候を保つため、この土地はラマンチャなどスペイン中部に比べて非常に緑が多い。

　従来の知恵によればワイン用のブドウは、限界の状態にした時に美味しいワインを生むという。したがって、かろうじて十分な水、かろうじて十分な太陽の光を与えるのがブドウにとって良い栽培法なのだ。米国の輸入業者のワインバイヤーであるクレイグ・ギャンドルフと、オーナーのジョージ・オルドネーズは、ナバーラのワインは他の新興の赤ワイン用ブドウの産地より「繊細で気品がある」と述べている。

金曜日　334日目

トッド・ウィリアムス

　トウド・ホロー・ヴィンヤーズ（Toad Hollow Vineyards）のドクター・トウドとして知られる、ロバート・トッド"トウド"・ウィリアムズはエンターテイナーだった。彼のメインイベント、特に彼のワインディナーの席を確保できるほどあなたが幸運だったら、そのエンターテイナーぶりを知る事ができたはずだ。ただし、ウィリアムのメインアクトはワインに絞られていた。彼は、カリフォルニアのシエラ山脈のふもとにあるアーノルドという町で妻と一緒にウィスキー・リバー・インというレストランを経営した後、ワインの世界に引き込まれた。レストラン事業は失敗したが、その後にホワイトホール・レーン（ワイナリー）のワインを販売したり、サンフランシスコのワイン卸売業者に勤めて高級レストラン向けのワインを販売するなど、ウィリアムは仕事を通じてワインについて学び始めた。シェイファー・ヴィンヤーズで国内販売マネージャーになると、彼はマーケティングの教祖と言われるようになった。1980年代にヒルサイド・エステーツ・マーケティング・カンパニーを設立し、小さなワイナリーを全国に広めた。

　ロシアン・リバー・ヴァレーにあるトウド・ホロー・ヴィンヤーズのウィリアムのワインは、大胆で目をひくラベルがつけられている。粋な格好をしたヒキガエルが描かれ、カコフォニーとかアスキュー（ラベルは斜めに貼られている）と名付けられている。（カコフォニー[cacophony]はヒキガエルの鳴き声のような不協和音を、アスキュー（askew）は斜めにゆがんでいることを意味する）

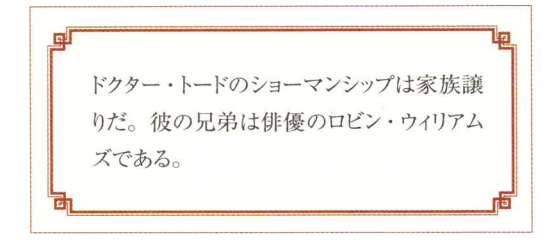

> ドクター・トードのショーマンシップは家族譲りだ。彼の兄弟は俳優のロビン・ウィリアムズである。

　ウィリアムズは2007年に69歳で亡くなった。あらゆる点で彼は心に残る人物だった。

土曜日＋日曜日　335＋336日目

大勢のためにワインを注文するとき

　あなたは友人と食事にでかけた。あなたはこの集まりをとりしきる立場にあり、給仕人が目の前で飲み物の注文を待っている。仲間の中には、ビール好きもいれば、赤ワイン好きもいるし、白ワインしか飲まない人も何人かいる。ワインのタイプを決めるのに採決を採ったりすれば、雰囲気を台無しにしてしまうのは間違いない。

　注文しなくてはならない。皆を喜ばせながら任務を果たす方法がいくつかある。（ビールを飲む人には自分で注文してもらおう）レストランはワインの人気を理解し、接客係はどのように客に対応するのが最善かを学んでいるため、最近の給仕人は以前よりワインの知識が豊富だ。注文に迷う時は、給仕人におすすめを聞いてみよう。

　もう1つのコツは、優れたことわざの「郷に入りては郷に従え」に従うことだ。お気に入りのトラットリアで食事をする時は、イタリアの赤と白のワインを注文する。エスニック・レストランにいるなら、食事に合うその国のワインを選ぶ。直感に逆らってあえてメキシコ料理の店でフランスのワインを注文したりしないように。

　どの場合も、酸味の強い白ワインとタンニンが控えめな赤ワインを注文すれば、ほとんどの食事によく合うので問題ないだろう。給仕人にその旨を伝えてみよう。ソーヴィニヨン・ブラン、リースリング、メルローといった品種のワインが含まれるだろう。そのうちの白と赤を1本ずつ注文してすぐに持ってきてもらい、ゲストに好きな方を選んでもらおう。

セブン・ヒルズ・ヴィンヤードの日暮れ
（米国、オレゴン州、ユマティラ郡）

法律の世界

　積み重なるワイン関連ニュースの中でも最近もっとも注目されるのは、2005年米連邦最高裁裁定により、各州間のワインの売買や輸送に対する制限が事実上廃止されたことだ。いくつかの州では、どうやら不評を買っているらしく、以前よりさらに厳しい罰則規定を求める法律を提案さえしており、それは先の裁定の抜け穴をふさぐことになるだろう。率直に言おう。この裁定が下されたのは、時間が経過し、商取引が変化し、人々は地球上の他のすべての商品と同じようにワインを買い、売り、届けられるようになりたいと考えているからだ。

　勝者側の論拠の中心は、州内のブドウ畑とワイナリーは輸送も卸売も直接行うことができるが、州外のワイナリーは卸売業者を通さなくてはならないという州法は、州間の不公平と独占を生んでいるという点である。これは経済的に有害な行為であり、ワイン愛好家はやめさせたいと思っていた。

　2004年、この問題が裁判所に持ち込まれる前から、ミシガンの政治家その他はすでに、州は法律を書きなおして州内のワイナリーでも直接の販売や輸送を禁じる可能性がある、と脅かしていた。そうすれば不公平はないだろう？　ということだ。他にも多くの州が同じことを企て、実際に不公平はいまだに存在している。ワイン愛好家にとっては以前より悪い状況と言えるかもしれない。

　憲法上、禁酒法は人権を極端に侵害するとして、制定のためには修正が必要とされた。13年後、憲法修正法として初めて撤廃された。法律そのものは存続するが、別の修正が必要になったということだ。禁酒法を撤廃するのに必要な妥協案は、州政府がアルコールの管理をすることだった。現在でも例外的に酒の販売を制限する「ドライ」な町や郡が存在するのはそれが原因である。

　不公平な規制を数十年続けた後、いくつかの州では現在、この不公平を拡大することで条件を平等にし、公平な卸売を行おうとしている。最近の最高裁の裁定は以下のようなメッセージを伝えているが、複数の州政府は意図的にこれを受け取っていない。「ワインは食品であってアルコールではないとみなし、そのように尊重すべきである」

火曜日　338日目

カルメネール

ハイテクな遺伝子検査をしない限り、見ただけでブドウの正確な品種を区別することはとても難しいが、それこそが8000年間続いた識別システムだった。葉の構造は目で判断できる材料だ。ブドウの房の形状もそうだ。秋にブドウが熟す時期が、秋の初め、半ば、終わりのどれかも、識別するのに重要な要素だ。

カルメネールは、あまり知られておらず、めったに栽培されていない、ボルドー原産のブレンド用品種である。フランスからチリに伝わったのは1800年代の後半だった。葉がメルローにそっくりで、熟す時期が遅い傾向もメルローに似ていたので、この2つは混同された。チリのカルメネールは1994年の遺伝子検査でチリのメルローが特別である、つまりメルローではないと分かるまでの1世紀以上もの間、「メルロー」と呼ばれていた。しかし事実が分かった途端に、チリにカルメネール産業が誕生した。

> **おすすめのワイン：
> サンタ・リタ120　カルメネール**
> （Santa Rita 120 Carmenere)
>
> **チリ**
>
> チリで何年も栽培されメルローと混同されていたこの美味しい赤ワイン用のブドウは、ワインの世界へのチリからの新しいプレゼントだ。このワインは2つの最高の特徴を持つ。つまり、メルローのように深みとチョコレートのような濃厚さを持ちながら、ジンファンデルのように明るくて、生き生きとして、スパイシーな果物を思わせるのだ。

カルメネールの収穫（チリ、クロ・アパルタのワイナリー）

水曜日　339日目

Recipe: ブルーベリーとクレーム・フレッシュのタルト

この美しくて簡単なデザートは、夏のディナーパーティにぴったり。ブルーベリーのポルトとの相性が良い。

材料（4人分）

有塩バター	大さじ3
ピスタチオ	大さじ5
ブラウンシュガー	大さじ1
パイシート（極薄のフィロ）	4枚
	（解凍しておく）
生のブルーベリー	195g
ハチミツ	大さじ1
レモン汁	大さじ1
クレーム・フレッシュ＊	200cc
バニラエッセンス	大さじ1
生のミント	大さじ1
	（あしらい用に千切り）

＊ 乳脂肪分36％以上の生クリームを軽くホイップしたものか、全乳から作ったプレーンヨーグルトで代用できる。また自家製のクレーム・フレッシュを作ることもできる。乳脂肪分36％以上の生クリーム300ccとバターミルク50ccを清潔なガラスの器に入れてきっちりとフタをする。30秒間、勢いよく振ってから冷蔵庫で使用するまで冷やしておく。2-3日以内に使うこと。

作り方

1. オーブンを190℃に予熱する。マフィン型の内側にバターを塗っておく。

2. 小型のスキレット（鋳鉄製の鍋）を中火にかけてピスタチオを並べ、良い香りが立ち上がるまで混ぜる。すぐに焦げるので加熱し過ぎないよう気をつける。フードプロセッサーにピスタチオ、ブラウンシュガー大さじ1を入れて細かく粉砕する。

3. 1枚目のパイシートを広げる。他のシートはぬれたキッチンペーパーで覆っておく。パイシートを大きめの正方形に切る。とかしバターを刷毛でぬって **2** のナッツの3分の1の量をふりかける。2枚目のシートを重ねて、正方形からはみ出した部分を切り取り、バターを刷毛でぬってナッツの3分の1の量をふりかける。これを3枚目と4枚目でも繰り返す。一番上のシートにはナッツをかけない。

4. 全体を4つの正方形に切り分ける。それぞれをマフィン型に置く。1番下のパイシートが型の底に接し、1番上のシートが外側に向かっているか、外側に向けて折り重なっているようにする。オーブンに入れて10分焼く。すぐに取り出して型からはずし、ワイヤーラックで冷ます。

5. **4** を冷ましている間に、ボウルにブルーベリー、ハチミツ大さじ2分の1、レモン汁を入れて混ぜる。別のボウルにクレーム・フレッシュ、バニラエッセンス、残りのハチミツを入れる。

6. 食べる直前に全体を合わせる。**4** のクレームフレッシュをパイシートで作ったカップに均等に分け、ベリーを散らし、フレッシュミントをあしらう。

**おすすめのワイン：
ダックウォーク・ヴィンヤーズ
ブルーベリー・ポート**

米国（ニューヨーク）

メイン州のブルーベリーから作ったこの強力なデザートワイン（ロングアイランドのノースフォークにあるダックウォーク・ヴィンヤーズが生産者）は、フィロで作ったタルトの軽さと好対照である。ブルーベリーは実に素晴らしいワインになる。このワインはブドウの赤ワインのように激しいタンニンが感じられる。そしてとても甘い。

木曜日　340日目

海で育ったブドウ

海はブドウ畑にとってよい薬になる。

海は、暖かい風を運んで内陸の地域より気温を上げ、夜は気温を下げて、ブドウが元気に成長する環境を作ってくれる。海はかつて海の中にあった陸地のブドウの成長を特に助けてくれる。たとえその陸地が何百万年も水面下になかったとしても。例えばフランスのブルゴーニュがそうだ。もっとも近い海から数百km離れたところでも、数フィート土を掘ると貝殻が出てくる。

古代に海岸だった土壌は非常に水はけが良い。空気を含まない粘土土壌と違って、細かく粉砕した貝殻と何世紀にもわたって海に練られた土壌は、ワイン用のブドウを育てるためのしなやかな基盤となる。古代の海底からの砂や砂利が多い沖積土は岩の多い堅い土壌より多く水を含む。

金曜日　341日目

マティアス・フォーゲル

ワイン生産者のマティアス・フォーゲル（Matyas Vogel）は、若い時にハンガリー南西部で作ったワインを思う時、彼はまるで目の前にあるかのようにすらすらとすべてのワインを思い出し、微笑む。フォーゲルはブドウ畑で生まれた。「ブドウに囲まれていた」と彼は表現する。彼の家族はシャルドネ、リースリング、そして数種類の赤ワイン用ブドウを育てていた。彼はワイン造りをハンガリーで学んだ後、1987年に米国東海岸に渡った。当時のこの地域は、北米のすべてのワイン生産地でもっとも評価が低く、無視されていた。

フォーゲルは現実的な考え方と強力で実践的なワイン作りの才能を持っていた。ワインに関して無邪気でロマンティックな構想は持たず、自分の雇い主が何を収穫しようとも、ニューイングランドの数少ないブドウ畑からどんなブドウを持ち込もうとも、彼はただ出来る限り最上のワインを作った。

「私は最も古いやり方でワインを作ろうとする。果実の風味を残すために、私たちは物理的になるべくワインに関与しないようにする…濾過や過剰な操作は不要だ。そうすれば果実の純粋な味が残り、まるであなたはたった今、ブドウのつるからブドウを摘み取って食べたかのように感じる。ワインはそういう味であるべきなんだ」

マサチューセッツ、レインハムのヴィア・デラ・チエサ・ワイナリーで働いていた初期でさえ、彼の作るワインはすべて非常に優れていることが知られていた。すっきりと爽やかでブドウの味がして、バランスが良い。フォーゲルのケイユーガ（Cayuga）は最高のケイユーガとして瓶詰めされた。爽やかで、爆発的な果実味があり、イタリアのトカイに似ているが、はるかに気軽な個性を持つ。その当時、このワインはこの地方でそれまで生産されたワインの中で、もっとも優れて個性的なワインの1つだった。

フォーゲルはマサチューセッツのケープ・ゴッドにあるトルーロー・ヴィンヤーズでワイン作りを続け、根気良くかつ効果的にニューイングランドの変化しやすい季節が生みだす果実に取り組んでいる。現在彼が手入れしている畑はたった2haで、シャルドネ、カベルネ・フラン、メルローを手で摘んでいる。ワイナリーは彼らの指示に従ってブドウを栽培する提携の畑のソーヴィニョン・ブラン、ピノ・グリージョ、リースリングに似たスタイルの白ワインブドウ「ヴィニョール」からもワインを作っている。他にどんな要素があっても、フォーゲルの、常にできる限り最高のワインを作る、という原則は適用されているのだ。これは小さなワイナリーが成功する唯一のレシピでもある。

土曜日+日曜日　342日目+343日目

自家製ワイン

ワインのレシピはインターネットでもワインショップでも手に入る。もし自家製ワインを作っている人が快く提供してくれるなら、レシピを教えてもらおう。実証済みの方法から始められればこれに越したことはない。ここでは作り方の概要を紹介しよう。

道　具

- ボトル洗い用ブラシ(道具を洗うため)
- しっかりとしたフタがついた、容量約7.5ℓのプラスチック製バケツ
- かき混ぜるためのスプーン
- ホーローまたはアルミニウムの鍋（レシピに材料をゆでると書いてあった場合）
- じょうご
- 果汁を漉すためのメッシュシート
- デミジョン（大きくて口のせまい瓶）またはゴム製の栓やエアロックのついた発酵桶
- 吸い上げるためのビニール製のホース
- コルクかストッパーのついた瓶

注：金属製の鍋、ステンレススチール、色つきプラスチックなどはワインを損なうため、発酵や長期間の保存に使用しないこと。

基本的な材料

- 果実(生、缶詰、冷凍濃縮ジュース)
- 水
- 砂糖
- イースト菌
- ペクチン酵素
- ブドウのタンニン
- ソルビン酸カリウム
- イースト栄養剤
- キャンプデン・タブレット
  (亜硫酸塩を発生させる錠剤。発酵及び瓶詰め前に使用)

作り方

1. **道具を殺菌する**。細菌はどの段階でもワインに感染して出来上がったワインを台無しにしてしまう。すべての道具や瓶を丁寧に煮沸消毒する。哺乳瓶用の殺菌機器を使ってもよい。

2. **果実を選ぶ**。レシピに合わせて生の果実か冷凍濃縮ジュースを使う（生の果実を使うと品質も香も良い）。果樹園でとれたブドウをファーマーズマーケットで見つけるか、近所のワイン店でどこで手に入るか聞くこと。濃縮ジュースはワイン店で手に入る。果実と水を混ぜて容器に入れてフタをする。

3. **風味を抽出する**。自家製ワインの大半は、濃縮果汁を水で薄めたマストと呼ばれるものから作られる。マストに砂糖を溶かし、じょうごでイーストを入れる。（分量はあなたのレシピに従うこと）発酵の間に砂糖はアルコールに変わる。イーストは発酵を活性化する。

4. **ワインを発酵させる**。イーストは砂糖を食べてアルコールを生成する。このプロセスは**3**の抽出と同じ容器で行う。

5. **時間をおいてから漉す**。レシピに従って時間をおき、液体を漉して発酵用の栓がついたデミジョンに注ぐ（レイキング）。栓は空気が入って細菌が繁殖するのを防ぐ。泡立っているのはイーストで、残っている酸素を使いきってくれる。酸素がなくなると泡がたたなくなり、ゆっくりと発酵が始まる。

6. **吸いだし、熟成する**。イーストは役割を終えるとデミジョンの底に沈み、ワインは透明になり始める。ワインを吸いだして清潔な瓶に移す「レイキング」をもう一度して、熟成させる。瓶はきっちりと栓をすること。

7. ワインの熟成が終わったら（期間についてはレシピを参照すること）、**ワインボトルに移して熟成を続ける**。コルクマシーンは瓶を密閉するのに便利な道具だ。ワインボトルでの熟成が終わったら、飲んでみよう！

月曜日　344日目

もっと分かりやすいワインリストを

　多くのワイン愛好家は、レストランで難解なワインリストに目を通してワインを注文する任務に気遅れすることを認めている。人々は、混乱したこと、怯えたこと、そして最悪な場合、これから注文する高価なワインと同じものが近所のワインショップの安売りコーナーにあったと確信する気持ちが頭から消えなかったことを報告している。

　ほとんどのワイン愛好家が、混乱するのは自分のせいだと責めるところがチャーミングだ。「もっとワインのことを知っていたら。あるいはソムリエと秘密の言葉を交わして、いつでも美味しいワインを飲むことができたら」と考える。消費者教育は大切だが、正直に言うと、ワインやレストランの業界に責任があると思う。

　レストランの経営はワインを販売する時の実践的な側面よりも、提供する時のエチケットに焦点をあてているようだ。自称ワイン通は、ワインが本来持っている主体性を専門用語や分けの分からない話の影に隠してしまう。そしてしばしば客を混乱させたりおびえさせたりする給仕人は、無難なワインを何度も繰り返し勧める。

　ここでレストランでのワインの注文に関して、私が改善してほしいと思っている事を短いリストにして紹介する。

ワインリストの数を増やす

　8人のパーティでたった1つの食事のメニュー・リストを共有することを想像してほしい。とても滑稽ではないだろうか？　ワインリストも同じだ。これからは全員に1つずつワインリストを渡して欲しい。

給仕人や料理人へのワイン教育を強化する

　給仕する人もキッチンにいる人も全員が、ワインリストの内容をよく知っている必要がある。つまりワインを試飲し、それについて話し、考えることを、頻繁に行うべきだ。輸入業者や卸売業者の販売員が現れたら、飲み物の担当者だけでなく全員にワインの味を紹介してもらうこと。定期的で参加必須のワイン講習を予定に入れること。そうすれば、シェフはワインを念頭において料理や特別メニューを考えられるし、給仕人は自信を持ってフロアに出てワインを勧めることができる。

ワインリストを合理化する

　ほとんどのワインリストは長すぎる。少ないほうが分かりやすい。12種類の白ワイン、12種類の赤ワイン、6種類のロゼを1ページに掲載する。それ以外は革貼りのリザーブリストにまとめておく。

食事のメニューにワインリストを掲載する

　どのワインがどの料理に合うか、客に考えさせるべきではない。メニューにその情報を載せておこう。私が知っている非常にうまく作られたワインリストは、文字通り食事のメニューに統合されていた。左の欄にシーフード料理が掲載され、右の欄にシーフードに合うワインが掲載されている。赤肉の料理はどっしりとした赤ワインと一緒に、デザートはデザートワインと一緒に、というように。このやり方はワインとの組み合わせをシンプルにしてくれるほか、食事とワインを合わせるという考え方を応援してくれる。

経験豊かな給仕人が
テーブルに合わせてワインを勧める

　客がワインリストの中の1つのワインを指差して「これはどんなワインですか？」と尋ねたら、最良の返答は「もちろん美味しいですが、どんなワインがお好みですか？」である。こうして会話が進行し、給仕人はワインを売る。ただワインを出すだけではなく。

レストラン「オー・リヨネ」のワインリスト（フランス、パリ）

	V	P
Apéritif CERDON	5	20
BLANCS		
2000 Coteaux Lyonnais	5	20
2000 Beaujolais	5	20
2000 Macon village	8	22
2000 Viognier	7	20
ROSÉS Tavel 2000	7	20
ROUGES	7	20
2000 Chiroubles	7	20
2001 Vin de Pays	7	20
2000 Regnie		42
1999 Mazis Chambertin	14	

Prix nets

火曜日　345日目

赤ブドウから作った白ワイン

　ヨーロッパや北米の北の果てや南半球の南の果てなど、冷涼な気候下で栽培された赤ワイン用ブドウは、なかなか熟成しないことが知られている。特に果皮の色が変わらない。赤ワイン用ブドウが熟すにしたがってどれほど濃い黒色になるかは、どれほど太陽の光を浴びることができたかが影響を与える要素の1つだ。太陽にあたるほどブドウの色は濃くなり皮が厚くなる。

　ピノ・ノワール（イタリアではピノ・ネーロ）は、名前ほど黒くならない（ノワールもネロも黒色の意味）。それどころか、比較的色の薄い赤ワイン用ブドウの1つで、チェリーの色により近い。またピノは文字通り皮が薄いことで知られている。そのため、冷涼な気候はピノの栽培者に未成熟な果実をもたらすと同時に、ヴァン・グリ（灰色のワインの意味。実際はピンク色）あるいは自然に赤ブドウの白ワインまで作る機会を与えてくれる。

> **おすすめのワイン：ピノ・ネーロ**
> （Pino Nero）
>
> **カヴァロットランゲピノ・ネロビアンコ**
> （Cavallotto Langhe Pinot Nero Bianco）
> イタリア
>
> イタリア北西部、バローロやバルバレスコ近くで、100%ピノ・ネロから作られている、気まぐれで魅力的なイタリアの白ワイン。深みと木の香りが感じられ、濃密で美味しい酸味が強く、まさに陰に光がさした時のような印象だ。

水曜日　346日目

Recipe: イチジクのハチミツとワイン漬け

　今日のワインを使った調理のルールは簡単。飲めないワインは使わない、である。

材料(6人分)

辛口の白ワイン	420cc
ハチミツ	80cc
砂糖	50g
小さめのオレンジ	1個
クローブ（ホール）	8個
生のイチジク	455g
シナモンスティック	1本

作り方

1. ワイン、ハチミツ、砂糖、を分厚いソースパンに入れて、砂糖がとけるまでゆっくりと加熱する。
2. オレンジにクローブを刺し、イチジク、シナモンと一緒に **1** に入れ、フタをして弱火で5-10分、イチジクがやわらかくなるまで煮る。
3. イチジクを皿に移して冷ます。イチジクに少量のソースをかけ、ブリーなどやわらかいチーズを添える。

> **このデザートに合うワイン：**
> **シューティング・スターブルー・フランリンバーガー**
> （Shooting Star Blue Franc Lemberger）
>
> **米国（ワシントン）**
>
> 名前に惑わされないように。このワインは非常にクセのあるリンバーガーというチーズとは関係が無い。ブラウフレンキッシュというオーストリア産のブドウで作られたワインで（このワインの名前ではブルー・フランと呼んでいる）、マイルドでタンニンが少なく酸味が弱い赤ワインである。

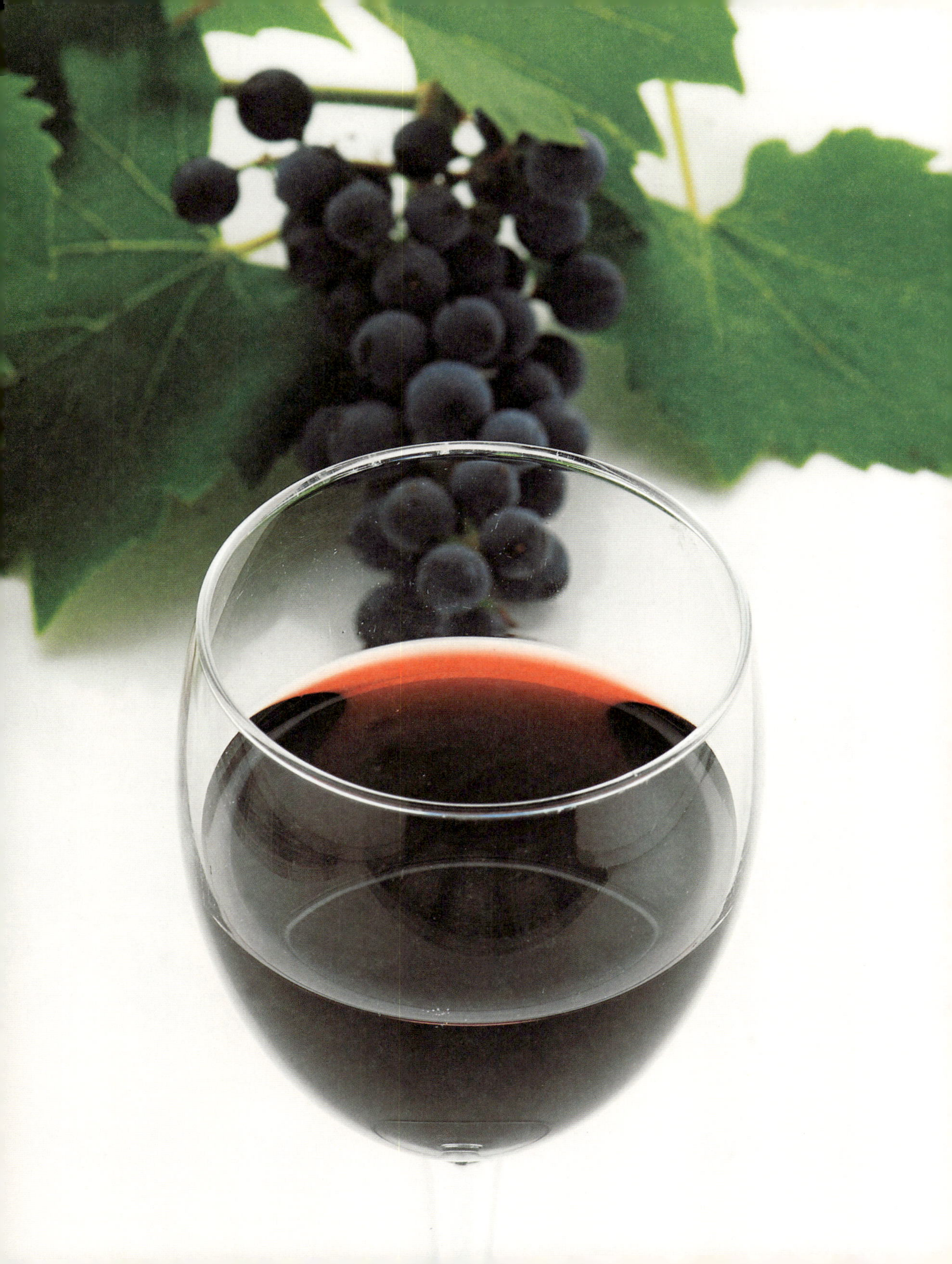

木曜日　347日目

ウンブリア

ローマから北東に車を走らせてイタリア半島を横断すると、ウンブリア州の真ん中にたどりつく。スポレートやペルージャといった祭の多い町がよく知られている。また聖フランシスの故郷アッシジもここにある。しかしそれ以外は人里離れて手つかずの風景が広がる。

ワインについては、ウンブリアはすぐ北のトスカーナの陰に都合よく隠れ続けている。ウンブリアのワインの多くは、喧伝されているトスカーナの美味しい赤ワインと同じくらい良質だが、価格は通常、トスカーナワインの半額である。

> **ファレスコヴィティアーノ**
> **（Falesco Vitiano）**
> **イタリア**
>
> 噛めるかと思われるほど、がっしりとした赤ワインで、カベルネ・ソーヴィニヨン、メルロー、そしてキャンティに使われる伝統的なブドウ、サンジョヴェーゼがそれぞれ3分の1ずつ含まれている。フレンチ・オークで熟成されて、角が取れてふくよかな味わいである。

金曜日　348日目

トーマス・ジェファーソン：セレブなワイン生産者

第3代アメリカ合衆国大統領であり、総じてルネッサンス的人物だったトーマス・ジェファーソンは、大変なワイン愛好者だった。1807年、彼はモンティチェロ（自邸）に自ら選んで輸入した24種類のヨーロッパ種のブドウの木、約300本を植えるという、野心的なブドウ栽培を始めた。彼は他の多くの作物と同じように、ブドウが肥沃で緑の多いヴァージニアで繁茂すると予想していた。またブドウ作りに成功するだけでなく、超一流のブドウを栽培して、当初はヨーロッパ並みの、やがてはヨーロッパを超える、超一流のワインを作る事を実際に構想していた。

ジェファーソンのワイン畑の試みは、見事に失敗に終わった。繰り返し植え直されたが、初回もその後に続く6回もそれぞれ失敗に終わった。彼は、これまでの経験と違い、ブドウが肥沃な土壌な自然によく育つものではないと気がついた。ヴァージニアの山麓地帯の土壌は、栄養分だけでなく、虫や細菌、カビやうどん粉病など、他のものも豊富で、ブドウはそれらに非常に影響されやすい。

しかしジェファーソンは何が彼のブドウを枯らしたかについて、何も学ばなかった。実際のところ、ブドウが枯れたのは黒斑病とネアブラムシ（フィロキセラ）が原因だった。しかしこの皮肉な状況を彼は理解していなかった。北米原産のブドウは育ち気まぐれに質の悪いワインになったが、飲む価値のあるワインになるブドウは根付くことさえなかった。

幸運なことに、ジェファーソンは裕福で人脈も多く、豊富な品揃えのワインセラーを持ち、好みのボルドーの赤ワインをすべて輸入することができた。彼のセラーにあった1787年シャトー・ラフィットは1985年のオークションで16万ドルの値をつけた。そのことは、彼の失望をすぐに和らげてくれただろう。

全体として、新世界でヨーロッパ種のブドウを植えようという初めての試みは失望を生む悪い結果となった。ブドウの強い拒否反応は、この試みを否定するものではないと考えることは難しかった。アメリカで素晴らしいワインを作ろうというジェファーソンの改革的な構想は持続したが、実現までに2世紀半もかかった。

イタリア、ウンブリア州のワイン畑

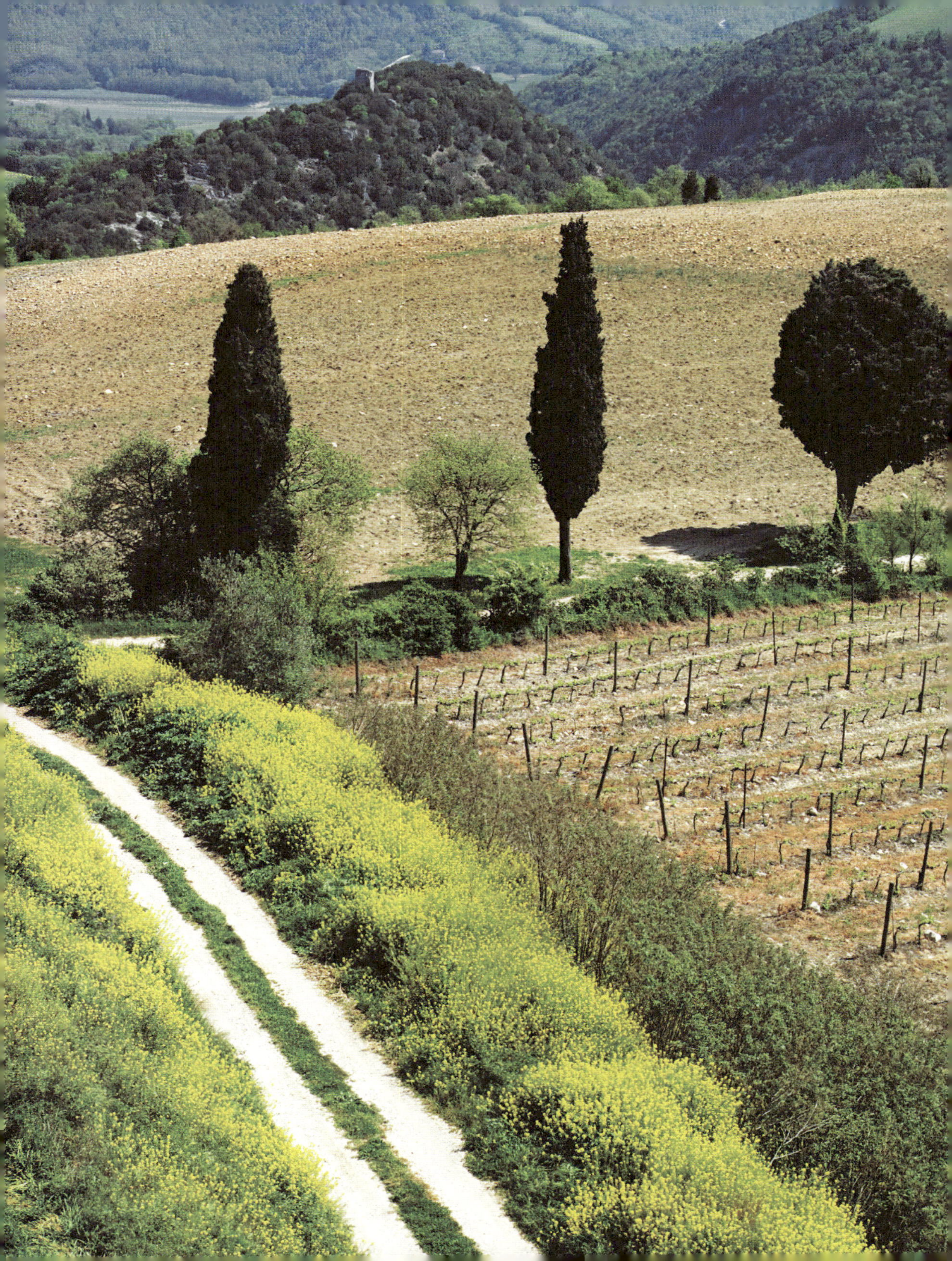

土曜日＋日曜日　349日目＋350日目

ブドウを踏む

　「アイ・ラブ・ルーシー」のあるシーンで、陽気なルシル・ボールが素足になり、イタリアの村のブドウ踏みの儀式でブドウの桶の上で歩きまわったり踊ったりしたのを覚えている人はいるだろうか。それはあまりにめちゃくちゃなシーンだったので、本当にこんなふうにワインを作るのだろうか？　と不思議に思わずにいられなかった。それに、いったいなぜブドウを足でつぶすのだろうか？　かわりに役目を果たす装置か何かがあるのではないか？

　ブドウ踏みには、ワインそのものと同じくらい古い歴史がある。ブドウの実の中にある種には渋みのあるタンニンがつまっているため、それを押しつぶしたくないのがそもそもの考えだ。

　歩く時のような足の動きは種をつぶすことがない。実際に種をつぶそうと思ったら何か尖ったものでつきささなくてはならない。また踏んでいるうちに発酵が始まり、踏まれて外に押し出された果汁が酵母菌に触れることになる。

　いくつかのワイナリーは今でも祭でブドウ踏みをするが、通常この儀式はショーとして行われるものだ。現在は近代化した圧搾が行われており、足を汚す必要はない。調べてみればあなたの近くにも、ブドウ踏みの行事を主催するワイナリーを見つけられるだろう。ゲストが参加できる場合もある。

月曜日　351日目

世紀の変わり目の大騒ぎ

　ミレニアムワイン・ハイプ（過剰な宣伝）、世紀の狂気、あるいはくだらない事だと言ってしまってもよいかもしれないが、2000年（ミレニアム）の収穫後、スーパー・ミレニアル・ヴィンテージが、自らワインの先物取引を成立させるかもしれないというワイン愛好家たちの思惑が最初はゆっくりと、しかしどんどんと高まり、やがてミレニアムワインの過剰な宣伝合戦が始まった。

　収穫から半年後の2001年の夏、2000年のボルドーは先物商品として売買された。誤解しないでほしい。私は赤のボルドー、特に力強くて美味しい高価なボルドーを愛している。しかしここでは、今支払うと、2003年のいつかに輸送され、2010年に試飲し、2020年に飲むことになるワインの話だ。ワインの神様ロバート・パーカーがこのワインの普通でない品質について大騒ぎするまでに、「ハイプ」は終わっていた。

　一方、卸売業者は、すでに販売している美味しいが注目されない1998年や1999年のワインを売りきるまで、2000年のヴィンテージワインの販売を控えようとした。確かに2000年は、新しい世紀の最初の年がいつもそうであるように、過剰宣伝された収穫年だったが、2000年のワインがいつもより良いわけではない。いつもより高いだけなのだ。

ピノタージュの生産のために収穫されるブドウ
（南アフリカ、ケープ州、ファーグローブ、スクーンハシフ・ファーム）

火曜日　352日目

ピノタージュ

ピノタージュは1920年代に南アフリカのある教授が行った実験で誕生した。彼はピノ・ノワールとサンソーを交配してピノタージュを作った。フルーティで爽やかなワインで（バナナのような味がするという人もいる）、若くて軽いものから、深くて濃厚なものまである。それはピノタージュが育った場所によって変化する。

このブドウはワインの世界では何年も興味をもたれなかった品種で、ほとんどの地域で無視されていたが、それは1959年産ピノタージュが南アフリカで開催されたケープ・ヤング・ワイン・ショーで最優秀賞を受賞した1961年までのことだった。それ以降、複数のワイナリーがこのブドウに特化して栽培を始めたが、人気はなかなか出なかった。1991年にカノンコップ・エステートのワイン生産者ベイエ・トゥティが彼の作ったピノタージュで英国のインターナショナル・ワイン・アンド・スピリット・コンペティションに出品した。そして彼は、南アフリカ人として初めて、「ワインメーカー・オブ・ザ・イヤー」を受賞した。突然、ピノタージュに人気が集まり、価格は大幅に値上がりした。

最終的に、ピノタージュ・アソシエーションが設立されて、ピノタージュ・トップ・テンというコンペティションが毎年開催されるようになった。アパルトヘイトが終わると、新しい市場がピノタージュやその他の南アフリカ産ワインに開かれた。現在、ピノタージュへの需要は伸び続けている。またピノタージュは、ニュージーランド、イスラエル、カナダ、ブラジル、ジンバブエ、米国でも栽培されている。

> **おすすめのワイン：ピノタージュ**
> （Pinotage）
>
> **ゾンネブルームピノタージュ**
> （Zonnebloem Pinotage）、南アフリカ
> このゾンネブルームのピノタージュは、スモーク、木、葉の風味があふれ、ブラッドオレンジに似たジューシーな果実味とコーラのような濃縮された味わいがある。
>
> ＊ゾンネブルームとはアフリカーン（南アフリカの言語）で、ヒマワリの意味。

水曜日　353日目

Recipe: ベークド・フェンネルと パルミジャーノ・レッジャーノ

フェンネルとアニスは、植物学的には遠縁の関係に過ぎないが、どちらも同じ芳香族化合物のアネトールを含み、よく似た特徴の香りがあるため、関連して思い出される。

フェンネルは数千年前からワインと関係がある。古代ギリシャのワインの神ディオニュソスと彼の仲間は、巨大なフェンネルの茎と球根で作った棍棒を持っている。プロメテウスは盗んだ火でフェンネルの花を燃やして人間に火を与えた。この料理が力強いギリシャのワインとよく合うのは、自然なことのような気がする。

材料(6人分)

フェンネルの球根..900g
（洗って半分に切る）

バター..大さじ4

パルミジャーノレッジャーノ おろしたてを50g

作り方

1. オーブンを200℃に予熱しておく。
2. 大きめの鍋で湯を沸かしてフェンネルの球根をやわらかくなるまでゆでる。水をよくきる。
3. フェンネルを縦に4-6個に切り、バターを内側に塗ったオーブン皿に並べる。
4. バターを何箇所にわけてのせ、おろしチーズをふりかける。チーズが黄金色になるまでオーブンで焼く。

> **この料理に合うワイン：**
> **メガパノスサヴァティアーノ**
> （Megapanos Savatiano）
>
> **ギリシャ**
>
> サヴァティアノは、少量の松ヤニで風味をつけたギリシャの有名な挑戦的ワイン、レッチーナ（81日目を参照）用の主要な白ブドウの1つだ。ここで紹介するワインはレッチーナではないが、サヴァティアーノに典型的な青リンゴのような酸味があり、キリリとして爽やかな印象だ。

木曜日　354日目

ソノマ・カウンティー・ライン

カリフォルニア北部には、ナパとソノマというワイン生産地がある。この2つの産地の距離は近いが、その違いは重要で明確だ。ソノマ・ヴァレーはサンフランシスコのほぼ真北で、南端の始まりはサン・パブロ湾が終わるところでもある。ナパも同じ湾から始まるが、何kmも東で冷たい太平洋からははるかに遠く、はるかに暖かい。

夏になると、ソノマの気温は非常に大きく変化する。昼間の気温は約38℃だが、夜になると10℃近くに下がる。毎日28℃もの落差があり、慣れるのに少し時間がかかる。

しかしワイン用のブドウはこのような天候が大好きだ。昼間は、濃厚で熟して美味しい果実の風味を生みだす陽の光と熱を欲しいだけ受けとり、夜になれば休憩する。つまり成長し続けるのではなく、バランスとメリハリを維持する。

ナパはカベルネ中心の産地、と総括すると分かりやすい。ソノマは冷涼な気候のおかげで、シラーやプティット・シラーから、ほとんど知られていないカリニャン、サンジョヴェーゼ(317日目を参照)、マルベック(114日目を参照)、プティ・ヴェルドまで、より数多くの品種を栽培できる。

キャリー・A・ネイション

禁酒法時代でもっとも強力で不朽のシンボルは、困窮し、攻撃的で、気難しい女性、キャリー・A・ネイションである。彼女は手斧と、イエスが好まないものを排除するという自分の信念だけを武器として、酒場を攻撃したことで有名だ。ネイションの母は精神異常的妄想があり、長い間自分がビクトリア女王だと信じていた。ネイションは自分がロイヤルファミリーの一員だとは決して思わなかっただろう。しかし彼女は自分は神の使命を受けており、禁酒のために手斧を持って人々や建物を襲うことが適切だと信じていた。(重度のアルコール中毒だったチャールズ・グロイドとの結婚の破たんも、ネイションの禁酒活動を助長した)

ネイションと彼女の支持者は正義の手斧で、多くのバーや酒樽を破壊し、ボトルを割った。そのことによりネイションは大変な知名度を得た。カンサスのウィチタで派手な逮捕劇が繰り広げられた後、あるカメラマンがネイションが牢獄でひざまずき、天井を向いて祈っている姿を写真におさめた。彼女の顔は上からの光で柔らかく照らされ、牢の鉄格子が逆光となって浮かび上がっており、まるでスタジオでうまく演出して撮った写真のようだった。こんなことをしても公衆の支持は得られないが、一般に「酒場を手斧で破壊するキャリー・A・ネイション」というブランドを売り込むことはできる。まさにそれが彼女がしたことだった。マネージャーを雇い、「有名な本物の酒場を破壊した人物」として、全国を旅して講演したのだ。彼女の名前はカンサス州で商標登録された。

1905年には出版契約を結び、自伝『The Use and Need of the Life of Carry A. Nation』が刊行された。この中で彼女は家族、モラル、人種、食物、アルコール、偽物の科学、そして不思議なことにメーソンについて、風変わりな考え方を展開している。ネイションは、ヨーロッパを中心とする地下組織のメーソンは、アメリカでのワインやアルコールの消費を高めて、詳細は不明だが邪悪な彼らの目的を達成しようとしていると信じていた。「私はメーソンがグロイド博士にとって最大の元凶だったと考えている」と書き、重度のアルコール中毒で亡くなった最初の夫のことを引き合いに出している。

ネイションは、様々な敵を区別しなかった。ビール、ワイン、ウィスキー、そしてメーソンは、等しく邪悪なものだった。彼女はほとんどどんな悪にも容赦なく自己改善を強制した。ネイションは喫煙に反対し、ほとんどの外国産の食品を非難した。特に外国のものでアルコールでもあるワインを、攻撃の的とした。彼女は唯一の著書の頁の多くをさいて、「ワインは食物である」という神話、ヨーロッパの素晴らしい食文化の重要な原則の1つ、が誤りであることを暴こうとした。ネイションの主張の背景にある科学は、中世の2元論に似ており、食物とは肉体を形成するものと、身体を暖めるものであるとした。その未開拓な科学によると、アルコールはどちらでもない。したがって食物ではないというのだ。食物でないのなら、毒であると。

ネイションは全国的な禁酒法の施行を見届けることなく生涯を終えた。州の禁酒法は、メイン州は1851年、カンサス州は1880年、さらに5つの州が20世紀初頭に制定した。しかしネイションは1911年に亡くなった。彼女の墓碑にはこのように書いてある。「彼女は自分が為し得る限りのことを為した」

土曜日＋日曜日　356＋357日目

ワインクラブに入ろう

　仲間のワイン愛好家からもっとワインのことを学びたいなら、ワインクラブに入ることを考えてみよう。世界中にワインクラブはある。インターネットを検索するか、地元のワイン小売店に相談すれば、自分に合うクラブが見つかるだろう。（ワイン店は独自のワインクラブを持っているかもしれない）ワインクラブによっては、毎月試飲会を行ったり、割引などワイン畑のツアーのような特典を用意しているところまである。純粋な情報交換の場としてのクラブもある。インターネットにはこのようなクラブが多い。

　さあワインクラブに入ってみよう。そうするほかはない。ここでは、あなたがワインクラブで得られるであろう利点をあげておく。

- ワインクラブのメンバーは特別価格でワインを買うことができる。
- 他のワイン愛好家に会い、好きなヴィンテージその他の情報を共有できる。
- グラス、試飲、ワイン作り、ワインと食事の組み合わせについてアドバイスを得られる。
- ワイナリーの初期の試飲会に招待される。
- ワイナリーの舞台裏を見るツアーや収穫ツアーに参加できる。
- 一般に売られていないワインを知ることができる。
- 仲間のメンバーからおすすめのワインを聞くことができる。
- 旅行の機会を得られる。

月曜日　358日目

ワインのための記憶術

　どんなカップルもこう言うだろう。真剣な恋愛関係だからこそ避けられない衝突を鎮静化する唯一の薬は、コミュニケーションだと。これはワインライフについても同じだ。そのシナリオは、ワインのコミュニケーションのスペクトラムの中で、日常生活にもっとも近いところにあてはまる。例えば、あなたはワインショップにいるが、2週間前にレストランで飲んだ美味しいワインの名前がまったく思い出せないでいる。素晴らしいワインを飲んだのにその名前を忘れてしまうことほど失望することは無い。

　たいていの人がワインビジネスに携わっているわけではなく、必ずしも収穫年やブドウ畑を覚える必要はないが、良い記憶術を試してみてはどうだろうか？たいていの人に出来るもっとも簡単な記憶術は、気に入ったワインをアルファベット順に覚えることだ。そうすれば自然にアルファベットの文字とワインがつながるようになる。たとえば、Bといえばベリンジャー、バイロン、バイントン、ベンジガーを思い出す。分かっただろうか。

　別の方法は、ばかばかしいが覚えやすい言葉遊びをすることだ。ロロニスは素晴らしいカリフォルニアのワイナリーだが、どうしても覚えられない場合は、ニュージャージーの小さな町ホホカスを思い出すと良い。素晴らしい赤のボルドーワインを探しているなら、ラウドン・ウェインライト（アメリカのフォーク歌手）を思い出し、シャトー・ラウドンを楽しもう。

　最後に、単純な視覚化がうまくいくことがあるので紹介する。空のワインの箱を用意する。ワインが12本入る段ボール箱だ。そこに自分が好きなワインを数本入れる。それから1本ずつ取り出し、手に取り、読み、箱に戻す。その後、思い出そうとする時に箱のことを考え、どのように取り出し、戻し、読んだかを思い出す。最終的に心の中の箱はいっぱいになり、その中のワインをすべて覚えていることだろう。

カンティーナ・フォレジィのワイン貯蔵庫
（イタリア、ウンブリア州、オルヴィエート）

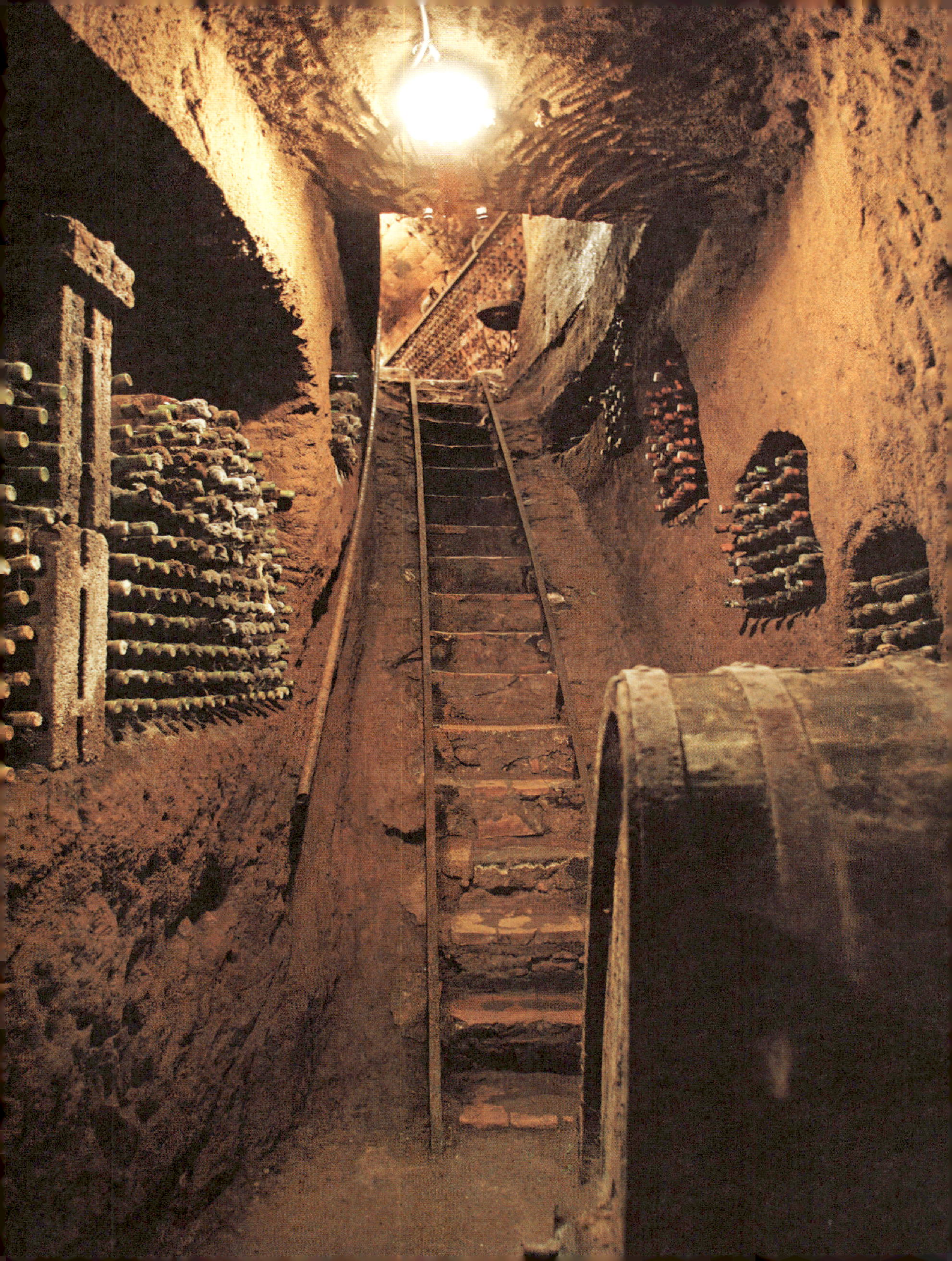

火曜日　359日目

シラーとシラーズ

まずはこのブドウの品種のつづりが生んだ、ちょっとした混乱を解決しよう。SyrahなのかSyrazなのか？それはワインを買った場所と、ブドウが栽培された場所によって違う。簡単に言えば、すべて同じ品種だが、つづりが違うだけなのだ。

米国では、このブドウはおもにシラーと呼ばれている（プティット・シラーと混同しないこと。ほぼカリフォルニアだけで栽培されているまったく違う品種である）。そしてオーストラリアでは、シラーズと呼ばれており（その歴史については65日目を参照）、この国で圧倒的に多い赤ワイン用ブドウである。アメリカには、オーストラリアのシラーズの人気に乗じて、オーストラリア風のワインを作りシラーズと呼んでいる生産者もいる。

いずれにしても、シラーズはシラーである。そしてスパイシーなブラックベリー、プラム、コショウ、リコリス、そして苦みのあるチョコレートの風味がよく知られている。

ペッパー・ツリー・ワイナリーのシラーズの標識
（オーストラリア、ハンター・ヴァレー）

おすすめのワイン：シラーズ（Shiraz）またはシラー（Syrah）

パリンガシラーズ
（Paringa Shiraz）、オーストラリア
このワインは口に入れるとすぐ、ほど良い重さが感じられる。濃い赤色で、濃密で重心が低く深みがあり、木、イチジク、ナツメヤシ、プラムの風味がある。最初に感じるのは明るくて太陽を浴びたオーストラリアの果実で、サクランボやザクロの果汁の美味しさがあふれる。

レイヴンスウッドシラーズ
（Ravenswood Shiraz）、カリフォルニア
このシラーズはジューシーで爽やかで、明るく輝くような味わいに、ブルーベリーとラズベリーの風味がある。ブドウはすべてバロッサ・ヴァレーとマクラーレン・ヴェイルという、骨太な赤ワインを作ることで有名な南オーストラリアの2大生産地が原産のものである。

水曜日　360日目

Recipe: イチゴのワインがけ

時々、「過ぎたるは及ばざるがごとし」（Less is More）を実感する。特にこのように、ワインと果実を組み合わせるという、みかけによらず簡単なレシピを作るときがそうだ。イチゴの代わりにキウイ、メロン、ブラックベリーなど、好きな果物を使っても良い。ほぼどんな果物でも問題ない。そして何でも手近な白ワインを使おう。夕食であまった辛口のワインでも、後でおすすめするデザート用の甘口のリースリングでも良い。

材料(6人分)

イチゴ 450g
粉砂糖 90g
辛口の白ワイン .... 160㎖

作り方

イチゴを洗ってヘタを取る。砂糖をふりかけて1時間おく。食べる直前にワインをかける。ワインが残ったら、デザートと一緒に飲んでしまおう！

おすすめのワイン：
マルクス・モリトーリースリング シュペトレーゼ
（Markus Molitor Riesling Spätlese）
ドイツ

シュペ（spät）とは「遅い」という意味で、主な収穫が終わった後に収穫された、糖度の高いリースリングを使用していることを意味する。アルコールは7.5%しかなく、軽くて低アルコールのワインが欲しくなる夕食後にとても合う。甘いが砂糖のような甘さではない。

木曜日　361日目

カーネロスに立ち寄ろう

サンフランシスコから北のワイン産地に向かって車を走らせると、道路の分岐点に到着する。そこはちょうどサン・パブロ湾の最上部で、左（西）の大西洋に向かって行けば冷涼なソノマ、反対側に行けば内陸のナパである。ソノマとナパが出会うこの交差点は、ロス・カーネロスと呼ばれている。これはスペイン語で羊という意味で、100年ほど前にこの地で草を食んでいた羊に由来する。ロス・カーネロスはソノマでもありナパでもあるが、同時にいずれでもないと言える。

カーネロスはサン・パブロ湾に近いので、ナパとソノマの中でももっとも涼しい気候を持つ。カリフォルニアで最高のピノ・ノワール、優れた発泡ワイン、そして素晴らしい冷涼な気候で作られたタイプのシャルドネを生産する。

カリフォルニア北部の有名なワイン産地を訪れるワイン愛好家は、しばしばカーネロスを見落とす。ここは、おそらくまだ1日のうちの早すぎる時間に最初に到着する場所であり、また試飲三昧の1日の最後に通る場所でもある。このように旅行者があまり訪れない目的地であるため、カーネロスはナパ・ヴァレーではおなじみの（ソノマ・ヴァレーではやや少ない）ワイナリーに並ぶ人の列や渋滞はみられない。ぜひ訪れてほしい。

ワインで記念日を祝おう

あなたの配偶者に出会った年、「はい、誓います」と言った年、「私たち、終わったの?」と言った年を覚えておこう。バックパックでヨーロッパを冒険旅行した年でも良い。最初の子どもが生まれた年、賃料を払うのをやめてローンを払いだした年はどうだろう。卒業、昇進、人生の変化など、特別なワインを開けて分かち合う機会は数えきれないほどある。具体的にいくつかあげてみよう。

新築祝い

地元のワインを選ぼう。遠くの友人に贈るなら相手の近所にあるワイナリーを探し、そのワイナリーへの行き方を書き添えた地図をつけて送ると良い。

結婚記念日

結婚した年のワインを選ぶ。または2人が結婚した地方のワインを選ぶ。1周年にはデザートワインを、5周年にはシャンパーニュを、10周年にはポルトをすすめるワイナリーもある。しかしシャンパーニュはいつでも適しているし、パートナーは乾杯して約束を交わした日を思い出させてくれることだろう。

ベビーシャワー（出産前祝い）

ワインラベルを作ってくれる業者に頼んで、オリジナルのラベルを作ろう。インターネットで業者を探すとよい。名前入りのボトルをゲスト1人1人に配るか、ベビーボトルとしてふるまう。（もちろん、ママは出産日までワインを開けるのを待たなければならないが、その時はどんなに美味しく感じるだろう!）

誕生日

あなた、または友人が生まれた年のワインを選ぶ場合…10歳を超えるとワインは高価になってしまう。そこで予算を考えた代替案として、主賓（もしあなたが自分の誕生日祝いをしているなら、あなた自身が…どうしてあなたなのだろう?）を楽しませる芸術的なラベルを選ぼう。その他にコレクターズ・ワインを買って、記念日となる誕生日に開けるように指示をつけて包装する。この場合は、すぐに飲めるワインも持っていくことを忘れてパーティーを台無しにしないように。

土曜日＋日曜日　363＋364日目

ワインとチョコレートのパーティ

ワインとチョコレートは生まれながらのパートナーだ。ワインとチョコレートのテイスティング・パーティをホストすることを決めた場合でも、気に入っているワインに合う甘いものを選ぼうとしている時でも役立つ、2つの快楽的楽しみの組み合わせのための提案を紹介する。

注：ダークチョコレートと赤ワインを組み合わせると、心臓に良い抗酸化物質を含む優れた薬となる。もう快楽的組み合わせなどと呼べない。ボナペティ！

スイートチョイス：食べ物より甘いワインを選ぶ。チョコレートより辛口のワインを選ぶと、カカオの香りが感じられなくなる。白ワインは濃厚なチョコレートに合うことはめったにないが、夕食からデザート（もちろんチョコレートデザートのことでらう）まで、続けて飲めるワインを探しているなら、ホワイト・ジンファンデルをためしてみよう。

赤ワインを選ぶ：チョコレートは風味が強いので、その濃厚さに対抗できるワインが必要だ。ダークチョコレートと赤ワインは合う。甘いデザートワインはミルクチョコレートと合わせた方が良い。

発泡ワインを加える：発泡性のシラーズとチョコレートを合わせると舌がくすぐられるような感覚になる。赤ワインは普通の赤ワインに限らない。また発泡性のシラーズはシャンパーニュよりはるかによく合うことがある。

チョコレートの香りを引き立てる：チョコレートの風味を持つワインはチョコレートのデザートと競い合ってしまうだろう。ラズベリー、チェリー、ナッツの風味を持つワインをチョコレートに合わせよう。引き立てるワインが良い。

失敗を恐れない：ワインとチョコレートの組み合わせを味わい、脳の快楽中枢で花火を打ち上げるのに加えて、誰もが気に入らない失敗した組み合わせも味わい、そこから学ぼう。私たちは時々、その夜のワインとチョコレートの最悪な組み合わせをわざと見つけようとすることがある。皮肉なことに、これは消極的な方法ではあるが、人が本当によく覚えて学ぶ組み合わせである。

チョコレートを感じる：チョコレートにはさまざまな風味と強さがあるが、それに加えて様々なテクスチャー（舌触り）も持っている。たとえば、リンツ（Lindt）は常に卓越したなめらかさを持っている。ルドルフ・リンツは1879年にチョコレートのコンチング（混ぜてなめらかにする工程）を考案した。一方、有機製法のタザ（Taza）は、粒々とした食感がありコンチングはされていない。どちらも、またその中間も、試してみよう。

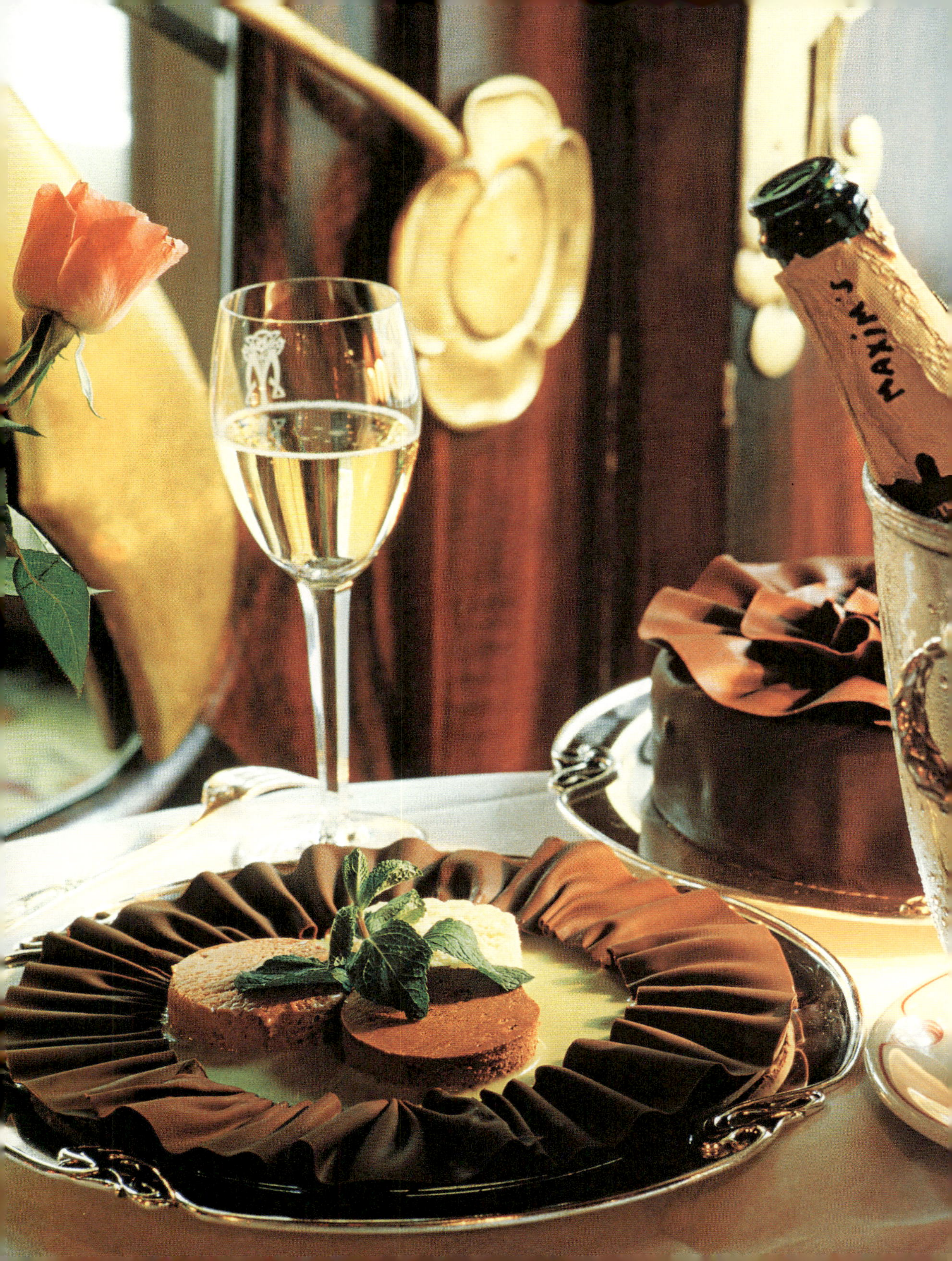
MAXIM'S

月曜日　365日目

ワインの2つの顔：
ディオニュソスとバッカス

　ギリシャの神ディオニュソスと、それに対応するローマの神バッカスについて聞いたことがあるだろう。しかしそれほどこの2つの神について考えたことは無いかもしれない。あらためて考えてみると、ディオニュソスはもっとも敬意を表されているワインと同じくらい、複雑な性質を持つ。ディオニュソスはワインの2つの顔、あるいは性質を表している。彼は肥沃と農業、つまりブドウの栽培と果実の収穫、そして喜び、情熱、祝祭を表す。そしてまた、暗い面も表す。精神的にも物理的にも酔って人間性と日常生活から逃避することや、衝動的な気質を持っているところである。

　彼に2つの性質があるのは、ほかならぬゼウスが父、人間であるテーベの王女セメルが母であることに原因があるだろう。ディオニュソスはギリシャの神の中で唯一、神と人間の子どもである。彼は他の神のように明確な姿形が定まっていない。ある時は若くて女性的で、ある時は年配で男らしい。

　ローマに伝わるバッカスに関する話は、神々の母とみなされているレアに治療されるまで、狂気のうちにさまよっていたことが詳しく描かれている。悟りを開いた彼は、インドとアジアをめぐり、人々にブドウの栽培方法を教える。もう一度人々から敬愛されたいと願ってギリシャに戻るが、支配している王は、彼が患っていた狂気と病気を理由に彼を怖れる。（彼の祝祭はかつてないほど規模が大きくまた野生的だった）バッカス（そしてディオニュソス）の話の中で、彼は多くの人々から愛と尊敬を受けるが、権力者からは怖れられ、嫌われる。

　ワインがディオニュソスのように複雑な神によって具現化されるのは自然なことだと思われる。彼の年齢も不明、性別もはっきりとは分からない。彼は人間の最善な面と最悪な面を引き出し明らかにする。そして情熱と祝祭の象徴であると同時に、酩酊と逃避という対称的な面を持ち合わせている。

世界のワインの神

ディオニュソス	ギリシャ
バッカス	ローマ
オシリス	エジプト
ゲスティン、パゲスティン、ニンカシ	シュメール
ソーマ、ソーマランマ	ヒンドゥ
儀狄（ぎてき）	中国
フフルンス	アルカディア、エトルリア

Photo Credits

© Daniel Acevedo/Alamy, 174
AFP/gettyimages.com, 142
© All Canada Photos/Alamy, 255
Jonathon Alsop, 18; 23; 34; 56; 59; 62; 65; 68; 83; 98; 102; 104; 120; 124; 219; 312
© Jon Arnold Images Ltd/Alamy, 237
© Aurora Photos/Alamy, 225
© Brent Bergherm/agefotostock.com, 293
Bloomberg/gettyimages.com, 90
© Bon Appetit/Alamy, 2; 17; 44; 52; 107; 140; 167; 181; 240; 299
© Pitu Cau/Alamy, 281
© Cephas Picture Library/Alamy, 108; 152; 155; 217; 260; 273; 274; 285; 294
© Rob Cousins/Alamy, 95
© DEA/G BERENGO GARD/agefotostock.com, 151
© Danita Delimont/Alamy, 7
© Emilio Ereza/agefotostock.com, 41
Nancy Falconi/gettyimages.com, 8
Michele Falzone/gettyimages.com, 263
Dennis Flaherty/gettyimages.com, 163
© Derek Gale/Alamy, 72
© Paolo Gallo/Alamy, 301
© Norma Jean Gargasz/Alamy, 233
© Garry Gay/Alamy, 47
Getty Images, 147; 201; 230
© Tim Graham/Alamy, 310
© ICP/Alamy, 185
Image Source/gettyimages.com, 113
iStockphoto.com, 43; 48; 60; 66; 69; 71; 74; 77; 81; 97; 100; 117; 130; 131; 139; 157; 168; 171; 177; 189; 195; 196; 202; 208; 222; 227; 234; 245; 247; 249; 265; 277; 287; 291; 303

© Per Karlsson, BKWine.com/Alamy, 135; 289
© Jo Katanigra/Alamy, 27
© Stuart Kelly/Alamy, 159
© LOOK Die Bildagentur der Fotografen GmbH/Alamy, 5; 266
© Alan Majchrowicz/agefotostock.com, 205
© Melba Photo Agency/Alamy, 87
Camille Moirenc/gettyimages.com, 269
Luciana Pampalone, 10
© Malcolm Park/Alamy, 253
Nicholas Pavloff/gettyimages.com, 129
© Doug Pearson/agefotostock.com, 31
© Photononstop/Alamy, 314
© Radius Images/Alamy, 110
Rolph Richardson/Alamy, 198
© Mark Sadlier/Alamy, 221
© Stephen Saks Photography/Alamy, 206
© Trevor Smith/Alamy, 282

© Inga Spence/Alamy, 228
© STOCKFOLIO®/Alamy, 39
© Johnny Stockshooter/Alamy, 211
© Martin Thomas Photography/Alamy, 309
© Peter Titmuss/Alamy, 305
© E. D. Torial/Alamy, 191
© Frank Tschakert/Alamy, 258
© Jim West/agefotostock.com, 37

索引

あ
アイス・ワイン　114, 146
アウソニス（アウソニス・デキムス・マグヌス）　111
アシモフ　175
アジア　164, 230
アジアのワイン　230
新しいワイン　278
あのワインを開ける夜　170
アルコール度数　187
アルザス地方　134
アルゼンチン　285
アローウッド　69
アロマホイール　212
アンティノリ　262
イエクラ　100
イタリア　各地方を参照
色　176
インターネット　234, 244, 258, 308
インド　224
ウィリアムズ（ロバート・トッド"トウド"・ウィルアムズ）　292
ウォルター・クロア　101
ウンブリア　302
映画　125, 152
エチケット　28, 202, 287, 298
オーガニックワイン　42
オーストラリア　50, 105, 0198
オーストリア　217
贈り物　89, 119, 158, 214, 264
「オフ」なワイン　194
オリーブオイル　40, 187, 204
オレゴン　85

か
カーズ（ジャン＝ミシェル・カーズ）　199
カナダ　131
カベルネ　211、289
カリフォルニア　56, 150 各地方も参照
カロリー　187
カンティーナ・ベアト・バルトロメオ協同組合　128
ガーギッチ（ミリェンコ・"マイク"・ガーギッチ）　169
ガロ・ワイン　118
季節に合うワイン　166, 184
旧世界　20
共感覚　190
禁酒法　54, 74, 143, 187, 190, 235, 293, 307
ギアリングス＆ウェード　ワインクラブ　258
ギリシャ　79

クレイン（アイリーン・クレイン）　286
グラスワイン　276
ケース　35
健康効果　96, 144, 314
コッポラ（フランシス・フォード・コッポラ）　34
言葉　10, 36, 80, 107, 120, 153, 207, 245, 265, 271, 308
コルクとコルク抜き　47, 71, 79, 102, 114, 128, 239, 259
コレクション　183
ゴールドフィールド（ダン・ゴールドフィールド）　279
語彙　「言葉」を参照

さ
サン＝テミリオン　116
シシリー　46
シャトーヌフ・デュ・パプ　162
シャトー・ルクーニュ　249
シャルドネ　18, 92, 137
シャンパーニュ　30, 60, 64, 85, 168, 215
シュロス・ヨハニスベルク　180
消費比率　160
食事とワイン　13, 29, 53, 89, 112, 115, 127, 138, 153, 165, 166, 223, 232, 237
初心者向けワイン　62
シラー（シラーズ）ワイン　66, 126, 310
新世界　20
ジェファーソン（トーマス・ジェファーソン）　143, 302
自家製ワイン　297
ジャグネ（アラン・ジャグネ）　226
ジョルジュ・デュブッフ　182
ジンファンデル　228, 235
スパイシー　16
スペイン　206　各地方も参照
スペック家　46
頭痛　223
成分　240
ソーヴィニョン・ブラン
ソノマ地方　306

た
タンニン　89, 240
ダグノー（ディディエ・ダグノー）　105
ダットン（スティーブ・ダットン）　279
ダレンバーグ家　231
チーズ　84, 104, 127, 179, 204, 236, 306
チャールズ・ショー　158
中国　230
注文　28, 53, 106, 292, 298

チョコレート　55, 115, 158, 314
チリ　210
ツアー　「ワイナリー・ツアー」を参照
テイスティング
　エチケット　202
　音をたてる　22
　嗅ぐ　22, 137, 194, 275
　乾杯　193
　概説　22
　言葉　10
　すする　22
　注文　222
　吐き出す　76, 112, 141, 202, 232, 280
　パーティ　29, 112, 176, 226, 314
　プログラム　91
　回す　22, 142
　歴史　24, 137
手頃なワイン　92, 112, 115
天候　132, 144, 148
ディオニソス（ギリシャの神）　10, 306, 316
デザートワイン　138
頭字語　252
都会のワイナリー　101
特別な機会　313
トレンタデュー・ファミリー　250
ドウロ・ヴァレー　262
ドン・ペリニヨン　30, 85, 168

な
ナバーラ地方　291
ナパ・ヴァレー　43, 187
ニーム　138
ニュージーランド　26, 65
ネイション（キャリー・A・ネイション）　307
ノース・フォーク　94
ノーブル（アン・C・ノーブル）　212

は
ハーブ・ド・プロヴァンス　191
ハラジー（アゴストン・ハラジー）　150
バッカス（ローマの神）　10, 204, 316
バルトロメウス・ファミリー　218
バレット（ハイジ・ピーターソン・バレット）　192
バロッサ・ヴァレー地方　198
パーカー（ロバート・パーカー）　275
パソ・ロブレス　274
冷やす機器　227
評点　59, 131, 275
品質／価格比率（QPR）　30, 64
ビストロ・ワイン　270
ピエモンテ　243
ピクニック　70

ピノ　12, 37, 246, 300
ピノ　12, 37, 246, 300
ピンク・ワイン　72, 154
フォーゲル（マティアス・フォーゲル）　296
フォピアノ・ファミリー　270
二日酔い　200
フミリャ地方　257
フランス　各地方を参照
ブール・ブルー　179
ブドウ
　アメリカ合衆国　54
　アリゴテ　272
　アルバリーニョ　160
　エルミタージュ　148
　オーストラリア　50
　カリフォルニア　56
　カルメネール　210, 294
　クローンの母
　グリューナー・フェルトリーナー　108
　ゲヴェルツトラミネール　77
　サンジョヴェーゼ　277
　シュナン・ブラン　110, 260
　シラーズ　66, 126, 310
　テンプラニーニョ　266
　トレッビアーノ　283
　ドルチェット　215
　ネッビオーロ　196
　ネロ・ダヴォラ　166
　ヴィオニエ　254
　ピノタージュ　305
　プティット・シラー　24, 54, 93
　プリミティーヴォ　241
　ボナルダ　173
　マスカット　208
　マルベック　103
　南アフリカ　52
　ムールヴェドル　44
　リースリング　98, 180, 203
ブドウ踏み　304
ブランチ　165
ブルゴーニュ地方（バーガンディ地方）　91
ブレンド・ワイン　148
ブログ　244
ブロッサー・ファミリー　238
プーリア　237
プリュム（ライモント・プリュム）　57
ヘンリー・オブ・ペルハム　46
ベジタルなワイン　65
ヴェネト　33
ペイノー（エミール・ペイノー）　135
法律　40, 48, 62, 252, 293
保管　15, 188
保険　75
ホルヘ・オルドネーズ　206, 291
本　53, 84, 101, 126, 127, 135, 146, 164, 175, 182, 251, 307

ボジョレー地方　39, 182, 184
ボトル　48, 88, 207, 215
ボルドー地方　91, 249, 304
ポール・ドレイパー　140
ポミアン（エドゥアール・ド・ポミアン）　53, 127
ポルトガル　178, 262

ま
マーケティング　288
マクマレー（フレッド・マクマレー）　118, 125
マンソン（トーマス・ヴォルネイ・マンソン）　145
ミシガン　123
ミッシェル・ローラン　244
南アフリカ　52

や

ら
ライン渓谷　192
ラベル　58, 282
リー（ジニー・チョー・リー）　164
リースリング　98, 180, 203
リオハ　174
リパッソ　150
レシピ
　赤ワインリゾット　209
　アンチョビ・バター　284
　イチゴのワインがけ　311
　イチジクのハチミツとワイン漬け　300
　オーギュスト・エスコフィエがお気に入りのオムレツ　122
　オーブンで作るトマトソース　25
　オリーブのソテー　67
　簡単に作れるシナモン風味のラムの煮込み　45
　牛ショートリブのジンファンデル・ブレイズ（蒸し煮）　261
　牛すね肉のシチュー　186
　牛肉のドーブ　73
　クレーム・ブリュレ　216
　クレメンタインとシナモン・キャラメル　290
　魚のオーブン焼き、ブイヤベースソース　99
　ステーキ・オウ・ポワブル　156
　ステーキ・バルサミコ　149
　スモーク・ポルチーニのオムレツ　61
　小さな洋ナシのワイン煮　38
　チキン・ヘレス　248
　チョコレート・ブルスケッタ　55
　ツナ・プロヴァンサル　197

鶏肉のロースト、マスタードとパセリの風味　51
梨とスティルトン　278
肉の煮込み、ガーリックソース　32
ハーブ・ビーン・スプレッド　173
ハーブ・ロースト・チキン　133
パセリ・ペースト　256
パルミジャーノ・ブラック・ペッパー・ビスコッティ　236
ブール・ブルー　179
ブルーベリーとクレーム・フレッシュのタルト　295
プラム・ガレット　229
プロシュートとパイナップル　109
ベークド・フェンネルとパルミジャーノ・レッジャーノ　306
ポテトグラタン　84
マスカット・シャーベット　272
マッシュルーム、ベーコン、リースリングのスタッフィング　161
ムール貝のマリネ　242
ラベンダー・クリスプ　267
ラム・シャンク、リーキとオリーブ添え　19
ローズマリーとマッシュルーム詰めたラム　78
ローヌ渓谷　68, 268
ロス・カーネロス　312
ロバート・モンダヴィ　21
ロワール川流域　157

わ
ワイナリー・ツアー　101, 136, 141, 232, 308
ワインクラブ　80, 119, 258, 308
ワイン・ショー　280
ワインセラー　188
ワインチャーム　214
ワイン帳　86, 125, 130
ワインと戦争（ドナルド&ペティ・クラドストラップ）　126
ワインに真実あり　10, 153
ワインのカクテル　96
ワインの学校　62, 287
ワイン袋　264
ワイン用語　265, 271
ワインリスト　106, 298
ワシントン州　204

Wine Lover's DEVOTIONAL
ワインの雑学　365日

監修者：

辰巳　琢郎（たつみ　たくろう）

大阪市出身。京都大学文学部卒業。知性・品格・遊び心と三拍子揃った俳優として幅広いジャンルで活躍。ワイン歴は45年。日本ソムリエ協会名誉ソムリエ、シャンパーニュ騎士団オフィシエの称号他、多くの騎士号をもつ。日本ワインを愛する会副会長、長野県原産地呼称管理制度ワイン官能審査委員会も務める。また、自ら企画した『辰巳琢郎のワイン番組』は6年続く長寿番組となっている。著書に『辰巳ワイナリー』（出版文化社）など。

翻訳者：

玉嵜　敦子（たまざき　あつこ）

関西学院大学法学部卒業。訳書に『ワインソースを活かしたクッキング』、共訳書に『世界極上　アルチザンチーズ図鑑』（いずれも産調出版）など。

著者：

ジョナソン・アルソップ（Jonathon Alsop）

ワインライター。1988年よりワイン、食品、旅行について執筆している。『Associated Press』、『Frequesnt Flyer』、『La Vie Claire』、『Beverage Business Magazine』、『Mobil Travel Guides』、『Fudor's Travel Guides』、『Boston Globe』など、新聞や雑誌の記事を数多く手掛けるほか、「In Vino Veritas」（www.InVinoVeritas.com）のコラムとブログの著者でもある。またボストン・ワイン・スクール（Boston Wine School）の創設者で、エグゼクティブ・ディレクターを務めるかたわら、2000年よりワインと食品のクラスで教鞭をとっている。

発　　　行　2011年10月20日
発　行　者　平野　陽三
発　行　元　**ガイアブックス**
　　　　　　〒169-0074　東京都新宿区北新宿 3-14-8
　　　　　　TEL.03 (3366) 1411　FAX.03 (3366) 3503
　　　　　　http://www.gaiajapan.co.jp

発　売　元　産調出版株式会社

Copyright SUNCHOH SHUPPAN INC. JAPAN2011
ISBN978-4-88282-812-9 C0077

© 2010 by Jonathon Alsop

First published in the United States of America by Quarry Books, a member of Quayside Publishing Group

Contributing writer: Kristen Hampshire
Design: everlution design
Illustrations: Michael Wanke

落丁本・乱丁本はお取り替えいたします。
本書を許可なく複製することは、かたくお断わりします。
Printed in China